同济大学研究生教材

固体废物处理与资源化技术

（第2版）

赵由才　周　涛　陈　博　编著
牛冬杰　主审

GUTI FEIWU CHULI YU ZIYUANHUA JISHU

同济大学出版社
Tongji University Press
·上海·

内 容 提 要

本书主要涵盖生活垃圾填埋废物利用技术、生活垃圾焚烧飞灰炉渣处理技术及渗滤液新型处理技术、生活垃圾源头精细化分类与环境卫生防控技术、危险废物及医疗废物处理与资源化技术、工业固体废物处理与资源化技术、有机废物和城市污泥处理与资源化技术、电子废弃物及废旧汽车处理与资源化技术、智能信息化与碳达峰碳中和技术应用九章内容,具有技术创新性、工程实用性等特点,同时紧跟时事热点,致力于推动环境学科与其他学科的交叉融合,助力固废资源化与国家双碳战略目标实现。

本书可作为高等院校环境工程、环境科学等相关专业领域研究生的教学用书,也可作为环境领域固废研发、设计、教学等相关人员的参考用书。

图书在版编目(CIP)数据

固体废物处理与资源化技术 / 赵由才,周涛,陈博编著. --2版. --上海:同济大学出版社,2024.11
 ISBN 978-7-5765-0717-1

Ⅰ. ①固… Ⅱ. ①赵…②周…③陈… Ⅲ. ①固体废物处理-研究②固体废物利用-研究 Ⅳ. ①X705

中国国家版本馆 CIP 数据核字(2023)第 018459 号

固体废物处理与资源化技术(第 2 版)
赵由才 周 涛 陈 博 **编著** 牛冬杰 **主审**
责任编辑 任学敏 **责任校对** 徐春莲 **封面设计** 陈益平

出版发行	同济大学出版社　www.tongjipress.com.cn	
	(地址:上海市四平路1239号　邮编:200092　电话:021-65985622)	
经　　销	全国各地新华书店	
排　　版	南京文脉图文设计制作有限公司	
印　　刷	苏州市古得堡数码印刷有限公司	
开　　本	787mm×1092mm　1/16	
印　　张	12.5	
字　　数	296 000	
版　　次	2024 年 11 月第 2 版	
印　　次	2024 年 11 月第 1 次印刷	
书　　号	ISBN 978-7-5765-0717-1	
定　　价	58.00 元	

本书若有印装质量问题,请向本社发行部调换　　版权所有　侵权必究

前　言

随着我国社会经济持续稳定发展,深度推进原生生活垃圾零填埋,攻克固废处理全流程的温室气体减排难题,突破有机固废高值化利用瓶颈,构建基于两网融合的精细化高值可回收物全产业链回收体系迫在眉睫。同时,创新有害废物无害化处置和产业融合发展模式,加快固体废物源头收集—转运—处理处置全过程智慧化数字化转型,提高固体废物资源属性,降低污染属性,对于系统解决我国固废污染问题,破解资源环境约束突出问题,推动产业绿色发展,具有重大战略意义和现实价值。

固体废物包括生活垃圾(有机垃圾、湿垃圾、干垃圾、有害垃圾)、电子废物、建筑废物、危险废物(含医疗废物)、工矿废物、农林废物、城市污泥等,蕴藏着丰富的金属资源和生物质资源。这些废物具有"污染"和"资源"的双重属性,在一定条件下,这两种属性可以相互转化。几十年来,我国固体废物处理处置主流技术也从最原始的简易堆填、尾矿坝堆存、露天焚烧发展为卫生填埋、安全填埋、焚烧发电、低层次循环利用,再到现在的生活垃圾源头精细化分类资源化处理、"无废城市"建设以及各种固废高质化循环利用。近年来,国内外固体废物处理与资源化科研和应用发展迅速,大量新概念、新技术、新工艺不断出现,并得到了广泛工程应用。为此,在同济大学教材基金的资助下,本书编写团队对第1版内容进行了全面系统更新,删除了与其他教材重复的内容,增加了填埋废物利用、飞灰熔融、环境卫生防控、有机垃圾处理、工业固体废物处理、电子废物资源化、人工智能、双碳减排等内容。本书以污染控制与资源化为核心,结合工艺设计原理与应用实例,既是教科书,也是专著,全面介绍固体废物处理与资源化的各种新技术、新方法、新理论,图文并茂,工程技术和创新思维特色突出。

固体废物处理与资源化,是环境工程专业三大研究方向之一。自20世纪80年代,同济大学环境工程专业就一直在本科、硕士、博士、留学生层次上开设"固体废物处置与资源化"课程,是国内最早开设该课程的院校之一,教育部教指委也把该课程列为环境工程专业本科生必修课。在同济大学的带动和引领下,全国各相关高校均在本硕博和留学生层面开设该课程。不同学校,会根据各自的专业特色进行授课,如偏重生活垃圾,偏重工业固体废物,或偏重危险废物,偏重电子废物,也有偏重农林废物等。本书第1版自2015年由同济大学出版社出版以来,深受师生欢迎,社会效益良好,许多高等院校将该教材选为教学用书,同时,大量科研人员和工业界技术人员,也把其作为深度学习和知识拓展的工具书。本书与作者编写的《固体废物处理与资源化(第4版)》本科生教材、《固体废物处理与资源化实验(第2版)》本科生教材、《固体废物处理与资源化原理和技术》博士生教材相比,内容相对独立,但互补性强。为了使所有固体废物处理与资源化方向研究生同学全面掌握固体废物处理与资源化知识,建议综合阅读,以获取完整知识体系。

本书由赵由才、周涛、陈博编写,并负责全书统稿工作,牛冬杰主审,主要内容源于作者研究成果和指导的硕士、博士论文及参与的实际工程项目等。本书编写人员及分工如下:周涛、耿晓梦、孙英杰、卞荣星、伍娜、赵由才(第一章);孙英杰、卞荣星、周涛、朱子晗、赵春龙、赵由才(第二章);周涛、朱子晗、张美兰、刘德滨、宋玉(第三章);陈博、郭燕燕、周涛、林坤淼(第四章);赵由才、刘泽伟、田璐、史文杰、戴世金、易天晟(第五章);陈博、赵春龙、王燕(第六章);周涛、牛冬杰、魏然、邓冠南、江秀朋、李昭君、王蕊(第七章);王正宇、赵春龙、周涛、陈博(第八章);林坤淼、陈博、王燕、史文杰(第九章)。

本书得到同济大学教材建设项目(2021JC17)和上海市环境与生态高峰学科经费的资助。如需PPT课件,请联系zhaoyoucai@tongji.edu.cn获取。

编　者

2024年4月

第1版前言

固体废物是人类各种社会活动中，因无用或不需要而被弃置的固态物料，是人类利用物质资源满足自身生存和发展需要的必然伴生产物。固体废物的收集、处理及其相关产业的发展，是当代社会现代化的重要组成部分，也直接关系到城镇发展进程和居民生活质量。随着城镇发展规模的扩大与现代化程度的提高，生活垃圾的数量日益增加，处理难度也越来越大。目前，我国绝大部分地区仍存在诸多有待解决的固体废物及其衍生污染治理问题，因此，梳理固体废物处理处置与资源化利用技术最新进展，对于减少固体废物污染、改善环境质量具有重要的理论与实际应用价值。

固体废物有诸多的产生源，不同来源的固体废物有不同的组成特征，因此，应采用不同的处理技术和管理方法，这就使得对其分类具有重要的技术和管理意义。固体废物分类方法并不唯一，可从来源、性质与危害、处理处置方法等不同角度进行分类。按来源，可分为城市生活垃圾和工农业生产中所产生的废弃物；按化学成分，可分为有机废物和无机废物；按热值，可分为高热值废物和低热值废物；按处理处置方法，可分为可资源化废物、可堆肥废物、可燃废物和无机废物等；按危害特性，固体废物可分为有毒有害固体废物和无毒无害固体废物两类，有害有毒废物又称为危险废物，包括医院垃圾、废树脂、药渣、含重金属污泥、酸和碱废物等，无毒无害废物指粉煤灰、建筑垃圾等；含放射性的固体废物一般单独列为一类，有专门的处理处置方法和措施。城镇废弃物和有毒有害废物是与环境保护密切相关的固体废物，这两类固体废物的任意排放会严重污染和破坏环境，其处理处置一直受到各级政府、科技界、产业界和环境保护企业界的重视。

城镇废弃物包括生产、生活过程中产生的生活垃圾、建筑废物、电子垃圾、污泥、粮油食品加工剩余物、城镇农林废物及工业废物等。随着我国经济的高速发展，城镇化水平的提升及世界制造大国地位的确立，近10年来，我国城镇废弃物产生量急剧膨胀，以每年8%~10%的速度快速增加，且面临垃圾输入性增长的挑战，年总量达到近20亿吨。大量产生的城镇固体废物与周边环境形成多相复合型交叉污染，控制污染极为复杂，进而导致围绕"废弃物管理和处置利用"产生的社会纷争不断出现，涉及土地占用、健康风险等社会生活多个方面，引发了政府、媒体及社会各界的广泛关注。

城镇废弃物在具有严重环境污染危害的同时，也蕴藏着巨大的资源和能量，通过科学合理的资源化利用，可消减污染物35%、减碳10%，补充资源供应15%、能源供应5%~7%，资源节约与节能减排效益巨大。废物资源化利用能催生不同的产业链，横跨能源、环境、生物、化工、材料、制造业等多领域，产业规模大、内涵跨度广、产业链条长、社会影响深，能显著增加就业，有助于刺激经济结构调整。因而，有效、高值与安全开发利用城镇固体废物这一重要资源具有重大的环境、社会、经济、资源、能源战略意义。

目前，我国城镇固体废物污染控制与资源化利用的科技发展主要面临四个重大挑战：一是废物循环利用过程中污染物形态变化特征、迁移转化规律、二次合成机理不够明确，污染物多界面过程和在复合介质中的传输机制、环境因子间的耦合作用机理、人体健康危害方式与评价方法等研究不足，支撑核心技术的物质转化机理和工艺过程认识不清；二是缺乏创新性技术，处理装备设计制造能力受制于发达国家，成套技术装备大多依靠进口，但许多进口装备不适用于我国固体废物的处理，先进技术的工程化应用面临巨大挑战；三是废物循环利用过程资源转化率不高（如，我国废旧电器电子材料综合利用率不到40%，而发达国家大多超过75%），资源化产品附加值低、利用方式单一、二次污染和跨介质污染转移问题日益突出；四是我国开始进入新型城镇化加速、产业集聚增强、产城融合凸显的全新发展阶段，跨产业间废物/副产品的代谢利用、循环经济产业链条以及区域综合集成示范亟须构建，然而我国废物循环利用协同管理、技术集成示范和产业化应用与我国经济发展的科技需求存在较大差距。随着科学技术的不断发展进步，固体废物处理处置领域涌现出了大量创新性理论与技术研发成果，对于最新研发成果的总结与应用是应对固体废物处理技术问题的必要方式，对于提升我国固体废弃物处理处置技术现状具有重要价值。

本书由赵由才主持编写工作，周家珍、周涛协助统稿。本书主要内容源于赵由才指导的硕士和博士论文。参加本书编写的人员包括曹学新、戴伟华、柴晓利、周家珍、周涛、陈善平、武博然（第一章），赵由才、杨玉江、吴军、楼紫阳、周家珍、周涛、赵敏（第二章），张瑞娜、宋立杰、周涛、王琦、赵由才、张珺婷（第三章），李兵、阳小霜、赵由才、周家珍、薛一帆（第四章），赵由才、吴军、浦燕新、朱卫兵、何晟、黄仁华、周海燕、张美兰、陈浩泉、周家珍、周涛、张杰、黄海宁（第五章），史昕龙、晏振辉、蒲敏、赵由才、顾敏燕（第六章），甄广印、赵由才、周海燕、郭广寨、张美兰、周家珍、周涛、王琪、卜凡（第七章），赵由才、李强、刘清、张承龙、蒋家超、张星冉（第八章），黄晟、高小峰、谢田、孙艳秋、张骏、简德武、赵由才、徐晋（第九章）。

本书得到2014年同济大学研究生教育改革与创新项目建设、国家环境保护部公益性科研项目（No.201309025）和国家科技支撑项目（2014BAL02B05-02）的资助。

赵由才
2015年8月

目　　录

前言
第1版前言

第1章　生活垃圾填埋废物利用技术　001
1.1　生活垃圾填埋场稳定化进程　001
1.1.1　生活垃圾卫生填埋及稳定化　001
1.1.2　生物反应器填埋场稳定化进程　001
1.1.3　填埋场稳定化过程温室气体产生及释放　002
1.2　填埋废物开采筛分与资源化利用　002
1.2.1　填埋废物开采及筛分　002
1.2.2　填埋废物污染属性与资源属性识别　002
1.2.3　腐殖土利用　003
1.2.4　筛上轻质物利用　003
1.2.5　建筑无机骨料利用　004
1.3　填埋废物中腐殖土理化性质分析　004
1.3.1　腐殖土性质测定方案确定　004
1.3.2　不同地域腐殖土性质分析　006
1.3.3　不同年限腐殖土性质分析　008
1.4　填埋废物中废旧塑料性能演变及资源转化　012
1.4.1　废旧塑料填埋稳定化过程性能变化　012
1.4.2　废旧塑料资源转化路线　013

第2章　生活垃圾焚烧飞灰炉渣处理技术　016
2.1　飞灰炉渣性质　016
2.1.1　飞灰的性质　016
2.1.2　炉渣的性质　018
2.2　炉渣资源回收与利用技术　018
2.2.1　分选回收系统　019
2.2.2　资源利用　019
2.3　飞灰固化稳定化与安全填埋技术　021
2.3.1　固化稳定化的定义　021

  2.3.2 飞灰固化稳定化与安全填埋技术 …………………………………………… 021
  2.3.3 飞灰药剂稳定化技术应用及发展方向 ………………………………………… 022
  2.3.4 飞灰固化稳定化安全填埋处置过程需重点关注的问题 ………………………… 027
 2.4 飞灰熔融固化技术 …………………………………………………………………… 028
  2.4.1 飞灰熔融性分析 ……………………………………………………………… 029
  2.4.2 飞灰熔融性影响因素分析 …………………………………………………… 030

第3章 生活垃圾渗滤液新型处理技术 ……………………………………………… 036
 3.1 惰性废物生物滴流床处理渗滤液技术 ……………………………………………… 036
  3.1.1 生物滴流床 …………………………………………………………………… 036
  3.1.2 惰性废物生物滴流床填料选择 ……………………………………………… 036
  3.1.3 惰性废物生物滴流床的构建 ………………………………………………… 037
  3.1.4 惰性废物生物滴流床工艺参数优化 ………………………………………… 037
 3.2 惰性废物生物滴流床处理垃圾中转站污水 ………………………………………… 039
  3.2.1 设备布置 ……………………………………………………………………… 039
  3.2.2 处理效果 ……………………………………………………………………… 041
 3.3 湿垃圾作为渗滤液复合碳源技术 …………………………………………………… 044
  3.3.1 湿垃圾处理现状及作为碳源处理需求分析 ………………………………… 044
  3.3.2 常规碳源种类及湿垃圾作为碳源可行性分析 ……………………………… 045
  3.3.3 湿垃圾补充渗滤液碳源后化学性质变化 …………………………………… 046
  3.3.4 湿垃圾发酵液协同处理老龄渗滤液 ………………………………………… 049
 3.4 腐烂水果作为渗滤液脱氮碳源 ……………………………………………………… 049
  3.4.1 老龄垃圾渗滤液和活性污泥 ………………………………………………… 049
  3.4.2 反硝化系统的启动与运行 …………………………………………………… 050
  3.4.3 四种腐烂水果作用下的脱氮效果对比 ……………………………………… 050
  3.4.4 碳氮比对于反硝化效果的影响 ……………………………………………… 051
 3.5 渗滤液浓缩液低温蒸发技术 ………………………………………………………… 053

第4章 生活垃圾源头精细化分类与环境卫生防控技术 …………………………… 058
 4.1 生活垃圾源头精细化分类 …………………………………………………………… 058
  4.1.1 生活垃圾源头精细化分类方案设计 ………………………………………… 058
  4.1.2 层次结构模型的设计 ………………………………………………………… 060
  4.1.3 生活垃圾源头精细化分类方案评价指标 …………………………………… 061
  4.1.4 层次结构模型的构建 ………………………………………………………… 062
  4.1.5 群决策专家调查及分析步骤 ………………………………………………… 063
  4.1.6 指标层单排序权重分析 ……………………………………………………… 063
  4.1.7 准则层的单排序权重 ………………………………………………………… 065
  4.1.8 目标层的单排序权重 ………………………………………………………… 066
  4.1.9 灵敏度分析 …………………………………………………………………… 066

4.2 生活垃圾潜在环境卫生风险识别 ………………………………………… 067
4.3 生活垃圾环境卫生风险防控 …………………………………………… 069
    4.3.1 常用消毒除臭方法及消毒剂 ……………………………………… 069
    4.3.2 微酸性电解水消毒 ………………………………………………… 076

第5章 危险废物及医疗废物处理与资源化技术 ……………………………… 078
5.1 危险废物鉴别方法与智能管控技术 …………………………………… 078
    5.1.1 危险废物鉴别普通程序 …………………………………………… 078
    5.1.2 混合危险废物鉴别程序 …………………………………………… 080
    5.1.3 危险废物处理后的废物鉴别程序 ………………………………… 081
    5.1.4 危险废物智能管控技术 …………………………………………… 081
5.2 危险废物固化稳定化与安全填埋技术 ………………………………… 082
    5.2.1 危险废物固化稳定化技术 ………………………………………… 082
    5.2.2 危险废物安全填埋技术 …………………………………………… 083
5.3 危险废物配伍与焚烧技术 ……………………………………………… 083
5.4 危险废物碱介质湿法冶金技术 ………………………………………… 085
    5.4.1 碱介质湿法冶金技术 ……………………………………………… 085
    5.4.2 锌碱溶性废物和废矿的浸出 ……………………………………… 086
    5.4.3 铅碱溶性废物和尾矿的浸出 ……………………………………… 088
    5.4.4 电解废液苛化处理与再生 ………………………………………… 088
    5.4.5 碱溶性金属废物碱介质提取技术集成 …………………………… 089
5.5 低温碱性熔盐无毒处理含氯有机固废及资源再生过程与技术 ……… 090
    5.5.1 低温碱性熔盐无毒处理含氯有机固废工艺 ……………………… 090
    5.5.2 低温碱性熔盐无毒处理含氯有机固废工程技术方案 …………… 091
5.6 医疗废物收运消毒与资源化利用技术 ………………………………… 095
    5.6.1 医疗废物收运技术 ………………………………………………… 095
    5.6.2 医疗废物消毒技术 ………………………………………………… 096
    5.6.3 医疗废物资源化利用——焚烧发电技术 ………………………… 096

第6章 工业固体废物处理与资源化技术 ……………………………………… 099
6.1 钢渣资源化利用技术 …………………………………………………… 100
    6.1.1 钢渣概述 …………………………………………………………… 100
    6.1.2 钢渣生态环境危害性 ……………………………………………… 101
    6.1.3 钢渣在钢铁冶炼中的应用 ………………………………………… 101
    6.1.4 钢渣在建材工业中的应用 ………………………………………… 102
    6.1.5 钢渣在生产功能性新型材料中的应用 …………………………… 103
6.2 粉煤灰资源化利用技术 ………………………………………………… 104
    6.2.1 粉煤灰的危害 ……………………………………………………… 105
    6.2.2 粉煤灰在建材工业中的应用 ……………………………………… 107

6.2.3 粉煤灰在环保上的应用 …… 107
6.2.4 粉煤灰在农业方面的应用 …… 108
6.2.5 粉煤灰的工程填筑应用 …… 108
6.2.6 从粉煤灰中回收有用物质 …… 108
6.2.7 生产功能性新型材料 …… 109
6.3 脱硫石膏资源化利用技术 …… 110
6.3.1 脱硫石膏环境危害性 …… 110
6.3.2 脱硫石膏在建筑行业中的应用 …… 111
6.3.3 脱硫石膏在农业生产中的应用 …… 111
6.3.4 脱硫石膏在水体除磷中的应用 …… 112
6.4 磷石膏资源化利用技术 …… 112
6.4.1 磷石膏的环境危害性 …… 112
6.4.2 磷石膏在建材行业中的应用 …… 112
6.4.3 磷石膏在市政道路中的应用 …… 113
6.4.4 磷石膏在化工业中的应用 …… 113
6.4.5 磷石膏在农业生产中的应用 …… 114
6.5 建筑废物资源化利用技术 …… 115
6.5.1 建筑废物的危害及处置现状 …… 115
6.5.2 建筑废物再生骨料资源化 …… 116
6.5.3 建筑废物再生微粉资源化 …… 117
6.5.4 建筑废物生产功能性材料 …… 118
6.5.5 建筑废物制备建筑涂料 …… 118

第7章 有机废物和城市污泥处理与资源化技术 …… 120
7.1 餐厨垃圾聚合交联 …… 120
7.1.1 餐厨垃圾聚合交联反应可行性 …… 120
7.1.2 餐厨垃圾水凝胶的制备 …… 121
7.2 城市污泥好氧堆肥 …… 126
7.2.1 好氧堆肥概述 …… 126
7.2.2 城市污泥好氧堆肥过程 …… 127
7.3 污泥与餐厨垃圾联合厌氧发酵 …… 132
7.3.1 联合厌氧发酵效果 …… 132
7.3.2 联合厌氧发酵机理 …… 134
7.3.3 厌氧发酵沼渣处理技术 …… 135

第8章 电子废弃物及废旧汽车处理与资源化技术 …… 144
8.1 电子废弃物分类 …… 144
8.2 电子废弃物的收运 …… 145
8.2.1 电子废弃物规范回收相关法律规范 …… 145

         8.2.2 废弃家电回收网络模型 ………………………………………… 147
   8.3 电子废弃物处理处置技术 ……………………………………………… 148
         8.3.1 机械处理方法 …………………………………………………… 149
         8.3.2 火法冶金技术 …………………………………………………… 153
         8.3.3 热解法 …………………………………………………………… 154
         8.3.4 废弃电路板的处理 ……………………………………………… 154
   8.4 废旧汽车拆解与再制造利用技术 ……………………………………… 156
         8.4.1 材料回收的工艺流程 …………………………………………… 157
         8.4.2 部分零配件的再生 ……………………………………………… 158
         8.4.3 金属材料回收 …………………………………………………… 158
         8.4.4 废旧汽车的热解与焚烧处理 …………………………………… 161
         8.4.5 废旧汽车电子器件处理处置 …………………………………… 161
         8.4.6 新能源汽车动力电池资源化技术 ……………………………… 162

第9章 固体废物资源化利用智能信息化与碳达峰碳中和技术应用 …………… 163
   9.1 人工智能原理和算法 …………………………………………………… 163
         9.1.1 人工智能 ………………………………………………………… 163
         9.1.2 深度学习分类和发展历程 ……………………………………… 163
         9.1.3 典型深度学习算法 ……………………………………………… 164
   9.2 人工智能应用于固体废物管控 ………………………………………… 170
         9.2.1 人工智能应用于固体废物产量预测 …………………………… 170
         9.2.2 人工智能应用于固体废物收运管理 …………………………… 172
   9.3 环境卫生工程信息化技术 ……………………………………………… 173
         9.3.1 环境卫生工程信息化技术概述 ………………………………… 174
         9.3.2 环境卫生工程中的信息化技术应用 …………………………… 176
   9.4 碳达峰碳中和相关概念和碳排放量核算方法 ………………………… 178
         9.4.1 碳达峰碳中和相关概念 ………………………………………… 178
         9.4.2 碳排放量核算方法 ……………………………………………… 179
   9.5 固体废物处理与资源化节能降碳助力双碳目标实现 ………………… 181
         9.5.1 可回收垃圾再生资源回收利用 ………………………………… 181
         9.5.2 生活垃圾焚烧 …………………………………………………… 183

参考文献 ……………………………………………………………………………… 184

第1章 生活垃圾填埋废物利用技术

1.1 生活垃圾填埋场稳定化进程

1.1.1 生活垃圾卫生填埋及稳定化

卫生填埋是生活垃圾重要的主流技术和最终处置方式之一,生活垃圾卫生填埋场也成为一个城市基本的环境卫生设施。与简易的土地堆填相比,卫生填埋的最大特点是采取如底部防渗、沼气导排、渗滤液处理、严格覆盖、压实处理等一系列工程措施以防止垃圾中污染物质的迁移与扩散、降低垃圾降解产生的渗滤液污染、实现沼气的收集利用、增加土地利用效率;相比于焚烧和堆肥处理,卫生填埋是一种完全独立的处理方式,可以处理一切形态的生活垃圾,而不需要任何形式的预处理,可作为其他垃圾处理技术的最终处置方式,其处理技术相对完善,运营管理相对简便,处理成本相对较低。

生活垃圾卫生填埋场稳定化是一个复杂而漫长的物化和生化作用过程,一般持续几十年甚至上百年。其中,填埋垃圾中的微生物降解作用占主导地位,故填埋场稳定化过程实质上是填埋垃圾的生物降解过程。生活垃圾进入填埋场后,一是可降解有机物在微生物作用下被分解为简单化合物,最终形成 CH_4、H_2O 和 CO_2 等小分子物质,即有机物无机化;二是有机物生物降解中间产物(如芳香族化合物、氨基酸、多肽、糖类物质等)在微生物作用下重新聚合成复杂的腐殖质,这一过程称为有机物腐殖化。在以上有机物无机化和有机物腐殖化过程中,其产物一部分溶解到水中以渗滤液形式排出,一部分以填埋气形式逸出,剩余部分则滞留在场内,从而逐步实现生活垃圾卫生填埋场稳定化。

1.1.2 生物反应器填埋场稳定化进程

传统自然厌氧卫生填埋场中垃圾的生物降解是一个无任何措施的自然降解过程,垃圾降解速率缓慢,稳定化周期长。针对传统填埋场存在的问题,生物反应器填埋技术应运而生。北美固体废物组织对生物反应器填埋场进行了定义,即通过有目的的控制手段强化微生物作用,使垃圾中易降解和中等程度易降解有机组分快速稳定化的一种垃圾填埋方式。这些控制措施包括注入流体(水、渗滤液)、设计替代性覆盖层、调节pH、控制温度、供氧和接种微生物等。生物反应器填埋场由于增加了渗滤液的循环、垃圾水分控制等措施,解决了传统自然厌氧填埋垃圾稳定化周期长的问题,可以看作是一个"复合净化生物反应器"或"生物滤池"。

生物反应器填埋场按操作方式可以分为渗滤液回灌型[自身回灌型生物反应器填埋场和交叉回灌型生物反应器填埋场(如两相型生物反应器填埋场、序批式生物反应器填埋场)]、填埋层通氧型(准好氧填埋场和好氧填埋场)和操作方式组合型。向在稳定化后期的填埋场加入氧化剂或酶剂,可使有机垃圾快速转化为腐殖质,加速填埋场稳定化进程。

1.1.3 填埋场稳定化过程温室气体产生及释放

填埋场甲烷产生和释放量预测是填埋气收集、利用系统设计、资源化利用工艺选择以及经济可行性评价最基本的依据。模型预测法可以节省大量的时间、人力和物力资源,因而得到了广泛的应用。填埋场甲烷清单估算模型主要包括 IPCC Tier Ⅰ 和 Tier Ⅱ 模型、LandGEM 模型,但这些模型中覆盖层甲烷氧化因子取单一缺省值,忽视了填埋场所处的地理环境、覆盖层特性以及气象条件等差异显著因素,预测值与实测值存在显著差异。基于植被特性、气象因子覆盖层特性的填埋场甲烷产生、传输、氧化和释放模型,实现填埋场甲烷释放的动态预测,建立基于填埋场气候和覆盖层特性的覆盖层甲烷氧化因子清单,对于准确评估填埋场温室效应、完善全球甲烷排放清单、降低填埋场温室气体排放及助力我国"碳中和"具有重要意义。

1.2 填埋废物开采筛分与资源化利用

1.2.1 填埋废物开采及筛分

填埋场的填埋废物在经过 8 年及以上的填埋之后,有机物完全或接近完全降解为简单无机物或腐殖质,基本达到完全无害化状态,可对其进行开采筛分及资源化利用。目前,填埋废物开采全过程的主要工艺包括堆体整形覆盖、好氧通风预处理、边坡支护、堆体降水与渗滤液收集处理、堆体开挖与场内转运、填埋废物分选、筛分物处理处置与资源化以及二次污染控制等。

其中,分选环节主要用于实现填埋废物精细分类。填埋废物在开采过程中,经分选系统处理后,主要获得腐殖土、筛上轻质物及建筑无机骨料三大主要成分,所占比例分别为 50%~60%、20%~30% 及 10%~15%。其后续可通过清洁提质等预处理去除附着在表面的污染物,从而进行进一步资源化利用。

1.2.2 填埋废物污染属性与资源属性识别

针对填埋废物中腐殖土、筛上轻质物及建筑无机骨料三大主要成分,分别制订一套基于末端资源化利用可行性的污染与资源属性识别方法和标准判定流程,包括填埋废物样品采集、原有性质分析、确定资源化利用方式、测定主要性能指标四部分内容,具体见表 1.1。

表 1.1 填埋废物污染与资源属性判定体系

填埋废物样品采集	原有性质分析	资源化利用方式	主要性能指标
腐殖土	对各样品进行 pH、含盐量、有机质、质地、入渗率、肥力、重金属含量及有机污染物等原有性质的测定及分析	① 作为绿化用土； ② 作为生物填料	各用途对应的各标准指标对于样品中不满足用途对应标准的指标,提出人工干预技术,以实现污染向资源的转化
筛上轻质物	对各样品进行水分、灰分、挥发分、热值、粒径、重金属含量及有机污染物等原有性质的测定以及元素分析	① 焚烧； ② 热解气化； ③ 热熔造粒； ④ 制塑料棒； ⑤ 制作栈板	各用途对应的各标准指标对于样品中不满足用途对应标准的指标,提出人工干预技术,以实现污染向资源的转化
建筑无机骨料	对各样品进行粒径、吸水率、坚固性、表观密度、孔隙率、重金属含量及有机污染物等原有性质的测定及分析	① 铺路； ② 制作再生骨料及微粉； ③ 制作再生建材(如再生混凝土、再生无机混合料、地面砖、透水砖等)	各用途对应的各标准指标对于样品中不满足用途对应标准的指标,提出人工干预技术,以实现污染向资源的转化

注:在全国各区域内选取一些典型城市采样(南:上海,温州,东莞,厦门;北:北京,天津,山东;中:河南,武汉)。

1.2.3 腐殖土利用

腐殖土中含有丰富的有机质、微生物及营养元素,具有优良的理化性质,既可作为沃土用作城市绿化,也可作为性能优越的生物反应器填料或介质使用。目前国内填埋场开采出的填埋废物,其腐殖土的利用方式主要包括城市绿化或矿坑回填。

腐殖土虽具有优良的性能及巨大的资源化利用价值,但目前腐殖土的资源化再生利用仍然存在一些问题。例如,温州某填埋场通过对填埋废物进行开采及分析,发现现场分选出的腐殖土具有有机物含量高、含盐量高、含重金属的三大特点。将腐殖土用于矿坑回填虽然能减少外运成本,但需经稳定化处理,且回填要求较高;若作城市绿化用土,也需要通过预处理,以达到腐殖土作绿化用土的标准——《绿化种植土壤》(CJ/T 340—2016)。

此外,腐殖土中含有较多颗粒较小的碎石、碎玻璃等无机物。例如,贵阳、东莞等南方地区,由于夏季降水量较大,大雨冲刷后腐殖土中有机质流失,残余较多碎石、碎玻璃,对腐殖土作绿化用土的观感和作用造成影响,可以通过对腐殖土进行干法或半湿法清洁,以去除无机物,提高腐殖土质量。

1.2.4 筛上轻质物利用

填埋废物中的筛上轻质物包括塑料和织物等,其中的塑料为主要成分。目前,废旧塑料再生主要工艺分为热熔造粒和制塑料棒。热熔造粒主要工艺过程包括破碎、清洗、熔融拉条、切断造粒及打包,工艺及设备较为复杂,对原料要求也较高。泉州某塑料分拣中心以垃圾回收站及分拣站中的废旧塑料为原料,通过人工分拣的方式,将塑料精细分类后进行熔融造粒,再生粒子出售至下游企业重新生产塑料制品,再生产品质量较高。虽然填埋场挖采的填埋废物中废旧塑料的洁净情况有一定差异,但性能差异较小,填埋场塑料经适当干湿法清洗之后,即可进行资源化利用。

制塑料棒工艺较为简单,直接将混杂有废旧塑料、织物等的筛上轻质物破碎、挤压成型即可。再生的塑料棒可供下游企业生产铝塑板、下水道管材等。该工艺省去了热熔造粒环节,不仅减少配套设施,节省成本,降低二次污染,且对废旧塑料原料的清洁程度、质量及混杂程度要求都较低,原料特性更接近于填埋场填埋废物中废旧塑料特性。因此,填埋废物中的废旧塑料和化学纤维,可采用和参考该工艺进行处理和利用。

无论采用哪种资源再生工艺,清洁提质都是目前废旧塑料处理及再生利用的关键。目前国内工厂都采用水洗方式清洁废旧塑料,虽然清洗水循环利用,但仍存在含盐量高、产泥量大的弊端,可采用干洗(包括砂洗和气洗)为主、湿法为辅的多效组合洁净技术,这不仅可以大幅降低污泥产量,节约用水,干洗产生的腐殖土还可经处理后作为城市绿化用土,实现资源多级利用。

1.2.5 建筑无机骨料利用

填埋废物中建筑无机骨料主要包括砖石及混凝土。目前国内填埋废物中建筑无机骨料的处理方式主要为回填。但这种方法仍然存在一些弊端,主要因为建筑无机骨料数量多、体积大,若全部采用回填方式会占据大量的土地资源;此外,部分建筑无机骨料中含有有害物质,回填会对地下水造成安全隐患。

填埋废物中的建筑无机骨料经污染去除及洁净后可进行资源再生利用,其方向包括铺路、制作再生骨料及微粉、制作再生建材(如再生混凝土、再生无机混合料、地面砖、透水砖等)以及一些新型再生产品等。例如水性涂料就是先将建筑无机骨料进行粉末功能化,然后通过水性涂料制备过程生产的,其可实现填埋废物中建筑无机骨料的资源化及高附加值再生。

1.3 填埋废物中腐殖土理化性质分析

1.3.1 腐殖土性质测定方案确定

1. 土壤理化性质测定

将腐殖土样品置于60℃烘箱中24 h,烘干后去除样品中石砾和动植物残体等异物,用木棒或玛瑙棒研磨,然后分别过2 mm筛、1 mm筛、100目筛。将预处理后的腐殖土样品按表1.2中测定方法对各理化性质进行分析测定。

表1.2 土壤理化性质测定方法

测定项目	方法	标准代号
pH值	电位法	LY/T 1239—1999

(续表)

测定项目	方法	标准代号
有机质	重铬酸钾氧化-外加热法	LY/T 1237—1999
含盐量	质量法/电导率(EC)法(水土比5:1)	LY/T 1251—1999
阳离子交换量	乙酸铵交换法(酸性和中性土壤) 氯化铵-乙酸铵交换法(石灰性土壤)	LY/T 1243—1999
水解性氮	碱解-扩散法	LY/T 1228—1999
有效磷	钼锑抗比色法	LY/T 1232—1999
速效钾	火焰光度法	LY/T 1234—1999
石砾含量	筛分-质量法	CJ/T 340—2016 附录B
全氮	半微量凯氏法	LY/T 1228—1999
全磷	碱熔-钼锑抗比色法	LY/T 1232—1999
全钾	碱熔-火焰光度法	LY/T 1234—1999

注：LY/T 为中华人民共和国林业行业标准推荐方法。

2. 重金属测定

采用 HF-HCl-HNO$_3$ 消解法，之后通过电感耦合等离子体光谱仪(ICP)测定各重金属含量。具体步骤如下：用万分之一天平准确称取过100目筛的1.000 g左右风干土样置于聚四氟乙烯烧杯中，加入10 mL浓硝酸于电热板上低温加热，烧杯上放一耐腐盖子，以免蒸发过快。缓慢蒸发至约剩余5 mL时，加入5 mL盐酸，继续加热至近似黏稠状，再加入5 mL氢氟酸，将铅、镍等包藏在内部的金属熔出。稍冷后加1:1盐酸1～2滴将其洗入50 mL容量瓶中，用蒸馏水定容。经过消解处理后的样品溶液通过ICP测定其中重金属含量，然后再换算成土样中的重金属含量。

3. 有机污染物测定

称取预处理后的腐殖土100.0 g，置于2 L具密封塞广口聚乙烯瓶中，加入1 L去离子水浸取，盖紧瓶盖后垂直固定于水平振荡机上，调节频率为(110±10)次/min，在室温下往复振荡8 h，静置16 h后取下，于预先安装好0.45 μm滤膜(或者滤纸)的过滤装置上过滤，收集全部滤出液，即为浸出液。摇匀后的浸出液参照美国环保局(EPA)对固体废物取样和分析的步骤，将浸出液分为中性、酸性和碱性三种萃取物，并采用气相色谱-质谱联用仪(GC-MS)对提取液进行有机污染物的测定和分析。

4. 表征分析

采用比表面积测试法(BET)进行比表面积和孔径分析；采用X射线荧光分析仪(XRF)分析元素组成；采用X射线衍射仪(XRD)分析物相组成；采用红外光谱仪(FT-IR)对化学基团进行分析。

1.3.2 不同地域腐殖土性质分析

1. 取样点

通过查阅材料以及现场调研我国主要地域（南方、北方、中部）填埋废物不同堆存年限与分布特征，本书按示范工程标准采样法（挖掘机进场、四分法取样）以分别采取全国南（温州、上海、东莞、厦门、福州、泉州）、北（哈尔滨、佳木斯、廊坊、泰安）、中（武汉、利辛）不同地域 12 个填埋场中的填埋废物样品为例，介绍如何分析填埋废物主要三大组分——腐殖土、筛上轻质物（塑料为主）、建筑无机骨料的性质。

2. 基本理化性质

理化性质分析主要选取 6 个最具代表性的填埋场数据，综合了地域、填埋垃圾种类及填埋年限等因素。6 个典型填埋场腐殖土样品基本理化性质数据见表 1.3。

表 1.3 典型填埋场腐殖土样品基本理化性质

样品编号	取样点	pH	水溶性总盐/(g/kg)	交换性钠/(mg/kg)	阳离子交换量/(cmol+/kg)	水解氮/(mg/kg)	有效磷/(mg/kg)	速效钾/(mg/kg)	全氮	全磷	全钾
1	温州	7.9	2.8	33.608	14.5	297	20.6	423	0.387%	0.222%	6.437%
2	厦门	7.6	10.5	515.336	13.8	615	129.6	1 010	0.672%	0.575%	10.120%
3	上海	7.8	2.6	20.666	18.0	484	114.8	1 005	0.532%	0.427%	6.381%
4	东莞	8.0	4.8	622.336	11.9	1 015	73.8	1 690	0.687%	0.264%	5.397%
5	武汉	7.9	13.8	136.948	13.1	166	35.3	562	0.233%	0.070%	5.922%
6	福州	7.7	5.4	142.004	15.7	493	65.0	655	0.564%	0.517%	5.651%

根据《绿化种植土壤》(CJT 340—2016)标准中表 1.1 绿化种植土壤主控指标的技术要求，对于一般植物，种植土壤 pH 应在 5.0~8.3，6 个样品 pH 均呈弱碱性，且满足指标要求。标准中含盐量要求≤1.0 g/kg，6 个样品均高于标准要求，含盐量过高。根据标准中表 1.2 土壤肥力相关要求，阳离子交换量要求≥10 cmol+/kg，6 个样品均满足要求，保肥力较高。有机质要求 20~80 mg/kg，除唯一的中部地区武汉满足指标要求外，其余 5 个南方地区均超标，并且呈现越往南，有机质含量越高的趋势。

3. BET 分析

表 1.4 典型填埋场腐殖土样品 BET 测定

样品编号	取样点	比表面积/(m²/g)	总孔容/(cm³/g)	孔径/nm
1	温州	9.873 5	0.023 722	9.610 3

(续表)

样品编号	取样点	比表面积/(m²/g)	总孔容/(cm³/g)	孔径/nm
2	厦门	8.222 1	0.020 827	10.132 0
3	上海	7.865 5	0.016 828	8.557 9
4	东莞	2.143 9	0.005 748	10.724 7
5	武汉	14.636 7	0.031 376	8.574 7
6	福州	7.868 4	0.017 384	8.837 2

对6个样品进行BET测定，从表1.4中数据可以看出，唯一的中部地区武汉比表面积最大，孔径较小；位于最南部的东莞比表面积最小，孔径最大。据测定结果推测，可能越往南，腐殖土比表面积越小。

4. 重金属测定

腐殖土如果用作绿化用土，根据绿地与人群接触的密切程度，采用不同重金属控制指标。若用于道路绿化带等与人接触较少的绿化用地，需满足三级标准。对比图1.1中样品数据和标准线可以看出，除极个别地区的极个别重金属种类满足三级标准要求外，其余重金属全部远远超标。因此，重金属也成为判别腐殖土污染与资源属性的重要参数。

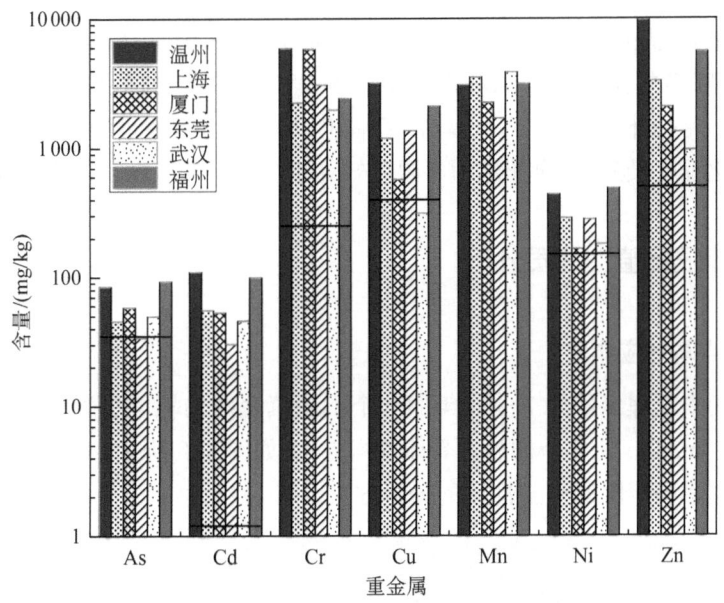

图1.1 典型填埋场腐殖土样品重金属分析

5. 腐殖质组分及含量测定

依据《森林土壤有机质的测定及碳氮化的计算》(LY/T 1237—1999)和《森林土壤腐殖质组成的测定》(LYT 1238—1999)标准，对样品腐殖质组分及含量进行测定。因地域土壤存在差异，本测定增加了泉州、利辛、廊坊和哈尔滨作为对比。对腐殖土样品腐殖质中胡敏酸(HA)及富里酸(FA)的含量进行了测定，见表 1.5。

表 1.5 腐殖土样品腐殖质组分及含量测定

样品编号	取样点	有机碳含量/(g/kg)	HA 和 FA 总碳量/(g/kg)	HA 碳量/(g/kg)	FA 碳量/(g/kg)	胡敏素碳量/(g/kg)	腐殖质总提取率	HA/FA
1	泉州	50.56	8.83	4.20	4.64	41.73	17.47%	0.91
2	利辛	35.31	7.42	4.63	2.78	27.89	21.01%	1.67
3	廊坊	7.46	1.53	0.25	1.28	5.93	20.52%	0.19
4	哈尔滨	52.78	23.67	13.10	10.57	29.11	44.84%	1.24
5	温州	43.43	8.05	3.73	4.32	35.38	18.53%	0.86
6	上海	50.59	15.20	7.46	7.74	35.39	30.04%	0.96
7	厦门	56.22	14.83	6.06	8.77	41.39	26.38%	0.69
8	东莞	59.81	16.85	6.06	10.79	42.96	28.17%	0.56
9	武汉	18.90	3.91	1.49	2.42	15.00	20.67%	0.62
10	福州	76.34	19.25	8.86	10.39	57.09	25.22%	0.85

我国北方的土壤，特别是干旱区与半干旱区的土壤，腐殖质一般以 HA 为主，HA/FA 大于 1；而在温暖潮湿的南方酸性土壤中，土壤腐殖质以 FA 为主，HA/FA 一般小于 1；在同一地区，熟化程度高的土壤的 HA/FA 较高。从表 1.5 中数据可以看出，南方地区样品 HA/FA 均小于 1，另外，由于 1、7、10 均属于福建，对比 3 个样品 HA/FA 比值，泉州最高，可说明其腐殖化程度最高，而泉州填埋年限已知为 12 年，与实际情况符合。

1.3.3 不同年限腐殖土性质分析

1. 取样位点与对应年限

取某填埋场中填埋年限为 7～30 年的 8 个不同填埋龄的填埋废物样品，每个点位分别取深度为 2 m、5 m、8 m 的 3 个样品。具体取样点位，如图 1.2 所示，对应年限见表 1.6。本书以此为例介绍不同年限腐殖土性质的分析方法。

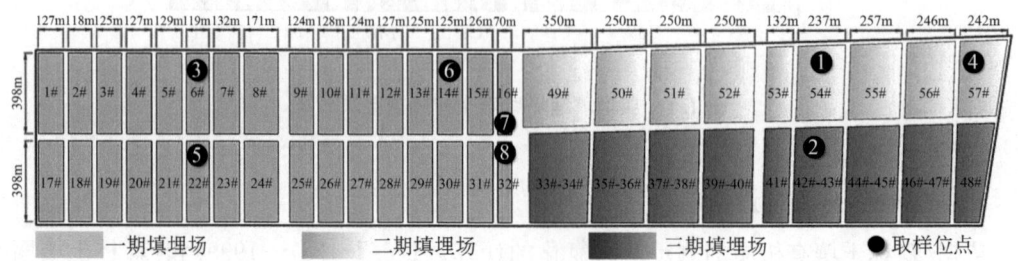

图 1.2 某填埋场取样位点图

表 1.6 某填埋场取样位点与对应年限

编号	钻孔单元	填埋年份	填埋年限/年
1	54#	2013	7
2	42/43#	2007	13
3	6#	2004	16
4	57#	2002	18
5	22#	1998	22
6	14#	1995	25
7	16#西侧	1993	27
8	32#东侧	1990	30

2. 基本理化性质

某生活垃圾填埋场腐殖土基本理化性质见表1.7。

从表1.7可以看出,各填埋年限样品pH范围为7.7～8.9,均呈弱碱性,基本符合绿化种植土壤对pH的要求,且当腐殖土的填埋年限小于18年时,pH随填埋深度增加而降低,填埋年限在22年以上的腐殖土,pH则随深度增加而升高。

对比绿化种植土壤中各指标要求,可能由于海水的影响,样品整体含盐量远远超标,但各项肥力指标整体较高。其中,水解性氮、全氮、全磷及有效磷含量在填埋年限小于18年时随填埋深度增加而呈升高趋势,在填埋年限大于22年时则随填埋深度增加而降低,且填埋年限在18年以内的肥力指标整体高于填埋年限22年以上的肥力指标。

3. 腐殖土重金属污染特性

某生活垃圾填埋场腐殖土重金属污染特性数据见表1.8。

对比绿化种植土壤对重金属含量的技术要求对表1.8进行分析,发现在该填埋场的存量垃圾中,Cd含量低于检测限,Zn含量整体相对较高,Ni、Cu在填埋年限为16年的样品中含量较高,而Cr在填埋年限为16～18年时含量较高。其中,14号点位的全部深度、22号点位的2m和5m,以及32号点位的8m,所取得样品中大部分为泥,几乎无存量垃圾,因此上述样品测得的重金属含量明显偏低。从表中数据来看,填埋年限与重金属含量间存在明显波动性,这可能是由填埋时垃圾本身重金属含量的差异性较大所造成的。

除个别样品重金属含量偏高外,大部分存量垃圾的重金属含量基本符合绿化种植土壤重金属含量三级控制标准,经一定处理后可用作植物园、公园、学校、居住区等与人接触较密切的绿(林)地。

表1.7 某生活垃圾填埋场筛下腐殖土样品基本理化性质

编号	点位	填埋年限/年	深度/m	pH	全盐量/(g/kg)	阳离子交换量/(cmol/kg)	水解性氮/(mg/kg)	有效磷/(mg/kg)	全氮	全磷	全钾	交换性钠/(mg/kg)	速效钾/(mg/kg)
1	54#	7	2	7.94	17.4	14.7	942	103.3	1.31%	0.211%	0.75%	1 032.7	531
2			5	7.83	15.8	11.6	1 010	66.6	1.42%	0.332%	1.05%	1 235.1	723
3	43#	13	2	8.03	1.72	12.3	233	25.9	0.141%	0.065%	1.95%	846.4	439
4			5	8.05	6.96	12.9	644	211.5	0.605%	0.214%	1.49%	839.5	679
5			8	7.75	14.7	12.5	883	96.4	0.972%	0.388%	1.14%	1 366.2	785
6	6#	16	2	8.19	8.78	21.8	1 660	363	1.14%	0.342%	1.18%	3 450	1 370
7			5	7.86	16.5	22.6	1 680	334.9	1.42%	0.322%	1.13%	12 627	1 890
8			8	7.75	11.7	17.7	1 650	335.1	1.44%	0.322%	1.21%	5 773	1 550
9	57#	18	2	7.89	3.92	13.1	718	73.3	0.557%	0.197%	1.47%	1 975.7	1 210
10			5	7.78	7.84	16.5	939	461.9	1.31%	0.348%	1.32%	2 668	1 750
11			8	8.19	7.69	16.8	809	42.9	1.19%	0.246%	1.05%	2 056.2	1 040
12	22#	22	2	8.39	2.82	11.7	534	18.5	0.493%	0.071%	1.74%	1 016.6	739
13			5	8.67	1.99	6.4	224	13.8	0.353%	0.059%	1.74%	1 081	321
14			8	8.53	3.54	12.7	109	24.3	0.201%	0.088%	1.98%	1 269.6	454
15	14#	25	2	8.76	2.96	13.8	171	25.1	0.14%	0.082%	2.00%	1 833.1	439
16			5	8.80	8.52	9.9	408	19.3	0.195%	0.070%	1.84%	1 301.8	605
17			8	7.72	7.27	12.6	951	76.6	1.13%	0.184%	1.19%	2 990	917
18	16#	27	2	7.88	10.3	12.5	831	39.9	1.10%	0.193%	1.18%	3 910	1 180
19			5	8.21	9.59	9.4	627	37.2	1.03%	0.198%	1.31%	2 622	743
20	32#	30	2	7.74	12.4	9.1	664	42.6	0.869%	0.195%	1.14%	1 235.1	171
21			5	8.00	5.26	8.9	569	27.8	0.784%	0.109%	1.37%	876.3	685
22			8	8.89	1.43	5.5	152	9.8	0.322%	0.05%	1.78%	1 320.2	259

表1.8 某填埋场腐殖土样品重金属含量

编号	点位	填埋年限/年	深度/m	重金属含量/(mg/kg)						
				Cd	Pb	Cr	As	Ni	Cu	Zn
1	54#	7	2	ND	161.23	219.78	14.86	74.68	194.86	1 220.72
2			5	ND	82.28	146.22	11.54	45.28	127.39	760.75
3	43#	13	2	ND	18.92	91.63	12.42	22.49	34.76	96.25
4			5	ND	108.21	243.17	37.30	49.28	171.62	1 037.34
5			8	ND	181.64	245.17	26.46	54.27	194.65	523.38
6	6#	16	2	ND	101.49	312.37	12.36	134.60	616.21	566.81
7			5	ND	74.58	181.48	8.29	54.40	403.67	300.01
8			8	ND	116.03	160.52	18.26	55.39	358.13	408.00
9	57#	18	2	ND	66.48	332.20	13.33	37.35	96.29	408.72
10			5	ND	147.32	654.12	13.75	72.81	192.29	669.42
11	22#	22	2	ND	173.17	147.40	31.63	26.81	165.06	736.03
12			5	ND	7.39	44.17	7.48	11.70	11.98	41.78
13			8	ND	6.50	39.21	3.55	10.86	8.19	36.24
14	14#	25	2	ND	20.43	55.96	8.40	14.25	37.47	76.86
15			5	ND	29.84	85.72	14.92	20.37	26.09	102.26
16			8	ND	17.28	88.27	11.12	20.11	21.26	77.71
17	16#	27	2	ND	111.78	110.79	12.98	27.49	134.99	1 176.37
18			5	ND	170.96	139.93	17.63	52.58	482.42	582.53
19			8	ND	137.67	189.82	49.97	26.67	115.32	463.99
20	32#	30	2	ND	206.43	100.47	6.77	17.82	141.29	317.61
21			5	ND	102.99	75.57	4.55	20.69	88.73	172.03
22			8	ND	6.83	40.52	5.84	9.60	26.76	35.46

注:ND表示重金属含量低于仪器检测限,未检出。

1.4 填埋废物中废旧塑料性能演变及资源转化

1.4.1 废旧塑料填埋稳定化过程性能变化

1. 废旧塑料填埋过程转化

填埋场中的废旧塑料会随时间推移发生一定程度的降解。填埋环境缺氧避光,因此热氧化降解是废旧塑料的主要降解过程。废旧塑料在降解过程中会向空气、土壤和渗滤液释放污染物质,如苯、甲苯、二甲苯、乙基苯、三甲基苯及双酚 A 等。废旧塑料的降解会影响其物理性质,使其发生物理变化,如光泽度变低、变色及脆性变化等。同时降解还会对其化学性质造成一定影响,如键断裂以及新官能团的形成等。降解过程示意如图 1.3 所示。

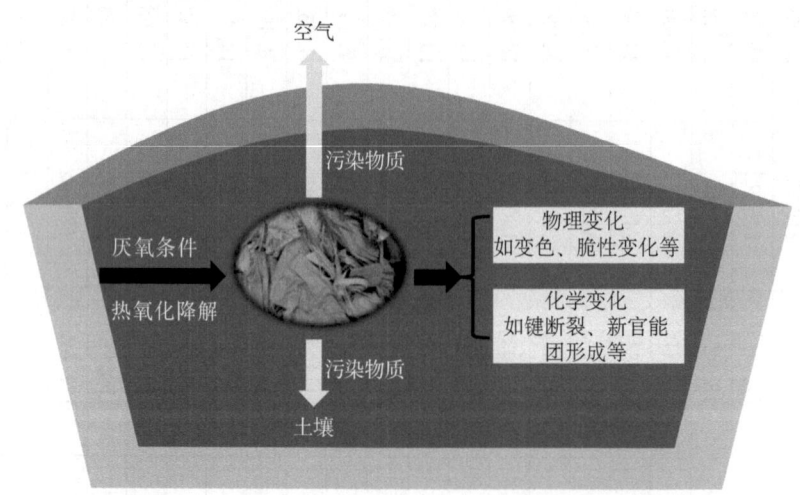

图 1.3 填埋场中废旧塑料降解及物质迁移转化过程

2. 废旧塑料基本性能变化

(1) 基本特性

国内外不同填埋场中开采出的废旧塑料的含水率均较低,约为 27%,且随填埋年限增加呈下降趋势;挥发分含量较高,应用基低位热值可达 20 000 kJ/kg,且塑料在填埋场中的降解对热值没有显著影响,可制备垃圾衍生燃料(RDF)进行燃烧;与未进行填埋处理的新鲜废旧塑料相比,废旧塑料光泽度显著降低,且氧、硅、铝含量较高,这与其存在杂质有关,如土壤和砂砾。

(2) 力学性能

通过试验对填埋场中废旧塑料的造粒产物进行力学性能测定,包括拉伸性能、弯曲性能及冲击性能,利用软件对各性能指标进行主成分分析,表征了填埋过程中废旧塑料综合性能随填埋时间的变化规律及特征。填埋年限在 7 年以内的塑料,其拉伸性能、弯曲性能及冲击性能虽有所下降,但幅度很小,与填埋之前的原生废旧塑料无明显差异。而填埋年限超过 7 年后,塑料力学性能则开始呈加速下降趋势。下降幅度对比如图 1.4 所示。

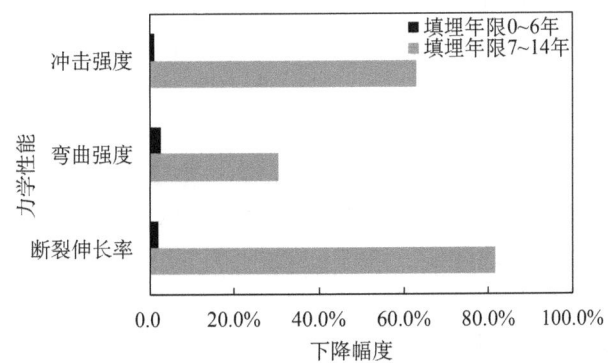

图 1.4　填埋年限对填埋塑料力学性能下降幅度的影响

(3) 热学性能

从填埋塑料热变形温度和维卡软化点随填埋年限的变化关系发现,当填埋年限小于 7 年时,塑料热学性能基本保持不变。与力学性能变化规律不同的是,当填埋年限超过 7 年时,热学性能反而呈逐渐上升趋势,这种变化主要是由于随着填埋过程中废旧塑料降解,其无机特性逐步显现。

1.4.2　废旧塑料资源转化路线

传统的针对填埋废物中废旧塑料的处理方式主要为焚烧或填埋。虽然填埋场中废旧塑料的热值较高,可采用焚烧法进行能源利用,但由于废旧塑料成分复杂,焚烧在将塑料转化为热能的同时产生的二噁英等有害气体及大量粉尘,不仅对大气环境造成污染,对人体及动物健康产生威胁,而且这种能源利用并未做到资源化再生,经济及社会效益不高。另外,焚烧飞灰作为危险废物,其无害化处理处置面临较多技术难题,如水溶盐、重金属以及二噁英的危害难以消除,固化填埋仍是焚烧飞灰的唯一出路。但由于《危险废物填埋污染控制标准》(GB 18598—2019)的实施,污染控制标准进一步提升,使焚烧飞灰无害化处理代价高昂,目前的安全填埋法已经难以为继。填埋则是对土地资源的无价值侵占和消耗,还会对填埋土壤的质量造成影响。这两种方法不仅无法做到资源再生利用,还会产生二次污染。

通过分析填埋塑料的力学及热学性能发现,由于废旧塑料在填埋降解过程中所处环境缺氧避光,极大地延缓了塑料降解老化进程。填埋年限小于 7 年的废旧塑料,其力学及热学性能与未经填埋处理的原生废旧塑料性能基本无差异,经清洁提质后,即可进行资源再生利用,实现其高值转化。

由于塑料在使用过程和填埋过程中会受到来自渗滤液以及各种有机物的附着污染,而废旧塑料的再生利用程度及资源化产品的质量很大程度上取决于塑料表面的清洁程度,因此,废旧塑料的清洁提质是影响填埋废物中废旧塑料再生及资源化利用的一个非常重要的因素。目前,针对废旧塑料清洁提质技术的相关研究主要可以分为以下 4 类。

(1) 湿法清洁

传统清洁技术主要以湿法水洗为主,通过在清洁设备中加入各种清洗剂并进行搅拌或漂洗,从而去除附着在塑料表面的污染物。但这种清洁方法不仅耗费大量的水资源,还要处理产生的含各种清洗剂的清洁废水,并且塑料在清洗之后还需进一步干燥,这些都增加了塑料清洁的成本。有的清洗剂还会一定程度上影响塑料的性能,从而制约其后续资源化产品的再生。

(2) 超声清洁

为了解决传统水洗清洁技术带来的一系列弊端,一些新兴清洁技术逐渐得到了应用和发展,如超声清洁。超声清洁通过空化效应,削弱塑料与污染物之间的附着力,并加速可溶性污染物的溶解,从而达到清洁效果。相较于传统水洗方法,超声清洁效果更好,效率更高,且易于实现自动化。因此,超声清洁得到了迅速的发展。但目前将超声清洁应用于废旧塑料清洁的相关研究较少,并且还未实现工业化应用。

(3) 无水清洁

无水清洁主要包括气洗和砂洗等。气洗是以空气作为清洗介质,压缩空气提供清洗动力,通过破碎后的塑料碎片间以及碎片与高速空气间相互摩擦碰撞,从而实现塑料的清洁。砂洗是以廉价的砂石和空气作为清洗介质,并且砂石可以循环利用,通过砂石和塑料在搅拌机内的相互摩擦及后续高速空气与塑料的摩擦,完成清洗过程。无水清洁最大的优点是无须耗费水资源,也避免了后续二次污染的产生和处理,绿色环保的同时还节约了成本。因此,无水清洁已经受到了国内外的广泛关注。

(4) 多效组合清洁

目前,国内大多废旧塑料资源化再生工厂依然将水洗清洁作为主要清洗手段。清洗水循环利用,循环率可达到85%以上,剩余污水通过混凝沉淀等处理后,化学需氧量(COD)可降至200~210 mg/L,最终进行纳管排放,产生的污泥外运交由环卫处理。清洗水循环利用虽大量节省水资源,但仍存在清洗水含盐量高、产泥量大的弊端。因此,可尝试推广一种"干法+湿法"结合,即以干洗为主、湿法为辅的多效组合洁净技术,这不仅可以大幅降低污泥产量,节约用水,而且干洗产生的腐殖土还可经处理后作城市绿化用土,实现资源多级利用。

塑料主要成分源于石油,因此,废旧塑料再生不仅可以节省原料,降低成本,也是对不可再生自然资源的一种保护。针对这些现状,如何高效回收利用废旧塑料一直是国内外热议话题,常用回收利用废旧塑料方法有复合再生和直接挤压成型两种。

(1) 复合再生

目前,填埋废物中废旧塑料的再利用技术主要为复合再生。通过分选、预处理、熔融、混炼、成型等流程,重新生产出塑料制品。再生利用方式包括熔融造粒、制包装材料以及建筑材料等。其中,熔融造粒是指将废旧塑料经分选、破碎、清洗、干燥等预处理后,在造粒机的作用下进行熔融加工,并切割成小颗粒进行再利用,这是目前我国废旧塑料再生利用技术中应用最为广泛的技术。尽管如此,传统的造粒技术却仍存在一些弊端,如熔融过程会产生大量的废气及固体废弃物,不仅造成二次污染,还会提高处理成本。另外,造粒技术对塑料原材料清洁程度及成分质量有一定要求,而填埋场填埋废物中废旧塑料由于污染程度较高,且成分复杂,也会在一定程度上提高清洁提质等预处理成本。

(2) 直接挤压成型

直接挤压成型技术可以直接将废旧塑料破碎、挤压成型,无须通过熔融造粒,不仅减少了热熔环节带来的二次污染,而且简化了工艺流程及相关配套设施,大大降低了成本。除此之外,该技术对原料的质量、纯度及洁净度要求相对较低,更符合填埋废物中废旧塑料的特性,其再生产物塑料棒可供下游企业生产铝塑板及下水道管材等。结合干洗为主、湿法为辅的多效组合洁净技术,填埋废物中废旧塑料直接挤压成型的具体资源化技术路线如图1.5所示。

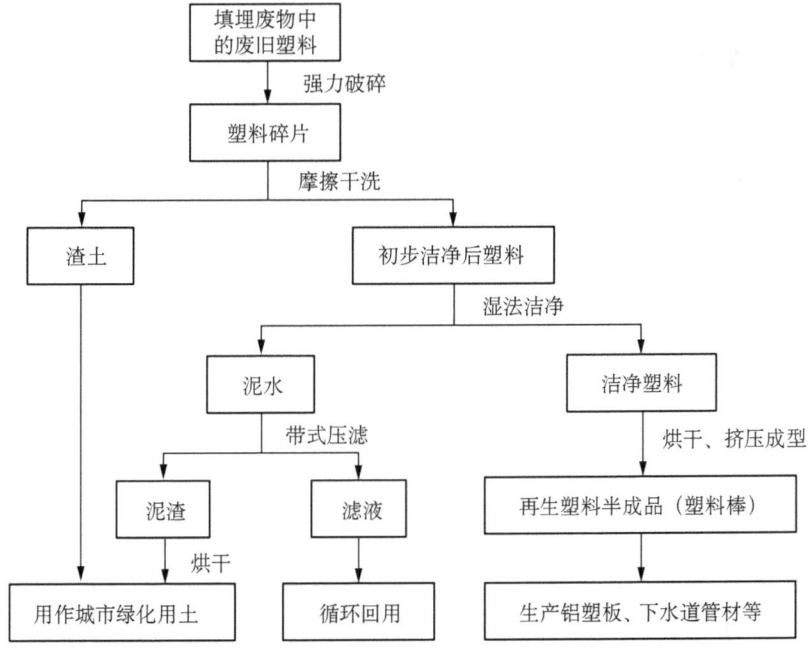

图 1.5 填埋废物中废旧塑料直接挤压成型的资源化技术路线

习 题

1. 简述填埋场处于稳定化状态的主要特征。
2. 简述腐殖土作为资源化利用的主要途径及其风险点。
3. 简述填埋场不同稳定化状态下的维护、管理措施以及场地再利用方式。
4. 简述稳定化填埋场主要的处理处置途径及其各自的优缺点。
5. 思考分析填埋场的污染属性和资源属性。
6. 论述填埋场挖采分选和资源化利用的主要技术路线。

第 2 章 生活垃圾焚烧飞灰炉渣处理技术

2.1 飞灰炉渣性质

2.1.1 飞灰的性质

1. 飞灰的定义

焚烧是生活垃圾快速减量化的重要处理方式。在焚烧过程中,生活垃圾与空气中的氧发生燃烧反应,最终转化为残渣。垃圾在焚烧过程中会产生大量的焚烧烟气、粉尘和灰渣等。生活垃圾焚烧飞灰是市政生活垃圾焚烧处置过程中烟气净化系统的捕集物和烟道及烟囱底部沉降的底灰。

2. 飞灰的物理性质

飞灰的粒径小,主要在几百纳米到几微米之间,焚烧飞灰粒径呈近似正态分布,其中粒径在 $3\sim 4\ \mu m$ 的所占比例较大;焚烧飞灰的比表面积较大,其值为 $4.8\sim13.7\ cm^2/g$,因此其具有较强的吸附作用,飞灰的比表面积与自身密度、表面形态、颗粒构造与孔隙结构等密切相关;飞灰的比重与焚烧工艺有关,相比于炉排炉,循环流化床焚烧所得飞灰的比重更大,约为 $2.858\ g/cm^3$;焚烧飞灰通过肉眼观察主要呈白色或灰色细小粉末状颗粒,利用扫描电子显微镜观察飞灰的微观结构可发现其主要呈小球形或四方形,颗粒粒度较为均匀,表面粗糙,孔隙结构较为发达。

3. 飞灰的化学性质

由于垃圾组分的多样性,焚烧飞灰中所含的化学物质或元素同样繁多。其中 CaO、Na_2O、K_2O 等碱性氧化物为飞灰的主要化学成分,占了飞灰总量的 50%。此外飞灰中同样含有一定量的无机盐类物质,例如 $NaCl$、$CaCl_2$ 等。飞灰中的主要矿物元素包括 Mg、Ca、Al、Si 等,仅占垃圾质量 3% 左右的飞灰中富集有大量的重金属元素,包括 As、Cd、Hg、Pb、Cu、Ni 等。这是因为重金属及其化合物在焚烧过程中被蒸出后随烟气进入温度较低的烟道中降温冷凝浓缩,形成单一的金属颗粒气溶胶或吸附在飞灰表面。生活垃圾焚烧过程中重金属的形成及迁移过程如图 2.1 所示。

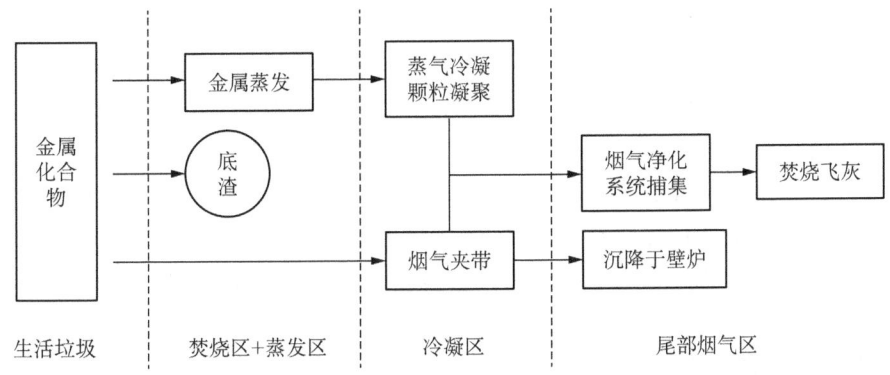

图 2.1　生活垃圾焚烧过程中重金属产生及迁移过程

飞灰中含量最高的重金属元素为 Zn 和 Pb，分别为 3 770~6 080 mg/kg 和 880~2 080 mg/kg。飞灰中重金属的含量又与焚烧及烟气净化工艺密切相关，其中流化床飞灰的 Pb、Cd、Zn 含量低于炉排炉飞灰，而 Cr、Cu、Ni 等元素受烟气净化工艺影响较大，具体重金属总量变化情况见表 2.1。飞灰重金属的含量受自身粒径大小的影响，当飞灰的粒径小于 300 μm 时，Zn、Cu、Pb 的含量随粒径减小而增大。粒径减小导致重金属含量的增加主要表现在 Cd、Zn、Pb、Cu 的碳酸盐结合态，Pb 的有机结合态以及 Pb、Zn 的铁锰氧化态含量的增加。各重金属中 Cr、Ni、Hg 的含量随粒径先增大后减小，Cr 和 Ni 的粒径在 38~96 μm 时含量最高，粒径小于 38 μm 时含量最低。季节变化对于飞灰重金属含量的影响不大，其中夏季飞灰中 Cd、Pb、Cu、Zn 的含量高于秋、冬季。秋季飞灰中 Cr 含量最高，冬季飞灰中 Ni、Hg 的含量最高。

表 2.1　焚烧和烟气净化工艺对飞灰中重金属总量的影响

序号	焚烧工艺	烟气净化工艺	重金属总量/(mg/kg)					
			Pb	Cd	Cu	Zn	Cr	Ni
1	流化床	SNCR+SM+AC+BDC	1 300~1 500	40~45	1 600~1 700	5 000~5 600	350~390	80~100
2	流化床	SNCR+EPS+SM+AC+BDC	700~800	30~35	1 400~1 500	3 700~3 800	290~310	110~130
3	炉排炉	SNCR+DM+AC+BDC	1 000~1 500	100~150	400~500	4 000~4 100	50~100	10~25
4	炉排炉	SNCR+DM+AC+BDC+GGH	1 500~1 800	140~160	50~60	5 200~5 500	130~175	25~30
5	炉排炉	SNCR+SM+DM+AC+BDC	1 500~2 300	100~140	600~1 000	4 200~6 000	100~425	40~90
6	炉排炉	SNCR+DM+AC+BDC+WC	1 200~2 700	120~210	310~390	—	—	—

注：SNCR 为选择性非催化还原法；SM 为半干法；DM 为干法；AC 为活性炭喷射；BDC 为布袋除尘；EPS 为静电除尘；GGH 为烟气-烟气再热；WC 为湿式除尘。

飞灰中重金属浸出与自身赋存形态密切相关，而赋存形态又受到焚烧与烟气净化工艺、飞灰粒径大小的影响。飞灰中 Cr 和 Cd 的可交换态所占比例较高，分别达到了 16.64% 和 7.96%，因此在自然条件下便容易浸出。此外，飞灰中 Pb、Cu、Cd、Zn 的碳酸盐结合态占比高于其他重金属元素，在酸性条件下易大量释放。炉排炉飞灰中 Pb、Cu 主要以铁锰氧化态形式存在，在流化床中主要为残渣态，浸出浓度更低。流化床飞灰中 Cd 的铁锰氧化态仅占 60%，显著低于炉排炉。Pb 的浸出性与烟气净化工艺相关，具体表现为半干法处理能有效降低 Pb 的浸出。飞灰的粒径与重金属残渣态比例呈正相关，与碳酸盐结合态和铁锰氧化态呈负相关。Cr、Cu、Ni、Zn、Hg、Pb 的浸出性随粒径增大而减小，特别是 Zn、Hg、Pb。

2.1.2 炉渣的性质

1. 炉渣的定义

生活垃圾焚烧炉渣包括炉排炉上残留的焚烧残渣和从炉排间掉落的细灰，有些焚烧厂也将余热锅炉灰和炉渣混合收集处置。垃圾焚烧灰渣 80% 左右由炉渣组成，主要由熔渣、黑色及有色金属、陶瓷碎片、玻璃和其他一些不可燃无机物及未完全燃烧的有机物等组成。

2. 炉渣的物理性质

焚烧炉渣通常会释放出类似于臭鸡蛋味的刺激性气体，久闻容易使人感觉眩晕，因此通常需要密闭收集。焚烧炉渣的含水率通常为 15% 左右，而比表面积和密度分别为 400 m^2/kg 和 2.46 g/cm^3。炉渣颗粒粒径主要分布在 0.074~5 mm，其中 71% 是砂子大小（0.074~2 mm）的颗粒，27% 是砾石大小（>2 mm）的颗粒，2% 是煤粉大小（0.002~0.074 mm）的颗粒。利用扫描电子显微镜观察可发现炉渣颗粒中含有中空的球体和内部包有数量众多小球的子母球体。放大至 1 000 倍可发现大的中空球体颗粒表面黏附有微晶体和小的球形颗粒。

3. 炉渣的化学性质

焚烧炉渣的热灼减率（LOI）为 0.7%~2.7%，略低于飞灰，这也证明了炉渣中的有机质含量相对较低。炉渣中化学元素含量由高到低依次为 Si、Fe、Al 和 Ca，占比分别为 42.5%、24.32%、18.67% 和 7.39%。相比于飞灰，炉渣中的 Fe 含量增高，而 Ca 含量明显降低。从化合物组成来看，炉渣中的主要成分为 SiO_2 和 CaO，质量百分比分别占 53.55% 和 14.34%。焚烧炉渣具有一定的重金属浸出风险，特别是 Cr、Cu、Zn 和 Pb，已经超过了Ⅲ类土壤标准限值，若不进行适当的处理则会对土壤、植物和地下水造成严重的污染。

2.2 炉渣资源回收与利用技术

为了合理地处置日益增加的焚烧炉渣，减轻填埋场场地紧张的压力以及省去昂贵的填埋费用，美国、日本和欧洲的许多国家在几十年前就开始从资源利用和环境影响两方面考虑，研究炉渣资源化利用的可行性，力求在经济成本与环境要求中找到最佳平衡点，提供既能减少处理处置费用，又不至于对环境造成不利影响并且技术可行的处理策略。

炉渣主要含有中性成分(如硅酸盐和铝酸盐等,含量占30%以上),且其物理化学和工程性质与轻质的天然骨料(石英砂和黏土等)相似,因而是很好的建筑原材料。日本、瑞士、美国、法国和荷兰等国家都已采用国家法规的形式来规定生活垃圾焚烧炉渣的利用。例如:在欧洲,约50%城市生活垃圾炉渣用作二次建筑材料(天然的粗黏结料,即混凝土中的部分替代骨料)、路基建设或陶瓷工业的原材料。美国、日本及欧洲一些国家将城市生活垃圾焚烧炉渣或混合灰渣通过筛分、磁选等方式去除其中的黑色及有色金属并获得适宜的粒径后,再与其他骨料相混合,用作石油沥青铺面的混合物。最常见的一种做法是将城市生活垃圾焚烧炉渣、水、水泥及其他骨料按一定比例制成混凝土砖,这在美国已有商业化应用。这种焚烧炉渣的资源化利用技术在中国也是可行的。

2.2.1 分选回收系统

炉渣中含有黑色金属和有色金属,黑色金属大约占15%。许多欧美的垃圾焚烧厂都利用筛分和磁选技术从炉渣中提取黑色金属。有些工厂还利用涡电流来分离回收有色金属。

美国矿山局从城市垃圾焚烧炉渣中回收铁、非铁金属和玻璃,铁回收率达93%,已在马里兰州建立了中试回收工厂,运转成功。

德国汉堡某垃圾焚烧处理厂炉渣处理的工艺流程如下:①超大粒度物料的分离;②不同粒度物料的生产(破碎和筛分);③黑色金属的分离;④有色金属的分离。从炉渣中分离出的黑色金属和有色金属等物质进行再次利用,来自废料拣选车间的树桩状、纤维状或纸包状等超大粒度的可燃物料重新返回到焚烧过程。除了炉渣外,小粒度到中等粒度的球团中也主要为含有矿物质的石头、水泥和陶瓷等。

苏联研究用感应射频共振法从垃圾焚烧炉渣中分离回收导电性的黑色和有色金属;用光电分选方法得到玻璃和陶瓷。

2.2.2 资源利用

关于焚烧炉渣作建筑材料已有大量研究应用,用焚烧炉渣可制作砖、沥青和混凝土骨料以及填充材料等。

1. 制作水泥混凝土和沥青混凝土的骨料

美国富兰克林研究所(费城)实验工厂用垃圾焚烧炉渣作波特兰水泥混凝土和沥青混凝土的骨料,用于铺设试验公路的沥青路面,效果良好。

20世纪70年代至80年代初,美国联邦公路管理局(FHWA)分别在休斯敦、华盛顿和费城等地成功地完成了至少6项含混合炉渣的沥青铺装示范工程,这些炉渣被分别用于道路的黏结层、耐磨层或表层和基层。当炉渣用于黏结层或基层时,炉渣最佳含量不宜超过20%;用于表层时,其含量不宜超过15%。为避免炉渣对沥青产生较高且不均匀的吸附,其热灼减率(LOI)不能大于10%。示范工程的测试结果表明,只要处置得当,炉渣沥青利用并不会对环境造成危害。

通过对炉渣-沥青混合物渗滤液9年的跟踪测试,研究者发现即使用保守的方法估计

(当重金属浓度低于检测限时,以检测限值作为该重金属的浸出浓度),炉渣中 Pb、Cd、Zn 和其他成分的 9 年累计释放量也仍然是很低的。研究者们也对某种用于沥青中的商品化炉渣骨料利用的预期生命周期及其对人类健康和环境的影响等进行了综合风险评价。评价结果认为:只要采用适当的管理技术,该骨料沥青利用的所有风险均低于相关机构规定的可接受风险目标值;骨料中最有可能造成潜在危害的元素为 Pb,但其危害程度也低于实施中的健康标准;该骨料的沥青利用不会对人类和环境造成不可接受的影响。

焚烧炉渣如果未经处理直接替代部分砾石生产混凝土,则会出现膨胀和裂缝问题。这是由炉渣中的有色金属(特别是 Al 和 Zn)和水泥的水化产物发生反应生成氢气逸出导致的,反应机理如下:

$$n\mathrm{Al} + \mathrm{M(OH)}_n + n\mathrm{H_2O} = \mathrm{M(AlO_2)}_n + \frac{3n}{2}\mathrm{H_2}$$

对炉渣进行适当处理,用氢氧化钠溶液浸泡 15 d 后,取代部分天然砾石生产出来的混凝土性能完全满足要求,反应机理如下:

$$\mathrm{Al} + \mathrm{NaOH} + \mathrm{H_2O} = \mathrm{NaAlO_2} + \frac{3}{2}\mathrm{H_2}$$

轻骨料的生产,首先要确定生产的最佳方案,主要包括研磨焚烧物、骨料配方研究(即选定黏土的加入量)、烧结试验和混凝土试验。黏土的加入,一是便于加工成球,二是稳定废玻璃的苏打量,三是增加烧制陶粒的强度。

日本东京工业利用城市垃圾焚烧炉渣作轻骨料,产品表现出良好的性能。同时,建筑混凝土的轻骨料完全可以用城市垃圾焚烧炉渣作主要原料。

2. 制作墙砖和地砖

日本东京工业实验所利用焚烧炉渣制作墙砖和地砖,烧制出的墙砖和地砖,性能完全符合日本国家标准的要求。墙砖和地砖一般是以硅石、长石、蜡石、瓷石及黏土为原料制成的。用垃圾焚烧炉渣代替这些原料中的一部分,尽管质量有所下降,但可以使成本大大降低。

我国贵阳、西安等地利用 80%~85% 的垃圾灰,配上其他原料,制出了符合国家标准的硅酸蒸养垃圾砖。其工艺仅比普通蒸养砖多一道垃圾筛选工序,价格略高于普通蒸养砖。

利用焚烧炉渣和垃圾中分选出的废玻璃为原料,通过非烧结黏结砖工艺制备彩色道砖,产品经检测其抗压、抗折强度等质量指标以及产品的放射性和有害物质含量等,均符合国家建筑材料的有关标准,这为垃圾焚烧炉渣的利用开辟了一条新思路,实现了社会效益、环境效益和经济效益的统一。

3. 焚烧炉渣在土木工程上的应用

炉渣替代传统的填充材料有很大的优势,可作为路堤和土壤改良的填料。炉渣的密度低,在作路堤和软土的填料时,其性能优于传统的填料,因为施加在软土上的负荷小,所以引起的地面沉降也小。炉渣的抗剪切强度很高,表明其有足够的耐受力和稳定性。另外,炉渣的渗透系数很高,与沙子具有相同的数量级,这使其在作填料时能够很快稳定。

4. 用作填埋场覆盖材料

适当压实处理后的炉渣的渗透系数可以降至很低,是一种合适的填埋场覆盖材料。有试验表明:炉渣经压实密度可增至 1 600 kg/m³ 以上。合适的含水率(大约为 16%)并加以适当的压力,可使其渗透系数降至 10^{-6} cm/s,有的甚至小于 10^{-8} cm/s。

炉渣用作填埋场覆盖材料是目前应用最广泛的资源化利用方式。由于填埋场自身设有防渗衬层和渗滤液回收系统等,炉渣中重金属浸出产生的不利影响可以得到很好的控制;另外,可不必进行筛分、磁选、粒径分配等预处理工艺。因此,无论在经济上、技术上还是环境上,炉渣用作填埋场覆盖材料均是一种不错的选择。

5. 其他利用技术

炉渣经过高温烧结,具有很大的比表面积,并且含有多种矿物质,如 SiO_2 和 Al_2O_3 等,这些都有利于制备沸石材料。这些沸石材料在工业上作为吸附剂,吸附溶液中不同的离子和分子;应用于工业废水处理,去除水中的重金属;用于处理农业废水,去除废水中的 NH_4^+。

炉渣中含有植物生长所需的磷元素和钾元素,因此有学者研究用其替代部分肥料投入土壤中,从而促进农作物的生长。研究发现,经炉渣改良过的土壤种植出来的植物比未改良土壤的高大 1.5~2 倍,也比单独用磷肥或钾肥改良过的要高大。除此之外,炉渣中 CaO 含量较高,因此可以利用其高碱度替代石灰投加到酸度较高的土壤中,以改良土壤条件。

生活垃圾焚烧炉渣重金属和溶解盐含量低,属于一般废弃物,在欧美一些国家,炉渣会替代天然集料或部分替代天然集料应用于公路基层中。但是,由于炉渣的性质受生活垃圾成分、焚烧炉的炉型、运行条件等诸多因素影响,故应对我国垃圾焚烧厂产生的炉渣特性进行详尽的分析,特别是炉渣中的重金属含量和活性,从而为炉渣利用过程的环境安全性作出正确评价。

2.3 飞灰固化稳定化与安全填埋技术

2.3.1 固化稳定化的定义

危险废物通常需要固化稳定化处理,其主要途径包括以下两条:将污染物通过化学转变,引入某种稳定固体物质的晶格中;通过物理过程把污染物直接掺入惰性基材中。

固化是指在待处理物质中加入固化剂,使处理后的体系转变为紧密固体的过程。固化产物通常为结构完整的整块密实固体,便于运输。稳定化通常指利用物理或化学反应使有毒有害污染物转变为低溶解度、低迁移性以及低毒性物质的过程。

2.3.2 飞灰固化稳定化与安全填埋技术

飞灰的固化工艺是指飞灰被水泥、石灰等惰性辅料覆盖包容,这一过程改变了飞灰的结构特性,使其致密化,大大减小了孔隙率和与环境接触的面积,从而减弱了重金属的迁移能力。飞灰固化处理成本低,并且固化后混合物力学性能好,但增容增重大的缺点限制了其发展,且随着时间的推移,重金属可能重新释放。

飞灰的稳定化是利用螯合剂钝化飞灰中的重金属生成高分子络合物或无机矿物,这一过程处理后的飞灰几乎不增容,且稳定效果更好,但也存在螯合剂成本高昂的缺点,因此目前一般将固化与稳定化工艺联合使用。被稳定化后的飞灰经过压块成型、养护,最终形成固化体,继而被运送至填埋场填埋处置。早期飞灰由于产量小,处理后主要进入生活垃圾填埋场进行混埋处置,但这易造成渗滤液收集导排堵塞,同时恶化的水质极大影响了末端处理的正常运行。随着垃圾焚烧比例的增大以及飞灰处置要求的提高,焚烧飞灰开始进入特定的危险填埋场进行处理。但目前由于缺少专门的研究及设计规范,危险填埋场的运行管理仍存在主防渗膜易受损、清污分流设计复杂、填埋体易滑动等问题。

焚烧飞灰在常规填埋处理过程中容易出现重金属浸出超标的问题,同时其浸出性受飞灰颗粒的孔隙率、表观密度等多种因素的影响,因此需要进行一定的处理降低飞灰孔隙率以减少重金属的释放。当前的处理方法多为固化稳定化填埋,工艺流程如图2.2所示。

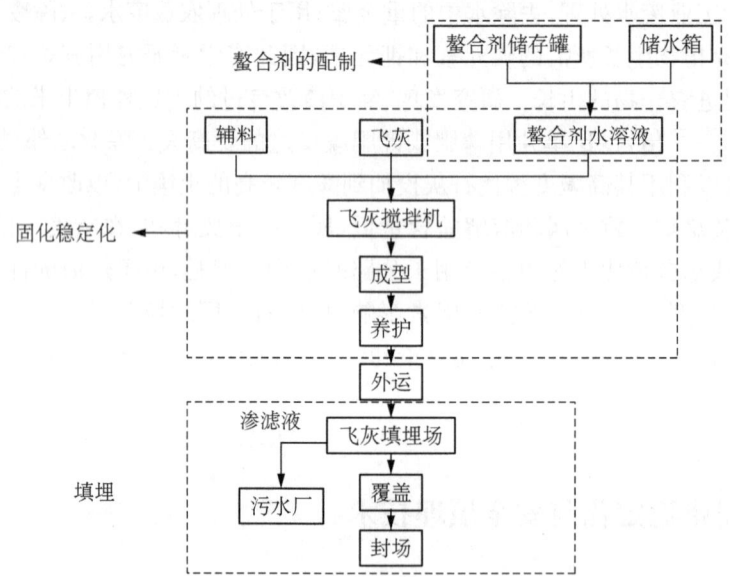

图2.2 生活垃圾焚烧飞灰重金属固化稳定化填埋工艺流程

2.3.3 飞灰药剂稳定化技术应用及发展方向

目前常规的固化稳定化技术存在许多不可忽视的问题,例如固化处理后,废物体积显著增大,这不可避免地会增加固化物的运输和填埋成本。此外,随着危险废物填埋标准的不断提高,重金属浸出规定限值不断降低,在处理废物时通常会外加更多的凝结剂,这也进一步提高了固化稳定化的处理费用。因此,一种低价高效且不宜增加稳定产物体积的处理技术便成了当前的研究热点。

基于此,近些年来国际上提出采用高效的化学药剂稳定化处理飞灰的概念,并开展了一系列相关研究。早期研究多使用简单的无机药剂,1970年前后,日本开始采用硫化钠稳定飞灰。在20世纪末到21世纪初,磷酸盐和铁盐开始在国外广泛使用。无机药剂虽能与重金属形成不溶于水的稳定化产物,但在酸性环境下重金属易浸出至环境中,这不符合现今危险废物的填埋要求。有机药剂能有效稳定飞灰重金属,并提高其抗酸能力,是目前主要应用的稳定药剂。21世纪前,日本开始广泛应用硫脲、亚胺、氨基甲酸盐等螯合剂。19世纪中期氨基硫代羧酸盐类物质(DTC)就已在实验室合成,作为重金属捕集剂的研究始于20世纪中叶,最初应用于废水处理行业,目前被用于飞灰螯合,但药剂稳定性低的缺点阻碍其进一步的应用。近些年,采用具有三维空间结构以及多功能性基团的树状有机聚合物稳定飞灰成为了研究热点,其具有稳定性高,与重金属结合能力强,抗酸性能稳定的优点。

目前,已被研究或应用的飞灰稳定药剂主要分为无机药剂和有机药剂两大类。重金属稳定化处理的作用机理如图2.3所示。

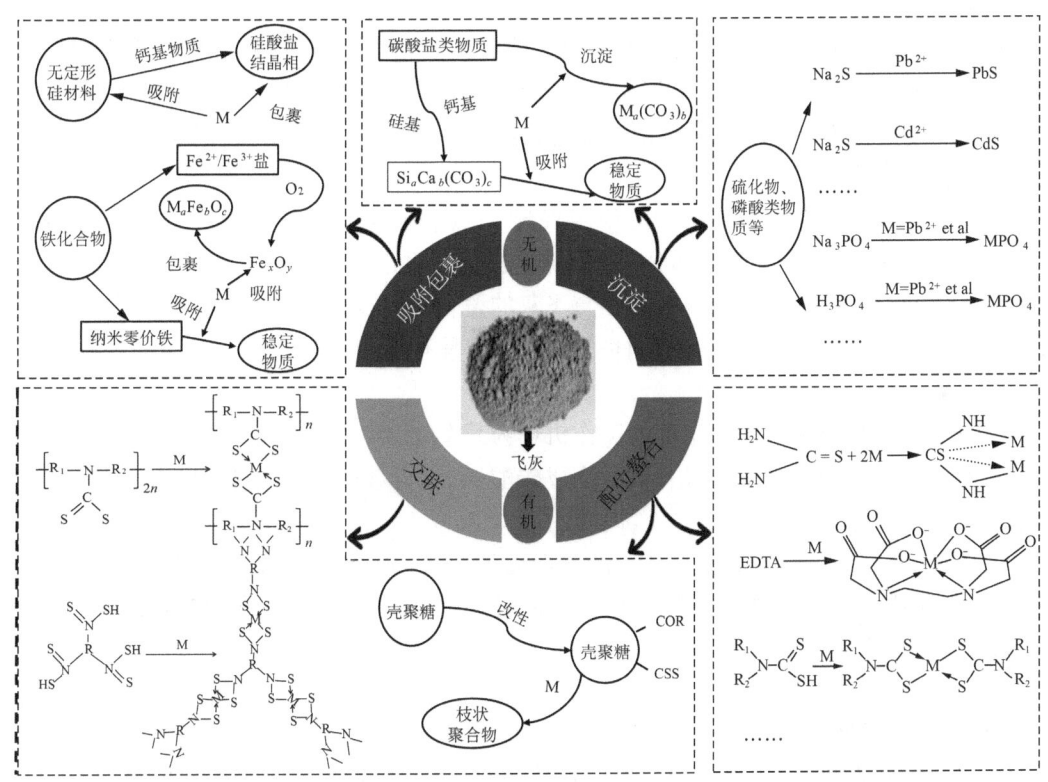

图2.3 重金属稳定化处理的作用机理

1. 无机药剂

无机药剂通过与飞灰中的重金属发生化学反应形成不溶或难溶的无机矿物并与飞灰中的CaO、SiO_2等形成固溶相,减少了飞灰中的无定形物及网状物,降低了飞灰与外界环境的接触面积,从而降低了重金属浸出的可能。目前常见的无机药剂主要包括硫化物、磷酸类物质、铁化合物以及碳酸盐四大类。

(1) 硫化物

硫化物能与重金属离子反应形成难溶性的盐类物质,从而达到重金属稳定化的目的。

例如硫化钠,其本身溶解性较差,且 S^{2-} 与 Pb^{2+}、Cd^{2+} 等重金属离子亲和力较强,形成的金属硫化物溶度积很小,具有较高的稳定性。硫化钠对于 Pb 和 Cd 具有较好的处理效果,特别是 Cd,当硫化钠的投加量仅为 0.5% 时,Cd 的浸出已低于填埋场标准的规定限值。通过对比发现,硫化钠对于 Cd 的稳定效果远高于同为无机药剂的磷酸氢二钠和磷酸二氢钠。

然而在硫化钠作用下,飞灰重金属的浸出浓度受到浸提液 pH 的影响。当 pH<6 时,Pb 的浸出浓度超标;当 pH<8 时,Cd 和 Zn 的浸出浓度超标。这也表明了硫化钠作用下的飞灰抗酸能力较弱,重金属在偏酸性条件下更容易浸出。

(2) 磷酸类物质

磷酸类物质中的 PO_4^{3-} 能较好地稳定大部分重金属元素,形成难溶性的金属磷酸盐沉淀,例如磷酸铅和磷酸镉,稳定效果明显且沉淀物具有较强的抗酸碱能力,可长期稳定存在。磷酸钠作单一飞灰稳定剂时其重金属稳定效果较差,有研究发现当药剂投加量大于 10% 时,Pb 的浸出浓度仍高于填埋场的规定值。通过外加其他无机固化剂,例如水泥等,Pb 的浸出浓度才基本满足填埋场标准的要求。其他的磷酸类物质,例如磷酸二氢钙、磷酸二氢钠或磷酸氢二钠等,对于 Pb 和 Cd 具有不错的重金属螯合率,但离填埋场标准仍有较大差距。

(3) 铁化合物

铁化合物作为飞灰无机稳定剂的使用兴起于 21 世纪初,主要是铁盐以及铁的氧化物。其工作机理为铁盐中的 Fe^{2+} 被部分氧化为铁氧化物,将重金属物质包裹于其中,形成复杂而稳定的晶状结构物质。铁盐混合物在与飞灰的螯合稳定过程中能形成 $Ca_xFe_yO_z$,覆盖在重金属的表面,对于重金属元素(特别是 Pb)的稳定具有不错的效果。

(4) 碳酸盐

碳酸盐类物质作为飞灰稳定剂的工作机理为其 CO_3^{2-} 与重金属离子形成溶解度较小的碳酸盐沉淀物,减少重金属的浸出,同时生成碳酸钙、水合硅酸钙等物质,将 Pb^{2+} 和 Cd^{2+} 等重金属离子吸附于其表面,形成共沉淀。

然而随着碳酸盐的增加,整个体系的碱性逐步增强,重金属沉淀物会存在一定程度的溶解,同时体系中重金属主要以氢氧化物沉淀和碳酸盐沉淀两种形式存在,在酸性条件下极不稳定,容易释放出来。

2. 有机螯合剂

相比于无机药剂,有机螯合剂的稳定性能更好,同时受环境 pH 的影响更小,是目前应用比较普遍的重金属稳定剂。有机螯合剂自身具有两个及以上的配位原子,一般为 S 或 N,能够与一个或多个金属离子通过配位键和离子键结合形成环状络合物,其稳定性高于其他的非螯合物,极大地降低了重金属的渗透性和迁移性。常见的有机螯合剂主要包括硫脲及其衍生物、乙二胺四乙酸(EDTA)接聚体、壳聚糖及其衍生物以及巯基捕收剂及其衍生物四大类。

(1) 硫脲及其衍生物

硫脲及其衍生物含有 S、N 等配位原子,能够与重金属离子发生螯合反应形成稳定的二维环状物质。含有硫脲基团的有机物质能够显著吸附某些重金属元素,例如 Pb、Cd、Cu 等。硫脲作为单一飞灰重金属稳定药剂即具有极佳的处理效果,当其投加量达到 2% 时,飞灰中 Cd、Pb、Ni 的浸出浓度便低于填埋场标准的限值。

同时硫脲与其他有机物质反应形成的交联螯合树脂也具有明显的重金属吸附作用,根据软硬酸碱原则,它们能与 Ag^+、Hg^{2+}、Pd^{2+}、Cd^{2+} 等离子形成稳定的螯合物。例如硫脲-甲醛螯合树脂作为备受研究者青睐的重金属捕集剂,通过羟甲基化和亚甲基化反应形成,具有复杂的支链结构。这一特殊的结构能够与重金属形成具有三维结构的螯合物,稳定效果比二维结构更佳。

相比于无机药剂,硫脲作用下的飞灰具有更佳的抗酸能力,其中 As、Cd、Cr、Cu 等在 pH 为 4~6 时,即可满足填埋场标准的要求,这是因为更多重金属元素由弱酸提取态转变为残渣态,而在残渣态下,重金属元素十分稳定,即使在强酸性条件下也不易被浸出。

(2) EDTA 接聚体

EDTA 是一种人们熟知的有机化合物,已被广泛用作重金属的螯合剂。EDTA 能够稳定重金属元素从而形成稳定的络合物质,主要原因是其含有的六个配位原子,包括两个 N 原子和四个 O 原子,能够与重金属以稳定的化学键形式相结合。

但 EDTA 与重金属形成的螯合物质往往具有较差的生物可降解性,能够长期存在于环境中,易造成二次污染,特别是重金属在酸性条件下还有浸出的可能。在酸性条件下,EDTA 处理的螯合物中 Pb 和 Cd 易向活性形态转变,其迁移、淋滤能力明显增强,极易造成地下水污染。目前,EDTA 常与柠檬酸、草酸、磷酸盐、纳米羟基磷灰石等混合用于飞灰重金属的稳定化,可使环境风险率大幅度降低。

(3) 壳聚糖及其衍生物

典型的壳聚糖多由甲壳素脱乙酰基后制得,具有良好的生物可降解性和无毒性,由于其含有大量易于与重金属发生络合反应的氨基及羟基,近年来被应用于重金属的处理领域中。壳聚糖的衍生物主要包括异丁基壳聚糖、羟丙基壳聚糖、羧甲基壳聚糖等。其中羧甲基壳聚糖由壳聚糖与氯乙酸在碱性条件下制得,在普通的壳聚糖中引入了羧基基团,增加了更多的反应位点,让重金属以更稳定的形式存在。研究表明,羧甲基壳聚糖相对于普通壳聚糖具有更好的 Pd^{2+}、Cd^{2+}、Zn^{2+} 稳定效果。

虽然单一壳聚糖能够一定程度上改变重金属的赋存状态,降低其迁移或浸出能力,但其在酸性条件下存在浸出的可能大大限制了其应用,通常需要引入其他物质增加其稳定性。因此,当前的研究重点逐渐转移到了合成壳聚糖与其他大分子有机物质的交联复合物。有研究合成了一种以壳聚糖、木质素和腐殖酸为主要原料的高分子复合重金属稳定剂,发现其在相同条件下对于 Pd^{2+} 的稳定性比单一壳聚糖高 30% 左右,并且结构稳定,内部微细孔道发达,在酸性条件下重金属也较难浸出。

(4) 巯基捕收剂及其衍生物

含有巯基的有机物质能够作为有机重金属螯合剂,一方面是因为巯基中的硫原子带有负电,易于极化捕捉重金属阳离子,同时趋向成键,与重金属离子络合形成难溶的沉淀物质;另一方面是硫原子含有空 d 轨道,容易进一步与重金属螯合,减少其浸出。三巯基均三嗪三钠盐类(TMT)是一种典型的巯基捕收剂,其具有十分优异的重金属螯合效果,可在较低投加量下实现 Pb、Cd、Cu 和 Ni 的浸出达标。TMT 处理后的飞灰中,重金属不稳定态逐渐转变为稳定态,特别是弱酸提取态被部分转化为可氧化态,不仅降低了重金属的浸出浓度,而且一定程度上提高了飞灰的抗酸能力。

目前巯基捕收剂及其衍生物中,最具有代表性的就是氨基硫代羧酸盐(DTC)及其衍生物。常见的 DTC 主要为二乙基二硫代氨基羧酸盐(SDD)等。与硫脲作用机理相同,DTC 中的 S 原子易于极化而使自身表面带有负电,并以强极性键的方式与重金属离子结合形成难溶性的复杂螯合物。相比于含 N 或 O 的功能基团,Hg、Cu、Zn、Cd 等重金属元素具有优先与含硫功能基团结合的趋势,亲和力较高,其热力学稳定常数为 34.5～38.3。

相比于其他传统含硫稳定剂来说,DTC 及其衍生物具有更加优异的重金属稳定效果。比较硫化钠、硫脲以及枝状 DTC 衍生物(TEM-CSSNa)三种螯合剂的重金属稳定性能,发现满足填埋场要求时的 TEM-CSSNa 的投加量远低于硫化钠及硫脲,并且相比于硫脲或硫化钠处理后重金属仅有 30%～50% 为残渣态形式的存在,TEM-CSSNa 处理后可将其提高至 45%～70%,在非极端条件下较难浸出,其中 Pd 和 Cd 的浸出浓度在 pH 不小于 2 的情况下即可达到填埋场标准。

然而单一的 DTC 只有一个硫代羧基结构,这也极大影响了整个螯合物的稳定性。有机高聚物含有的末端硫代羧基基团多少与其对重金属螯合稳定效果呈正相关,这是因为其能与重金属络合形成复杂的二维或三维网状结构,重金属离子嵌入其中以更稳定的形态存在,减少浸出的可能。有研究比较了六硫代胍基甲酸(SGA)、四硫代联氨基甲酸(TBA)以及 SDD 的螯合稳定效果,发现 SDD 与重金属离子形成的螯合物为单点结构,TBA 由于含有两个硫代基团而与重金属离子形成直线型螯合物,而单一 SGA 由于其含有多配位基团的特点而能与重金属离子形成具有二维结构的螯合物,以网状结构捕集重金属物质,并测定得出在相同药剂投加量下,相比于 SDD,SGA 和 TBA 表现出更好的稳定效果。

一种新型多硫代羧酸有机聚合物(PAMAM-0G-DTC)应用于飞灰重金属稳定,其含有四个不同空间轨道的硫代羧基结构,能与重金属离子形成一个结构复杂、分子量巨大的三维空间结构物质,并将可溶解的重金属物质转化为可在苛刻条件下存在的难溶性沉淀物,达到了长期稳定的效果。1% 投加量的 PAMAM-0G-DTC 处理飞灰后,超过 90% 重金属以残渣态和有机结合态形式存在;各重金属的浸出浓度在环境 pH 为 2～13 范围内均能满足填埋场标准的要求。

但是常规的 DTC 在稳定飞灰中重金属物质的同时,容易释放出 CS_2,其具有一定的毒性和爆炸性。而哌嗪类 DTC 能较好地减少 CS_2 的释放,降低处理风险性,同时具有优异的重金属稳定效果,是当前 DTC 螯合剂研究的重要方向。

3. 多元复合药剂

单一的无机药剂虽然对重金属具有一定的稳定效果,但离填埋场标准的限值仍有较大的差距;有机螯合剂能在较小投加量的同时取得较好的稳定效果,且重金属的赋存形态更加稳定,抗酸能力强,但其也存在价格昂贵,具有一定生物毒性的缺点。通过有机螯合剂与无机药剂配伍形成多元复合药剂稳定飞灰中的重金属,不仅能够满足规定要求,还能降低成本,是当前研究的热点。

当前形势下飞灰重金属稳定剂的进一步研究主要包括以下两个方面。

第一,无机药剂与有机药剂螯合交联。相比于单一化学药剂,有机加无机的多元复合药剂是一种性价比更高的飞灰稳定剂。无机药剂的沉淀吸附与有机药剂的螯合交联作用已被大多数研究证明是相辅相成的。后续应根据处理需求优选两种及以上的特征性(例如Pb)重金属螯合剂进行复配,在满足规定标准的基础上,最大化地提高经济效益。

第二,改良物质自身形态结构。目前的DTC物质处理飞灰重金属具有投加量低、效果好的优势,然而反应过程中易释放出毒性物质。同时其与重金属作用的有机配位基团在空气下容易氧化从而在养护后期可能会出现浸出毒性超标的状况。未来要注重改良DTC物质自身形态结构,例如改性、在原物质中增加支链或者环状物质使其结构复杂化,或是与高孔隙率的硅胶物质交联接枝开发新型高效的、具有长期稳定性的螯合剂。

2.3.4 飞灰固化稳定化安全填埋处置过程需重点关注的问题

目前关于垃圾焚烧飞灰的评价多集中于对飞灰自身属性或预处理产品属性的评价层面,包括浸出毒性(为主)、机械性能、减容性等。由于不同国家对固体废物浸出毒性的评价有着不同的指定浸出液和不同的浸出标准程序,对于同一种固体废弃物若采用不同的浸出评价方法,其浸出结果也通常也会存在较大差异。尤其在我国飞灰的现实处置中,当固化稳定化飞灰被送入生活垃圾填埋场进行填埋处置,并出现与生活垃圾混合填埋的现象时,飞灰的处置环境就变得极其复杂。因此,单纯的标准浸出实验[《固体废物 浸出毒性浸出方法 醋酸缓冲溶液法》(HJ/T 300—2007)]很难反映飞灰处置过程中重金属污染物在极端处置环境(渗滤液淋溶、碳酸化作用、酸雨侵蚀等)中的溶出、迁移情况,更不能反映填埋处置过程中固化稳定化飞灰在不同处置环境中遭受侵蚀后,自身固相体系内重金属的潜在环境风险演化情况。

我国固化稳定化飞灰的现实处置环境和管理模式,预示着进入生活垃圾填埋场进行填埋处置(尤其共填埋处置)的固化稳定化飞灰处理效果可能会受到渗滤液淋溶(图2.4)、碳酸化作用(图2.5)及酸雨侵蚀(图2.6)等极端处置环境的影响,需要长期监测和关注。

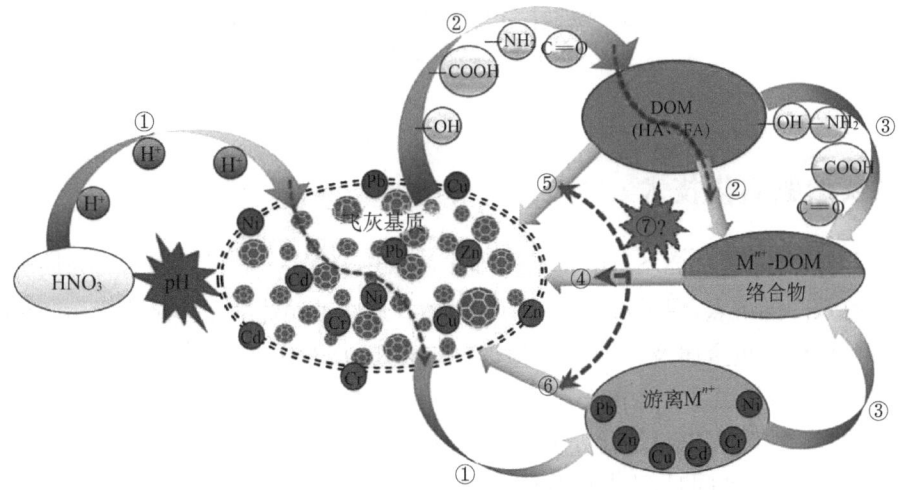

图2.4 渗滤液淋溶处置情景下"飞灰-重金属-DOM(溶解性有机物)"三相体系内重金属(M^{n+})溶出、迁移和分布作用机制

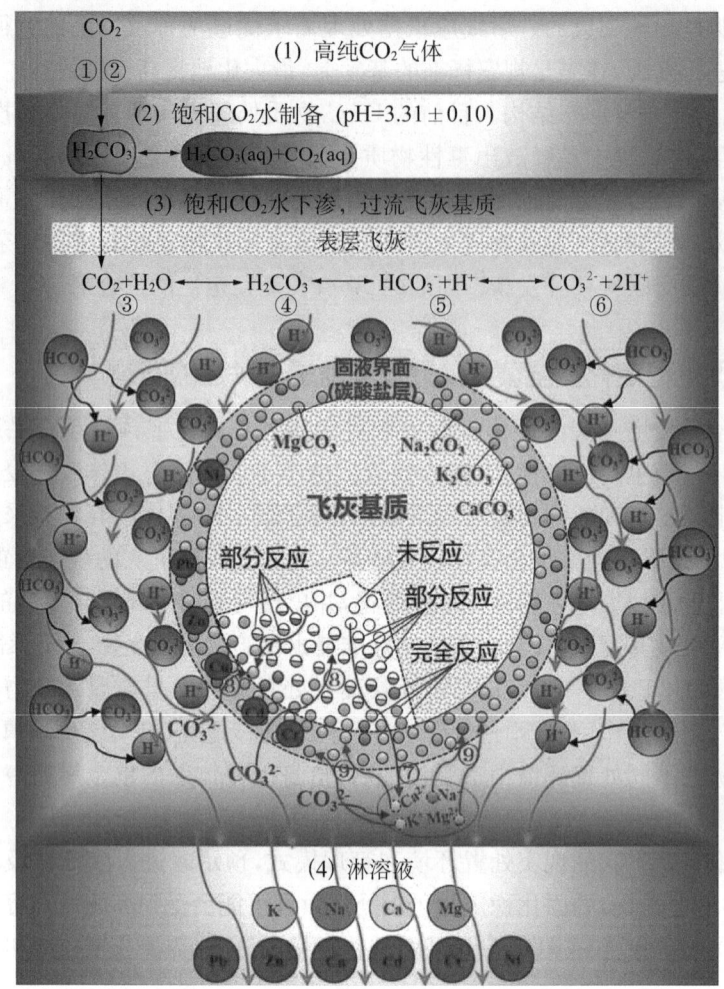

图 2.5 "碳酸化作用"处置情景下固化稳定化
飞灰中重金属溶出机制

2.4 飞灰熔融固化技术

飞灰熔融固化是将焚烧飞灰配合辅助添加剂加热熔融,一般辅助添加剂为废玻璃或石英砂等,可有效降低熔点,促进形成稳定的玻璃体。这些玻璃体的主体结构为由[SiO_4]四面体构成的网络结构,重金属及其他污染物被物理包覆在网络结构中,有效减少了重金属浸出。典型的熔融固化温度在 1 000~1 500℃,熔渣经冷却后可得到单一的匀质非晶固体产物。其技术优点在于,可以稳定化处理危险废物,大幅度减容,节省了填埋库容,并提供了可利用的再生材料。与此同时,飞灰吸附的二噁英有 99.95% 可以被分解处理,其他有害有机物(如呋喃)等也能得到有效去除。本书通过具体飞灰熔点数据分析说明影响灰渣熔融性的因素。

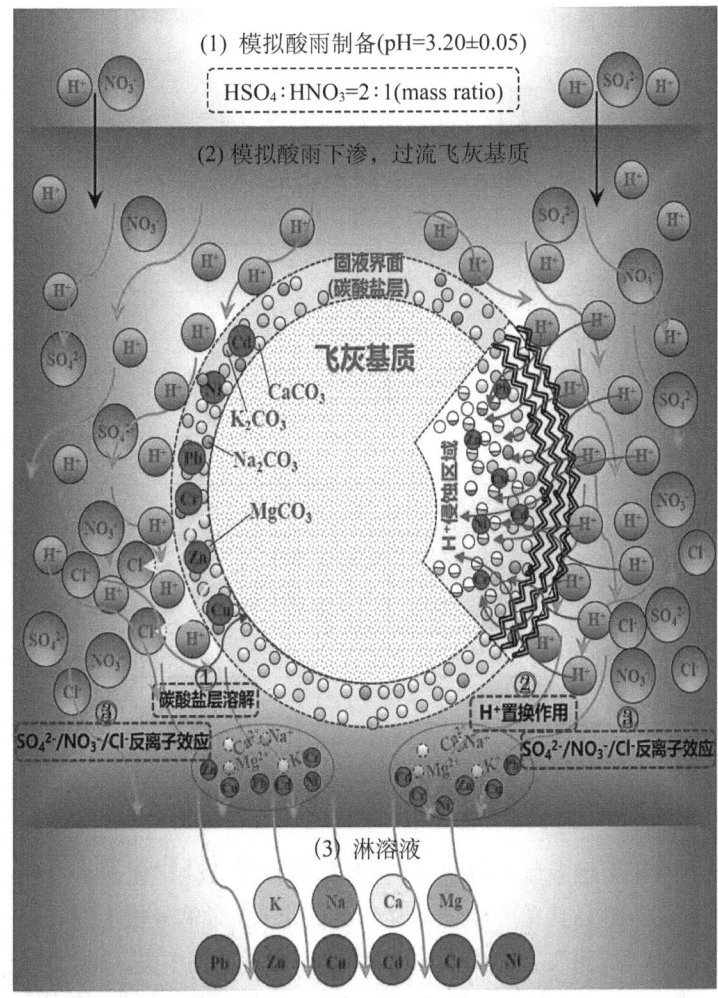

图 2.6 "酸雨侵蚀"处置情景下固化稳定化
飞灰重金属溶出机制

2.4.1 飞灰熔融性分析

熔融温度决定了飞灰高温熔融玻璃化处置所需的温度范围,其温度的高低会影响熔融处理所需的能耗、熔融处理设备的耐高温腐蚀性能和熔融工艺的可操作性。

不同焚烧工艺及焚烧厂产生的飞灰差异明显,焚烧飞灰的化学组成复杂多样。灰样成分组成是影响飞灰熔融特性的重要因素之一,对不同的焚烧原灰进行熔融性分析,有助于了解现状生活垃圾焚烧飞灰的熔融特性,掌握现状飞灰熔融的原料基础。

炉排炉飞灰的熔融温度普遍显著高于流化床飞灰。由于在实际工程应用中,焚烧飞灰高温熔融要实现连续性或序批式生产,要求熔融体处于完全可流动状态,以实现熔融体组分的传质充分、玻璃化产物均匀,实现液体排渣。因此,焚烧飞灰熔融温度中,其流动温度(FT)的测定对实际应用具有关键的指导意义。表 2.2 表明,炉排炉飞灰的流动温度很高,除成都和威海灰样外,其他灰样都超过了测定方法的测定上限 1 500℃。相反,流化床飞灰整体熔融温度均较低,两组灰样的流动温度均为 1 170℃左右。以上分析说明流化床焚烧原灰具备更好的高温熔融处置的物质条件,而炉排炉焚烧原灰则需辅助添加助剂,调节灰样成分降低熔融温度。

表 2.2 不同灰样飞灰熔融性测定结果　　　　　　　　　　　（单位:℃）

焚烧工艺	来源	飞灰熔融温度			
		变形温度(DT)	软化温度(ST)	半球温度(HT)	流动温度(FT)
炉排炉	上海老港	>1 500	>1 500	>1 500	>1 500
	上海奉贤	1 360	1 400	>1 500	>1 500
	山东青岛	>1 500	>1 500	>1 500	>1 500
	上海金山	>1 500	>1 500	>1 500	>1 500
	四川成都	1 290	1 380	1 380	1 400
	江苏南京	>1 500	>1 500	>1 500	>1 500
	山东威海	1 230	1 320	1 360	1 400
	福建漳州	1 220	1 400	>1 500	>1 500
流化床	山东淄博	1 160	1 170	1 170	1 170
	江苏如皋	1 150	1 160	1 160	1 170

2.4.2　飞灰熔融性影响因素分析

表 2.2 中焚烧原灰熔融温度差异显著,主要原因在于其化学组分存在明显差异。表 2.3 列举了飞灰中主要化学组分其单一组分氧化物的熔点,从简单分析上看,CaO 等碱性氧化物的熔点显著高于 SiO_2 等,而飞灰组分分析表明,炉排炉飞灰中其 CaO 组分占比为 40%~60%,而流化床飞灰中 CaO 占比 20%~30%。这在一定程度上说明,焚烧飞灰中 CaO 等碱性化学物含量过高导致了焚烧熔融温度的上升。因此,有必要通过调节飞灰组分比例,降低飞灰熔融温度,减少焚烧飞灰熔融能耗。

表 2.3 焚烧飞灰主要组分单一氧化物的熔点

氧化物	SiO_2	CaO	Al_2O_3	Fe_2O_3	MgO	Na_2O	K_2O
熔点/℃	1 715	2 521	2 043	1 566	2 799	1 277	349

1. 飞灰组分对熔融性的影响

焚烧原灰的主要组分为 CaO、Cl_2、Na_2O、K_2O、SO_3、SiO_2、Al_2O_3、MgO、Fe_2O_3 等,占焚烧飞灰组成的 98% 以上。其中 Cl_2、Na_2O、K_2O 等存在形态主要为 NaCl 和 KCl,SO_3 的存在形态主要为 $CaSO_4$,在高温作用下,NaCl、KCl 等氯盐强烈挥发进入烟道气,而 $CaSO_4$ 则会发生分解产生硫氧化物,实现熔融体系的脱硫。在剩下的熔融体系中,构成熔融体系的组分主要是 CaO、SiO_2、Al_2O_3、MgO、Fe_2O_3 等,占物料的 97% 以上,其相对含量对熔体熔融温度有决定性影响。

利用上海某炉排炉飞灰为实验原灰,其CaO含量较高,而SiO_2、Al_2O_3、MgO、Fe_2O_3等组分含量较低,通过额外添加SiO_2、Al_2O_3、MgO、Fe_2O_3等单一氧化物,调整CaO、SiO_2、Al_2O_3、MgO、Fe_2O_3的相对比例,分析各组分对降低高钙焚烧飞灰熔融温度的影响。设计正交实验,以流变温度为考核指标进行直观分析,见表2.4。结果表明,SiO_2的各水平极差最大,Fe_2O_3与Al_2O_3近似,MgO最小。这说明对于高钙焚烧飞灰,SiO_2含量变化对熔融温度影响最大,其次是Fe_2O_3,再次是Al_2O_3,而MgO的影响最弱。而从工程应用角度出发,SiO_2的原料来源广泛且价格较为低廉,常见的高硅原料主要有石英砂、废玻璃等。Al_2O_3则可与CaO、SiO_2形成$CaO-SiO_2-Al_2O_3$熔融体系,有利于玻璃体的形成。Fe_2O_3粉末制品价格较高,其焚烧飞灰熔渣大部分属于碱性熔渣,其熔融炉炉衬主要采用镁质和碳质等碱性炉衬,氧化铁会与炉衬中碳及MgO发生反应,从而加速炉衬消耗。MgO的添加对熔融温度影响较弱,且其含量在体系中本身较少,故可忽略不计。

表2.4 飞灰组分对熔融性的影响

实验序号	添加比例				飞灰熔融温度/℃			
	SiO_2	Al_2O_3	Fe_2O_3	MgO	变形温度(DT)	软化温度(ST)	半球温度(HT)	流动温度(FT)
1	50%	20%	15%	5%	1 260	1 270	1 270	1 280
2	50%	30%	5%	10%	1 270	1 280	1 290	1 330
3	30%	10%	15%	10%	1 330	1 340	1 340	1 350
4	30%	30%	10%	5%	1 290	1 300	1 340	1 340
5	30%	20%	5%	15%	1 350	1 350	1 350	1 360
6	10%	30%	15%	15%	>1 500	>1 500	>1 500	>1 500
7	10%	10%	5%	5%	>1 500	>1 500	>1 500	>1 500
8	50%	10%	10%	15%	1 280	1 290	1 290	1 300
9	10%	20%	10%	10%	1 380	1 422	1 430	1 440
$K_{1,FT}$	4 440	4 150	4 190	4 120	—	—	—	—
$K_{2,FT}$	4 050	4 080	4 080	4 120	—	—	—	—
$K_{3,FT}$	3 910	4 170	4 130	4 160	—	—	—	—
$k_{1,FT}$	1 480	1 383	1 397	1 373	—	—	—	—
$k_{2,FT}$	1 350	1 360	1 360	1 373	—	—	—	—
$k_{3,FT}$	1 303	1 390	1 377	1 387	—	—	—	—
极差R	177	30	37	13	—	—	—	—

注:表中数据为四因素三水平正交试验结果,其中K为每个因素各水平下的指标综合,k为平均得率值。

总的来说,对于高钙焚烧飞灰,调节其CaO、SiO_2、Al_2O_3的相对比例含量,即能达到较好的降低熔融温度的效果。从实际工程角度出发,较少种类添加的应用,也有利于降低工艺复杂性,减少投资,便于运行管理。

基于以上分析,以上海老港某原灰为对象,确定以石英砂、玻璃等常见硅源及氧化铝投加改进典型炉排炉焚烧飞灰熔融温度。

(1) SiO_2（石英）添加对飞灰熔融性的影响

以焚烧原灰质量为基准，分别按 10%、20%、30%、35%、40%、50% 的 100 目石英粉与老港焚烧原灰混合，测定混合样熔融温度，结果见表 2.5。

表 2.5　石英添加比例对老港焚烧飞灰熔融温度的影响

添加比例	碱度	飞灰熔融温度/℃			
		变形温度(DT)	软化温度(ST)	半球温度(HT)	流动温度(FT)
10%	2.80	1 320	1 370	1 380	1 390
20%	1.61	1 320	1 360	1 370	1 370
30%	1.13	1 320	1 340	1 340	1 350
35%	0.98	1 320	1 330	1 330	1 340
40%	0.87	1 340	1 360	1 370	1 380
50%	0.71	1 360	1 380	1 390	1 410

随着石英的添加，混合灰样碱度降低，而混合灰样的熔融流动温度(FT)呈现先下降后上升的特点，这主要是由于 SiO_2 组分是高熔点成分，在投加过量的情况下，碱度过低，反而会引起熔融温度的上升。当石英投加比例在 30%～35% 时，熔融温度下降最大，飞灰熔融温度为 1 340～1 350℃，相对于焚烧原灰，其熔融流动温度(FT)显著下降，此时碱度范围在 0.98～1.13，有利于熔融温度的降低。

(2) 玻璃微粉添加对飞灰熔融性的影响

普通玻璃的化学组分包括 Na_2O、CaO、SiO_2 等，主要成分是硅酸盐复盐，属于一类高含硅无机非晶体材料，其材料来源较为广泛且价格低廉，对于焚烧飞灰而言，是一种可利用的高硅原料。实验用玻璃源于混杂在生活垃圾中的废玻璃制品，分选筛拣后，破碎至 100 目以下，得到的玻璃微粉用于熔融实验。其化学组成见表 2.6，SiO_2 含量达到 64.33%。

表 2.6　实验用玻璃微粉化学组成（以氧化物计）

组成	Na_2O	MgO	Al_2O_3	SiO_2	P_2O_5	SO_3	K_2O
含量	15.33%	1.84%	2.35%	64.33%	0.06%	0.10%	1.06%
组成	CaO	TiO_2	Cr_2O_3	MnO	Fe_2O_3	NiO	CuO
含量	12.26%	0.15%	0.20%	0.03%	0.97%	0.01%	0.02%
组成	ZnO	SrO	ZrO_2	BaO	PbO	F	Cl
含量	0.04%	0.42%	0.09%	0.23%	0.06%	0.26%	0.18%

以焚烧原灰质量为基准，分别用 15%、25%、35%、45%、55%、65%、75% 的 100 目玻璃微粉与上海老港焚烧原灰混合，计算混合灰样碱度，并测定其熔融温度，结果见表 2.7。

表 2.7　玻璃微粉添加比例对上海老港焚烧飞灰熔融温度的影响

添加比例	碱度	飞灰熔融温度/℃			
		变形温度(DT)	软化温度(ST)	半球温度(HT)	流动温度(FT)
15%	3.01	>1 500	>1 500	>1 500	>1 500

(续表)

添加比例	碱度	飞灰熔融温度/℃			
		变形温度(DT)	软化温度(ST)	半球温度(HT)	流动温度(FT)
25%	2.09	1 310	1 480	>1 500	>1 500
35%	1.62	1 290	1 310	1 330	1 350
45%	1.34	1 290	1 300	1 300	1 310
55%	1.15	1 290	1 300	1 300	1 310
65%	1.01	1 280	1 340	1 350	1 350
75%	0.91	1 300	1 320	1 330	1 340

随着玻璃微粉的添加，混合灰样碱度降低，熔融温度呈现先降低后升高而后又降低的趋势。少量添加情况下，碱度仍较高，表现出 CaO 组分高熔点特点。而过量添加时，则又体现出 SiO_2 组分高熔点特点。当投加比例在 45%～55%时，混合灰样熔融温度达到最低，熔融流动温度(FT)降低到 1 310 ℃，相较于焚烧原灰下降达 190 ℃，效果显著。由于玻璃其本身软化温度较低(600 ℃)，当玻璃微粉进一步添加时，其相对于焚烧原灰而言，在熔融温度测定的角锥样品体系中含量较大，角锥因其软化而无法维持外形结构，混合样组分还未充分扩散熔融，角锥即已开始软化形变，表现在测试上，则为熔融温度的下降。

(3) Al_2O_3 添加对飞灰熔融性的影响

Al_2O_3 拥有六配位体的阳离子和四配位体的阴离子两种形式，阴离子与 SiO_2 作用相似，形成玻璃体骨架结构。飞灰中 Al_2O_3 组分的存在可与 SiO_2、CaO 生成 SiO_2-CaO-Al_2O_3 低熔点共熔体，降低混合灰样熔融温度。实验原灰其 CaO 含量较高，由于 Al_2O_3 对熔融温度的影响要弱于 SiO_2，但对熔融温度有较大影响，因此，以 SiO_2 调节飞灰组分为主，研究复合 Al_2O_3 对飞灰熔融温度的影响。以焚烧原灰质量为基准，分别按 5%、10%、15%、20%、30%、35%的氧化铝粉与老港焚烧原灰混合，测定其熔融温度，结果见表 2.8。

表 2.8 Al_2O_3 添加比例对焚烧飞灰熔融温度的影响

添加比例	飞灰熔融温度/℃			
	变形温度(DT)	软化温度(ST)	半球温度(HT)	流动温度(FT)
5%	1 300	1 310	1 310	1 320
10%	1 300	1 300	1 300	1 320
15%	1 300	1 300	1 300	1 310
20%	1 290	1 290	1 300	1 310
30%	1 300	1 320	1 330	1 340
35%	1 300	1 350	1 350	1 350

注：Al_2O_3-SiO_2 同时添加，其中 SiO_2 固定添加比例为 35%。

Al_2O_3 的添加有助于降低灰样熔融温度。单一添加 35% SiO_2 时,熔融流动温度下降到 1340℃,复合添加 Al_2O_3 使得熔融流动温度进一步降低。当添加量在 5%～20% 时,混合灰样熔融流动温度随添加量的增加呈下降趋势。由于 Al_2O_3 属于高熔点组分,当添加量超过 20% 时,混合灰样熔融流动温度再次上升。合适的 $SiO_2/CaO/Al_2O_3$ 比例有助于熔融温度的降低,但三种组分中的任一种过量都会导致熔融温度的再次上升。

(4) 炉渣添加对飞灰熔融性的影响

各种工业废渣,由于属于硅酸盐矿物体系,具有胶凝活性或玻璃化潜质,被广泛应用于生产建材及玻璃辅料。生活垃圾焚烧过程中既产生焚烧飞灰,也同时产生焚烧炉渣,对焚烧炉渣的组分进行分析(表 2.9),结果表明,其具有较低的碱度,同时 Al_2O_3 及 Fe_2O_3 含量较高,Al_2O_3 有类似 SiO_2 的性质,可以与 SiO_2 组成网络结构,进一步降低熔融流动温度,而 Fe_2O_3 对熔融温度影响也较大,主要是形成 SiO_2-Fe_2O_3-Al_2O_3 低熔点共熔体。以上因素综合导致了焚烧炉渣具有较低的熔融温度。考虑到炉渣作为焚烧过程中的无害废弃物,探讨其是否能够作为添加辅料,实现焚烧飞灰的熔融处置。

表 2.9 实验用焚烧炉渣化学组成(以氧化物计)

组成	Na_2O	MgO	Al_2O_3	SiO_2	P_2O_5	SO_3	K_2O
含量	3.104%	2.003%	5.978%	25.66%	4.257%	3.273%	1.589%
组成	CaO	TiO_2	Cr_2O_3	MnO	Fe_2O_3	NiO	CuO
含量	36.693%	1.24%	0.196%	0.279%	12.308%	0.031%	0.317%
组成	ZnO	SrO	BaO	PbO	Cl	Br	—
含量	1.037%	0.074%	0.051%	0.088%	1.808%	0.007%	—

制备飞灰与炉渣质量比分别为 0∶20、3∶20、10∶20、20∶20、40∶20、100∶20 的混合灰样,测定其熔融特征温度,结果见表 2.10。

表 2.10 炉渣添加对飞灰熔融性的影响

灰渣比（质量）	飞灰熔融温度/℃			
	变形温度(DT)	软化温度(ST)	半球温度(HT)	流动温度(FT)
0∶20	1140	1160	1170	1190
3∶20	1180	1200	1200	1200
10∶20	1230	1240	1240	1250
20∶20	1280	1290	1290	1290
40∶20	1410	>1500	>1500	>1500
100∶20	1470	>1500	>1500	>1500

随着灰渣比的增加,混合灰样熔融流动温度逐渐升高。单一炉渣熔融流动温度较低,最高为 1190℃,焚烧原灰的掺入使混合灰样的熔融温度迅速上升。上述结果表明混合灰样较

低的熔融温度主要由炉渣含量所决定,焚烧飞灰在少量加入的情况下,对整体的熔融效果影响不大,但过量的飞灰,使得混合样组分变化过大,碱度迅速上升,反而不利于熔融。因此,炉渣飞灰共熔融的实质是在炉渣的可熔融性基础上,少量消纳焚烧飞灰。

2. 氯含量对飞灰熔融性的影响

生活垃圾焚烧原灰中含有大量氯,其在飞灰中的存在形态主要为 NaCl、KCl 等氯盐,一般氯化物都具有较低的熔沸点,在焚烧飞灰热处理过程中,将会大量挥发。利用水洗预处理后的焚烧飞灰分别配制含氯量约为 7%、14%、21% 的混合灰样,并添加 SiO_2 调节灰样碱度至约 1,测定混合灰样熔融温度,分析氯含量对焚烧飞灰熔融温度的影响,测定结果见表 2.11。

表 2.11 氯含量对飞灰熔融性的影响

氯含量	飞灰熔融温度/℃			
	变形温度(DT)	软化温度(ST)	半球温度(HT)	流动温度(FT)
WFA	1 290	1 320	1 330	1 330
7%	1 300	1 320	1 320	1 330
14%	1 300	1 320	1 320	1 330
21%	1 300	1 320	1 320	1 330

氯含量对混合灰样熔融温度基本没有影响,主要是由于氯盐在混合灰样未软化熔融前,即已开始大量挥发脱离灰样体系,在形成的共熔体中其组分含量极低,因此,氯含量对共熔体的熔融温度无影响,但其含量对共熔体玻璃相的形成是否有影响则需进一步研究。

习 题

1. 简述生活垃圾焚烧飞灰与炉渣的主要性质特点。
2. 炉渣资源回收主要包括哪些资源化技术?
3. 论述固化稳定化飞灰安全填埋处置过程需重点关注的问题。
4. 论述飞灰熔融过程中,重金属和二噁英的主要去除途径。
5. 描述飞灰固化稳定化处理系统流程和各工段操作参数。
6. 思考飞灰资源化的技术路径和障碍。

第 3 章 生活垃圾渗滤液新型处理技术

3.1 惰性废物生物滴流床处理渗滤液技术

3.1.1 生物滴流床

相比于其他生物处理方式,生物滴流床由于具有生物量大、抗冲击力较强且产泥量少等优点而受到关注。曝气生物滴流床与给水处理中的快滤池在构造上有些相似。滤池的最底部是承托层,作为上部填充的滤料的支撑。承托层设置有曝气装置以及反冲洗水管。曝气生物滴流床的原型是淹没式生物滴流床,需要处理的污废水通过滤池,运行一段时间后,滤料表面逐渐包裹了一层生物膜,生长在生物膜上的微生物利用污废水中的各种物质进行生命活动,由此污废水得到了净化。与此同时,曝气设备中所扩散的空气经滤料间的空隙上升,空气中的氧成分被微生物用于新陈代谢。

生物滴流床一般选用的是无营养物质的矿物填料和有机高分子填料。然而,生物滴流床在处理低碳氮比污水(例如老龄垃圾渗滤液)时,往往受到碳源不足影响,此时可以考虑在低碳氮比污水中添加经济的天然有机滤料的方式提高碳氮比,生物膜附着于天然有机滤料表面,利用其释放的碳源,以达到较高的脱氮效果。随着碳源的价格上涨,以及可持续发展理念的提出,越来越多的人开始关注废旧物品的回收再利用,而惰性废物作为生物滴流床填料则成了具有应用前景的选择。

3.1.2 惰性废物生物滴流床填料选择

惰性废物生物滴流床所使用的惰性填料包含矿化垃圾、废旧织物、泡沫混凝土和动物骨头四种。

矿化垃圾是一种具有高腐殖质含量的类土壤物质,腐殖化 8 年后垃圾细料的有机质含量可达 9.69%,阳离子交换容量大,吸附和交换能力强,生物相丰富,是一种良好的生物介质。许多地方已开展了利用矿化垃圾为填料的生物滤床处理生活污水的工程示范,取得了良好的处理效果。

随着废弃纺织物产生量的增加,已经逐渐有人将目光投向来源广、产生量大的废旧织物的回收利用,提出回收废旧织物用于污水处理的填料。废旧织物多为棉类产品,已被证明是一种良好的生物挂膜基质,同时也可作为一种碳源缓释材料用于补充生物反硝化脱氮所需的电子。

泡沫混凝土是通过气泡机的发泡系统用机械方式将发泡剂充分发泡,并将泡沫与水泥浆均匀混合,然后经过发泡机的泵送系统进行现浇施工或模具成型,经自然养护所形成的一种含有大量封闭气孔的新型轻质保温材料。泡沫混凝土具有轻质、经济、环保等优势,是一种优质的过滤材料。

动物骨头中含有丰富的钙和磷,其中钙类物质可在污水滴滤接触过程中,与正磷酸盐发生化学沉淀反应,最终可实现污水中总磷物质的高效去除。

3.1.3 惰性废物生物滴流床的构建

设计了两种高为 1 m,直径为 0.15 m 的圆柱形生物反应柱,一种为分层反应柱,另一种为混合反应柱。分层反应柱从下至上分别装有矿化垃圾、动物骨头、废旧织物、泡沫混凝土四种填料,体积占比分别为 65%、10%、10%、15%。混合反应柱将上述相同体积比的矿化垃圾、动物骨头、废旧织物、泡沫混凝土充分混合作为填料。两种反应柱均有鹅卵石作为基底,防止矿化垃圾随水流流出造成损失。在反应柱内部设有内径为 1 cm 的曝气管,管壁设有直径为 1 cm 的曝气孔。曝气管外设有内径为 6 cm 的保护管,管壁设有直径为 3 cm 的空孔。保护管内装有鹅卵石,用以防止矿化垃圾、废旧织物等堵塞曝气孔而使整个反应器处于厌氧状态。在反应柱外设有保温圆管,与内壁间距 2.5 cm,用于装水。同时设有加热棒,用于加热保温圆管内水,使整个反应柱维持在 (35 ± 1.0)℃。

填料中的矿化垃圾取自垃圾填埋场,主要呈棕黄色细颗粒状形态,无须预处理可直接使用。废旧织物取自废品回收站,主要为毛线衣。首先将废弃织物洗净,晾干,然后用剪刀剪成大小为 5 cm×10 cm 左右的片状布条,除去过程中脱落的碎屑,即得到试验材料。泡沫混凝土取自建筑工地,首先进行分拣去除其表面杂质,然后用颚式破碎机将废弃泡沫混凝土破碎,筛分得到粒径范围为 5~10 mm 的发泡混凝土颗粒;最后将其冲洗干净,去除表层灰渣,晾干,即得到试验材料。动物骨头取自食堂,首先将骨头从餐厨垃圾中分拣出来并去除其表面杂质,用自来水冲洗,然后用浓度为 0.3%~1% 的 NaOH 溶液浸泡约 48 h,除去表层油脂并脱胶,再用自来水冲洗后于 60~80℃下烘干,去除水分;将烘干的动物骨头移入马弗炉,在 10℃/min 升温速率下将马弗炉升温至 300~500℃,保温 60 min 后待其自然冷却,将动物骨头移出马弗炉,然后破碎至粒径为 0.6~2 cm 的不规则形状颗粒,用自来水冲洗至中性。

3.1.4 惰性废物生物滴流床工艺参数优化

不同生物滴流床参数条件(例如填充模式、水力负荷、温度和气水比)下渗滤液污染物质去除效果也会发生相应的变化。

1. 填充模式

两种填充模式分别为分层填充和混合填充。与分层模式相比,混合填充模式下的 COD 去除率更高,这证实了混合填充的协同作用优于单一填料在有机物去除上的叠加作用。然而,混合填充模式下的总磷(TP)去除率略低于分层填充,这是因为填料的混合降低了动物骨头与渗滤液接触的可能性,从而削弱了化学沉淀去除 TP 的效果。填充模式对总氮(TN)

的去除率没有影响。因此，与分层填充相比，混合填充被认为是渗滤液整体处理的最佳填充方式。

2. 水力负荷

作为生物反应的关键因素，水力负荷直接影响进水和填料之间的接触时间，而渗滤液冲洗作用和空气的引入进一步影响微生物代谢和活性。当水力负荷增加到 40 L/(m³·d) 时，COD 去除率出现了少量的增大。这是因为在一定范围内增加水力负荷增加了微生物所需的基质提高了微生物的活性。随着水力负荷进一步增加到 80 L/(m³·d)，COD 去除效果明显减弱，去除率下降至 38.73%，表明反应接触时间不足，污染负荷超过了滴流床的处理能力。

当水力负荷的去除率不断增加到 80 L/(m³·d)，TN 的去除率持续降低到 66.63% 时，水力负荷的增加促进了空气的引入，增加了整个系统的氧含量，这可能会抑制厌氧菌反硝化还原酶的合成，从而导致 TN 的积累。但是，对于 TP，多种效果的组合为反应床带来了更好的缓冲能力，尽管水力负荷升高，但去除率变化不明显。简而言之，考虑到处理能力和效率，40 L/(m³·d) 可作为最优的水力负荷值。

3. 温度

由于微生物代谢的增强，COD 去除率在温度从 25℃ 上升到 35℃ 时出现了大幅增加。随着温度从 30℃ 升高到 35℃，COD 去除率平均增加到 78.86%，表明微生物达到了理想状态并在此温度范围内保持稳定。当温度高于 35℃ 时，尤其是在 45℃ 时，COD 的去除效果会明显受损，COD 去除率仅为 21.49%。相比之下，尽管 TP 的最大和最小去除率分别出现在 35℃ 和 45℃，但相应的值仅从 96.88% 降低到 91.94%，这是因为反应中的除磷主要通过生化—物理—化学耦合进行，几乎不受温度影响。

相比之下，温度则是反应床脱氮的限制因素。当温度从 25℃ 升至 35℃ 时，TN 去除效率保持在较高的水平。然而，在 45℃ 时滴流床对于 TN 的去除能力明显减弱，去除率低于 60%，这是高温对反硝化细菌的负面影响所致。总之，考虑到成本、能耗和加工效率的限制条件，可以选择 30℃ 作为滴流床的最佳温度。

4. 气水比

气水比与系统中的溶解氧直接相关，并且在微生物的代谢中起重要作用。当系统气水比提高到 1.8 时，COD 去除性能明显提高，这归因于溶解氧浓度增加促进了有氧细菌的代谢作用。最小 COD 去除率出现在气水比增大至 3.6 时，这是因为过高的气水比会使得体系溶解氧浓度提高，以至于好氧微生物的代谢速率高于进水的营养基质补充。这种情况会引起微生物的氧化和降解，表现出相对较差的 COD 去除效率。

溶解氧浓度的增加可以在一定程度上促进硝化作用，同时对反硝化作用起负面作用。当气水比设置为 1.8 时，TN 和 TP 去除率分别达到了最大值。因此，1.8 是气水比的最佳选择。

5. 处理渗滤液后填料微观形貌变化

处理前后的动物骨头的微观形貌如图 3.1 所示。对于新鲜的动物骨头，观察到扁平且厚实的壳，并且可见一些裂缝。然而，由于渗滤液的腐蚀和微生物的分解，外壳逐渐转变为多孔结构。此外，新鲜动物骨头的主要元素及含量是 C 为 34.01%（质量分数）、O 为 26.57%，但 Ca 和 P 的质量分数仅分别为 19.64% 和 7.68%。处理后，C 和 O 的质量分数分别降低至 9.28% 和 24.61%，Ca 和 P 的 X 射线能谱吸收强度分别增加了 16.12 倍和 14.82 倍，相应的质量分数分别达到 46.43% 和 16.17%。结果表明，大量的钙和磷通过吸附和沉淀富集在动物骨头中。此外，由于动物骨头、泡沫混凝土和矿化垃圾的多孔结构，污染物能被大量截留在滴流床中，从而表现出明显的处理效果。惰性废物生物滴流床对于垃圾渗滤液的处理效果并不是通过单一作用实现的，而是物理、化学、生物等多作用协同的结果。

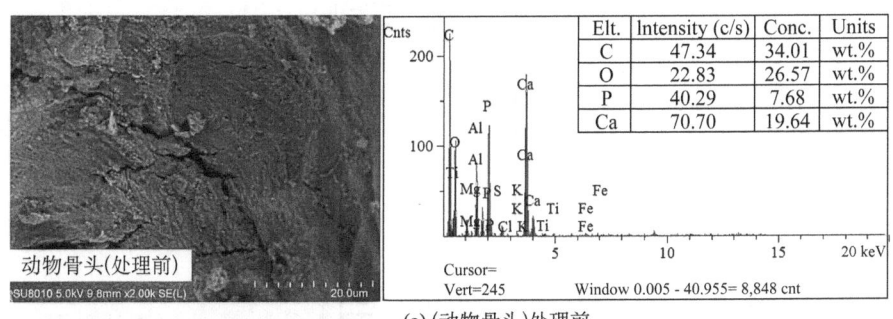

(a) (动物骨头)处理前

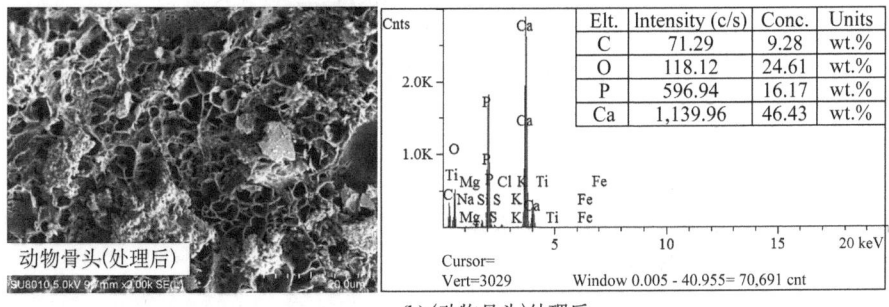

(b) (动物骨头)处理后

图 3.1　扫描电子显微镜和 X 射线能谱分析图

3.2　惰性废物生物滴流床处理垃圾中转站污水

3.2.1　设备布置

1. 原液水箱

原液水箱用于储存来自中转站的渗滤液，污水泵用于将渗滤液提升转移至下一设备中。

2. 河沙过滤反应器

渗滤液从反应器顶端进水,采用穿孔管的大阻力配水方式进行配水,经过河沙填料的过滤作用对渗滤液进行处理。其中填料层高度为 4.3 m,底部鹅卵石高度为 0.6 m,反应器主体尺寸为:$\phi \times H = 2.8 \text{ m} \times 5.4 \text{ m}$。反应器布水装置上方使用遮雨棚进行遮盖,防止大气降水影响进水水质,对运行结果造成影响。河沙过滤反应器设计图如图 3.2 所示。

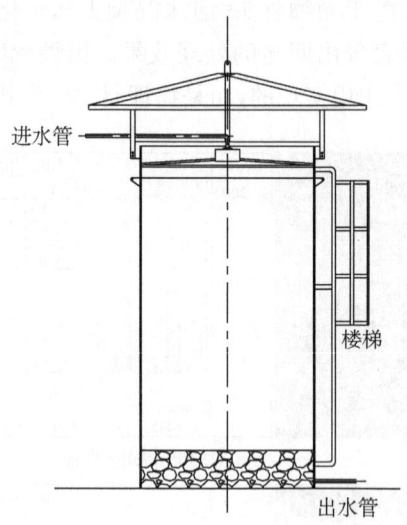

图 3.2 河沙过滤反应器设计图

3. 过滤液水箱

经过河沙过滤反应器过滤后的过滤液来到过滤液水箱中进行储存,内设污水泵用于将过滤液提升转移至下一设备中。

4. 耦合型生物反应器

将过滤液提升至中间水箱,再通过重力自流作用进入生物反应器中进行反应。反应器主体尺寸为:$\phi \times H = 3.19 \text{ m} \times 7.16 \text{ m}$,过滤液从反应器顶端进水,采用穿孔管的大阻力配水方式进行配水,经过内置填料的过滤作用对渗滤液进行处理。填料为矿化垃圾、动物骨料、废旧织物、鹅卵石等材料。装填自下而上依次为鹅卵石(自上而下为粒径 4~8 mm,粒径 8~16 mm;高度均为 300 mm,共 600 mm),矿化垃圾(破碎至 2~4 cm 粒径,高度为 1.56 m),动物骨料(收集厨余垃圾中的难降解家畜骨头,如猪骨头、牛骨头和羊骨头等,破碎至 10~20 mm 粒径,高度为 0.65 m),矿化垃圾(高度为 1.56 m),动物骨料(高度为 0.65 m),废旧衣物(以棉毛材质为主,剪碎成片状或条状,高度为 0.755 m),矿化垃圾(高度为 0.78 m)。在反应器布水装置上方使用遮雨棚进行遮盖,防止大气降水影响进水水质,对运行结果造成影响。同时使用钢板设计与建设简易楼梯用于工作人员操作、检修。出水则重新回到原液水箱重新进行循环处理。耦合型生物反应器设计图如图 3.3 所示。

3.2.2 处理效果

渗滤液处理系统设置在某垃圾处理中转站，占地约 54 m²，其中长为 9 m，宽为 6 m。

示范工程正常运行 6 d 的污水 pH 和电导率如图 3.4 和图 3.5 所示。对于 pH，原液的 pH 呈弱酸性，主要原因是原水含有大量有机物，存放开始发酵产生有机酸。经过设备处理后 pH 有所提高，在 7~8，呈现出弱碱性，说明经微生物转化后，大量有机质被降解，整体符合相关标准要求。对于电导率，在经过设备处理后原液的电导率值也有所提高，基本在 9~11，与 pH 的变化趋势基本相似，主要是因为降解反应过程中产生的无机盐，增加电导率，其值也符合相关要求。

原液在进入设备后正常运行 6 d 的污水 COD、TN 和 TP 浓度变化如图 3.6、图 3.7 和图 3.8 所示。

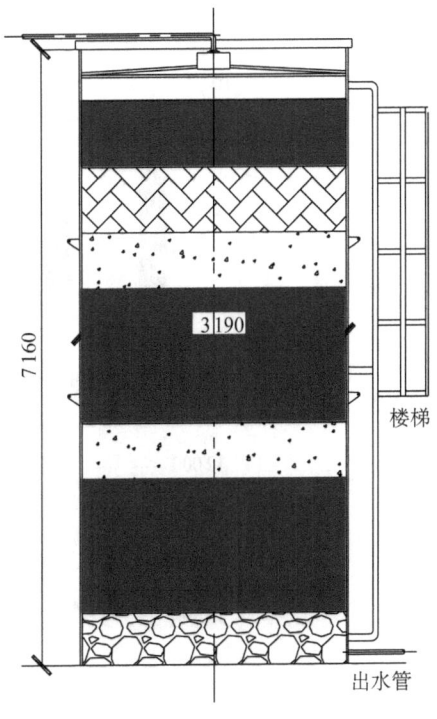

图 3.3　耦合型生物反应器设计图

图 3.7 中，正常运行 6 d 后砂滤池出水 COD 浓度已经明显低于原样的 COD，在进行进一步的生物滴流床处理后，出水 COD 基本稳定在 1 000 mg/L 左右，COD 去除率为 94.4%~96%。在图 3.7 中，TN 经过砂滤池后浓度基本稳定在 320 mg/L 左右，说明砂滤池对于 TN 去除效率不明显，在经过生物滴流床后，TN 不降反升，可能由于初始生物滴流床污染物的溶出，导致 TN 浓度升高；同时，由于缺少碳源，无法反硝化，最终导致 TN 的累积。后续处理中将串联好氧生物滴流床，以此强化脱氮。在图 3.8 中，TP 经过砂滤池后浓度在 100 mg/L 上下浮动，砂滤池对于原水中的 TP 的去除率为 71.4%~79.2%，经过生物滴流床的进一步处理后，TP 可以降至 40 mg/L 左右，最终的去除效率可达 88.6%~91.6%。

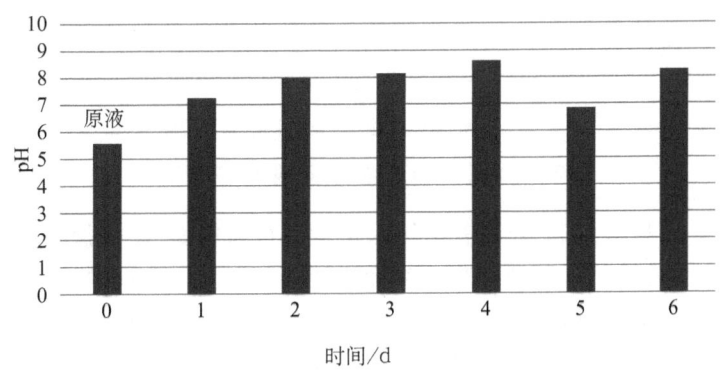

图 3.4　污水处理运行阶段的 pH 值

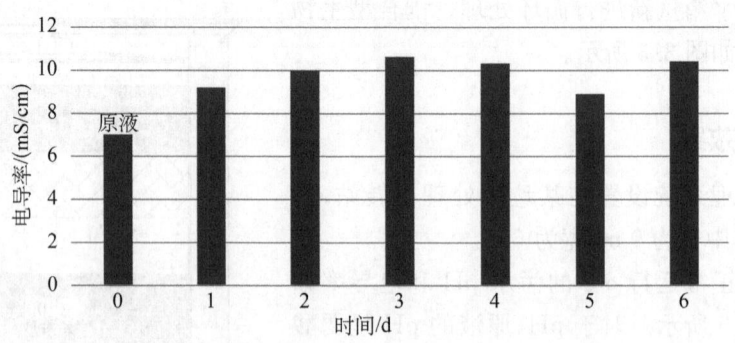

图 3.5　污水处理正常运行阶段的电导率

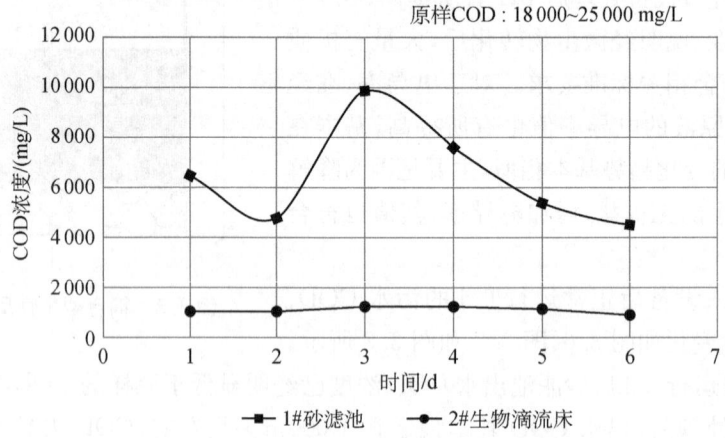

图 3.6　污水处理正常运行阶段 COD 浓度变化

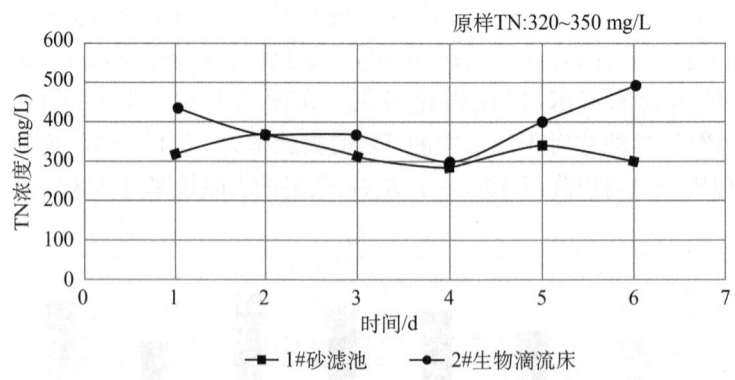

图 3.7　污水处理正常运行阶段 TN 浓度变化

图 3.9、图 3.10 和图 3.11 分别表示污水正常运行时氨氮、硝酸盐和亚硝酸盐的变化。如图 3.9 所示,氨氮在经过砂滤池处理后浓度有所降低,但是经过生物滴流床后又上升,甚至高于原样的浓度,可能是因为经过生物滴流床后有机氮被分解成氨氮。如图 3.10 所示,在经过 3 d 的运行之后,砂滤池和生物滴流床出水的硝酸盐浓度均在 0.5 mg/L 以下,最终去除效率可达 91.0%,去除效率较高。图 3.11 中的亚硝酸盐浓度变化同硝酸盐浓度变化相似,最终出水浓度在 0.1 mg/L 以下,去除效率在 68.4% 左右。

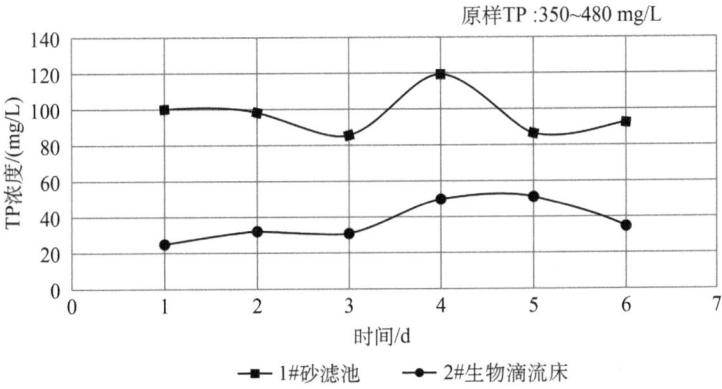

图 3.8 污水处理正常运行阶段 TP 浓度变化

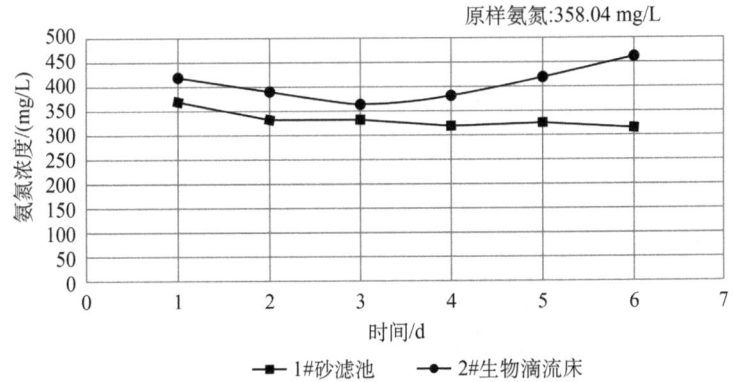

图 3.9 污水处理正常运行阶段氨氮浓度变化

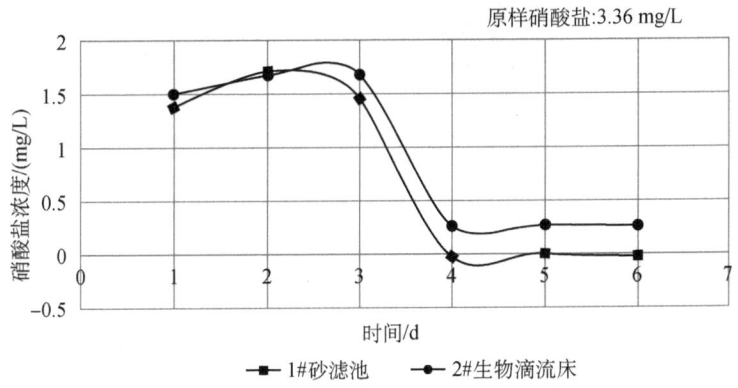

图 3.10 污水处理正常运行阶段硝酸盐浓度变化

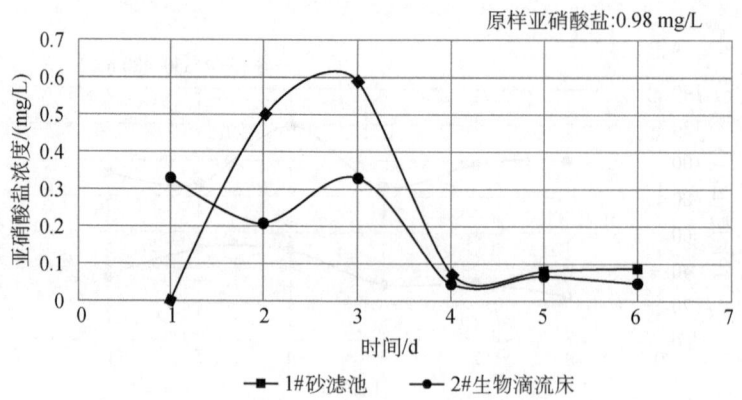

图 3.11　污水处理正常运行阶段亚硝酸盐浓度变化

对于其他指标,例如动植物油含量,原水中其含量为 570.6 mg/L,经过工程设备处理后浓度降至 45.6 mg/L,处理效率为 92.0%。而总碱度在砂滤池出水为 1 497 mg/L,经过生物滴流床后增加至 3 941 mg/L,说明污水的硝化过程是顺利进行的,且反硝化过程比较活跃。

垃圾中转站渗滤液和场地清洗水含有较高的油脂成分,其在排放和处理过程中对处理系统具有一定影响。采用干垃圾生物滴流床预处理中转站渗滤液,对动植物油的去除效果如图 3.12 所示。由图可知,原水动植物油含量为 570 mg/L,经生物滴流床处理后,其浓度降为 45 mg/L,去除率 92%。结果表明本生物反应器可高效处理新鲜渗滤液中的油脂。

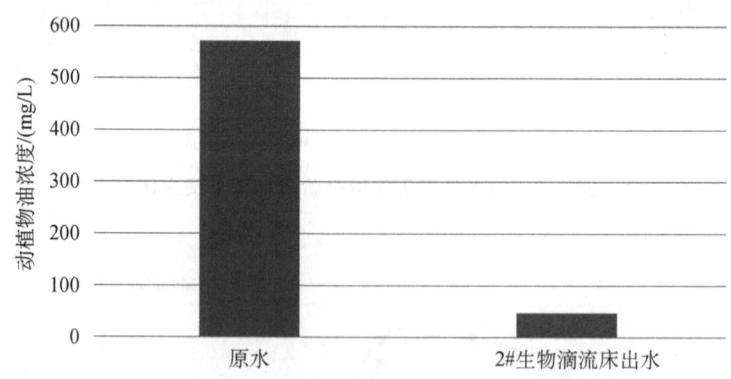

图 3.12　生物滴流床对垃圾中转站渗滤液动植物油的去除效果

3.3　湿垃圾作为渗滤液复合碳源技术

3.3.1　湿垃圾处理现状及作为碳源处理需求分析

国内虽然建立了多座湿垃圾(以餐饮垃圾为主)处理设施,但湿垃圾处理过程中普遍存在原料品质差、效果不稳定、运行成本高、产品资源化率低等问题,现有湿垃圾处理技术体系尚不成熟,湿垃圾处理新技术、新模式尚有较大的发展空间和市场需求。除小型分散处理设备/设施外,集中处理绝大多数(约 90%)采用厌氧产沼工艺,原料品质差、沼渣处理难等"一头一尾"共性问题凸显;少数处理采用好氧发酵工艺,也存在产品出路不明晰、处理成本偏高等问题。

3.3.2 常规碳源种类及湿垃圾作为碳源可行性分析

目前反硝化脱氮常用的补充碳源主要有固态碳源和液态碳源两类,常见碳源的分类如图 3.13 所示。

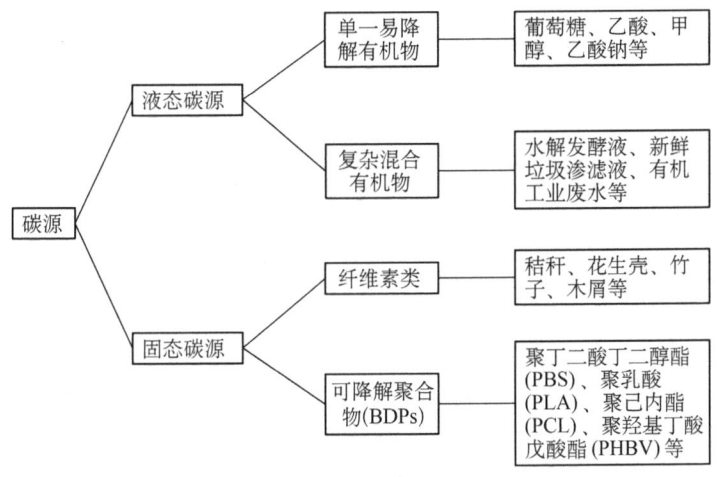

图 3.13 常见碳源的分类

固态碳源,就是指以固体形式存在的有机物质。常规的外加碳源多为液态物质,其投加量与处理水质密切相关,若待处理水质波动较大,则难以控制碳源的投加量,从而影响系统的管理和维护。固态碳源作为常规液态碳源的替代物,既提供了易降解碳源作为电子供体,又为细菌提供了生长载体,克服了传统碳源难以控制投加量从而影响出水水质的缺点,便于系统的稳定调控。目前研究较多的固态碳源包括纤维素类物质、生物可降解聚合物(BDPs)两类。

液态碳源,也就是指以液体形式存在的有机物质。外加碳源中液态碳源较为常见,已被广泛应用各种实际工程中,处理效果优良,但仍存在很多的局限性,例如碳源成本较高,会引起亚硝酸盐的积累及运输条件比较苛刻等。目前常见的液态碳源主要可分为单一易降解有机物质和复杂混合有机物质两大类。表 3.1 总结了常见碳源的优缺点。

表 3.1 常见碳源的优缺点

碳源种类		优点	缺点
固态碳源	纤维素类物质	(1) 来源丰富,成本低廉; (2) 孔隙较多,比表面积较大,可作为微生物的载体; (3) 亚硝酸盐积累量少	(1) 脱氮速率低,处理周期长; (2) 出水水质波动较大; (3) 低温条件下处理效果较差

(续表)

碳源种类		优点	缺点
固态碳源	BDPs	(1) 良好的碳缓释性能,维持反应稳定进行; (2) 可作为微生物的载体; (3) 亚硝酸盐积累量少; (4) 对人体基本无害	(1) 脱氮速率较低; (2) 价格昂贵
液态碳源	单一易降解有机物质	(1) 脱氮效果好; (2) 污泥产率小	(1) 成本较高; (2) 自身具有一定的毒性; (3) 运输条件苛刻; (4) 容易出现亚硝酸盐的大量积累
	复杂混合有机物质	(1) 脱氮效果好; (2) 成本较低; (3) 以废治废	引入了 N、P、重金属等污染物质,增加了处理负荷

湿垃圾主要分为餐厨垃圾和果蔬垃圾两大类,二者均具有较高的碳氮比并含有易降解有机物,在厌氧条件下均能被发酵为大量小分子有机物。餐厨垃圾发酵液的碳氮比一般大于 45,挥发性脂肪酸(VFAs)几乎占到 COD 质量一半左右。而果蔬垃圾发酵液的小分子乙酸占总 VFAs 比例超过 90%。由此可见,湿垃圾易于生物降解,释放的易降解有机物质有利于反硝化作用的进行。目前许多研究已证明湿垃圾可作为一种性价比极高的碳源。湿垃圾衍生物,特别是湿垃圾发酵液作为污水脱氮碳源,可实现污水硝酸盐氮完全去除,同时也具有与常规工程化应用的乙酸钠、甲醇、葡萄糖等碳源相当的反硝化速率。湿垃圾的反硝化脱氮特性与其发酵时间有密切关系,一定时间的发酵预处理能够提高湿垃圾的脱氮效果。

3.3.3 湿垃圾补充渗滤液碳源后化学性质变化

1. pH 变化

湿垃圾迅速腐败并水解酸化,从而释放出大量的易降解的优质碳源,图 3.14 给出了各来源渗滤液原液以及去除氨氮后的渗滤液与湿垃圾压榨液和浆体按不同比例混合后缺氧放置一个月后上层清液 pH 的变化。

如图 3.14(a)至图 3.14(d)所示,老龄渗滤液原液自身偏碱性,无论是湿垃圾压榨液还是浆体,在初期的一周内迅速酸化,在两周内达到 pH 最低点,添加比例越高,酸化速度越快,随后产生厌氧反应,pH 缓慢上升。在 20% 添加比例下,pH 在一个月时间内回归中性,说明水解酸化和厌氧反应顺利进行,当添加比例大于等于 60% 时,厌氧反应缓慢,一个月内 pH 始终低于 6,不利于后续反应。经过鸟粪石处理后的老龄渗滤液 pH 稳定在 8~9,添加湿垃圾后 pH 变化规律也基本一致,湿垃圾压榨液和浆体的添加比例同样不宜超过 20%。

如图3.14(e)至图3.14(h)所示,新鲜渗滤液原液自身偏酸性,pH不高于6,添加湿垃圾后,水解酸化作用将pH降低至5以下并维持不变。添加比例越高,稳定后的pH值越低,其中添加湿垃圾浆体造成的pH下降略高于湿垃圾压榨液。经过鸟粪石处理后的新鲜渗滤液再无任何外界碳源添加时,自身也会进一步在碱性环境下产酸,最终pH稳定在中性,添加湿垃圾后结果和原液相同,最终pH值稳定在5以下,无回升趋势。

图3.14说明湿垃圾在渗滤液中的添加量不宜超过20%,不然过量有机酸会对后期的微生物反应造成酸化抑制;湿垃圾作为碳源适用于老龄渗滤液,而不适用于新鲜渗滤液,新鲜渗滤液自身含有较多易降解有机物,容易在碱性环境下产酸,添加湿垃圾反而会加重后续工艺的处理负荷;湿垃圾浆体更易腐坏酸化,使用压榨液更有利于控制混合液的pH,同时厌氧反应开始所需时间更短。

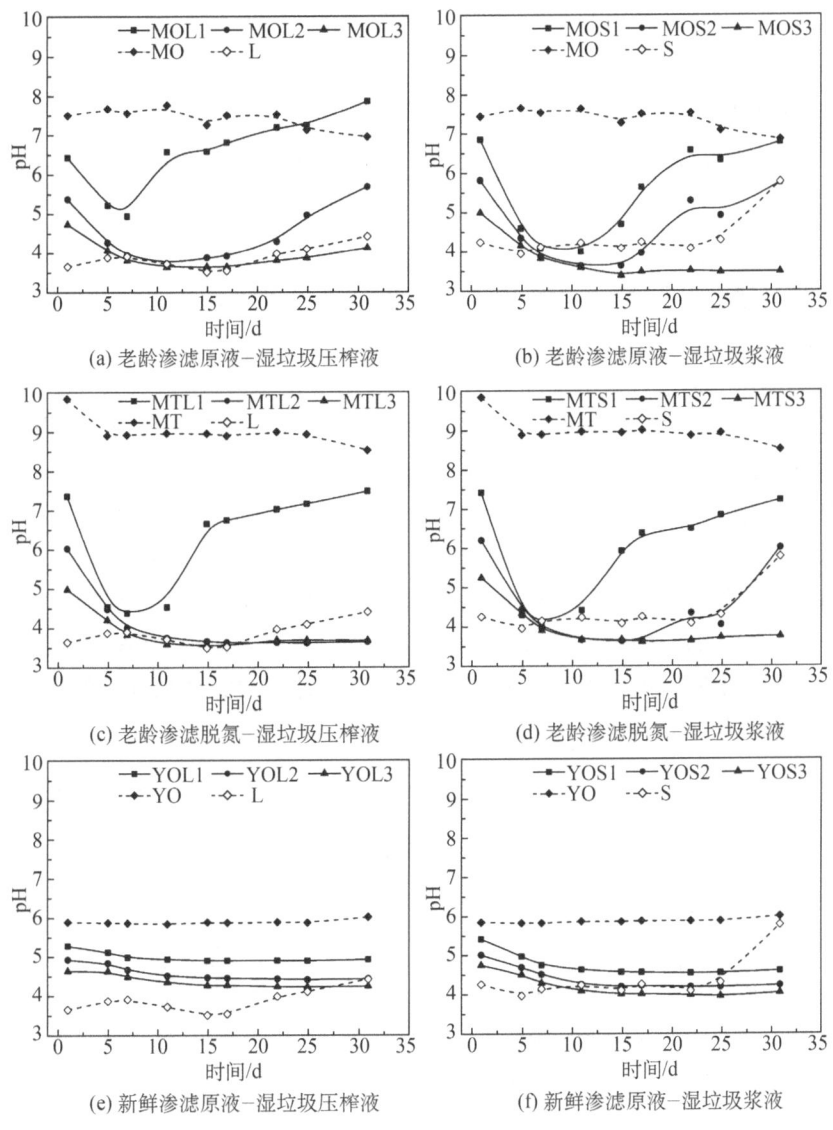

(a) 老龄渗滤原液-湿垃圾压榨液

(b) 老龄渗滤原液-湿垃圾浆液

(c) 老龄渗滤脱氮-湿垃圾压榨液

(d) 老龄渗滤脱氮-湿垃圾浆液

(e) 新鲜渗滤原液-湿垃圾压榨液

(f) 新鲜渗滤原液-湿垃圾浆液

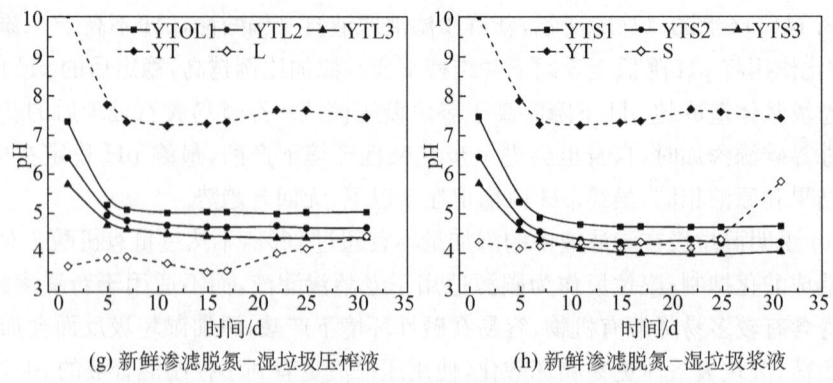

(g) 新鲜渗滤脱氮-湿垃圾压榨液　　(h) 新鲜渗滤脱氮-湿垃圾浆液

M—老龄渗滤液；Y—新鲜渗滤液；O—渗滤液原液；T—去除氨氮渗滤液；
L—湿垃圾压榨液；S—湿垃圾浆体；1,2,3—20%，60%，100%湿垃圾添加百分比

图 3.14　不同来源渗滤液调配湿垃圾 pH 变化

2. 可生化性变化

图 3.15 反映了各类型渗滤液和湿垃圾混合调配缺氧条件下放置一个月后的上清液 COD 和 NH_4-N 浓度变化曲线。其中 COD 纵轴和 NH_4-N 纵轴范围比例固定为 20∶1，因此箱形图中 COD 的实框和 NH_4-N 的虚线框高度相近时，COD/NH_4-N 接近 100∶5。

对于老龄渗滤液原液而言，添加 20% 的湿垃圾压榨液即可将 COD/NH_4-N 调节至合理的范围，添加 60% 的湿垃圾浆体，COD/NH_4-N 的比例较为合理。随着添加比例的提高，湿垃圾压榨液会迅速提高混合液的 COD，NH_4-N 浓度缓慢上升；湿垃圾浆体造成的 COD 提升较低，可能是由于固体有机碳释放较为缓慢，NH_4-N 浓度同样缓慢上升。使用鸟粪石去除氨氮后的渗滤液氨氮浓度基本维持不变。

对于新鲜渗滤液原液而言，添加湿垃圾压榨液会大幅提高混合液中的 COD 和 NH_4-N 浓度，COD/NH_4-N 比例过高，添加湿垃圾浆体更适宜控制混合液的 COD/NH_4-N 比例。鸟粪石处理后的新鲜渗滤液 COD 上升略低于原液，NH_4-N 浓度上升趋势同原液。

图 3.15 表明可采用添加湿垃圾的方式对渗滤液补充优质碳源，新鲜渗滤液自身碳氮比较为合理，一般不用额外添加湿垃圾，湿垃圾压榨液的补充碳源效果优于湿垃圾浆体，老龄渗滤液中添加湿垃圾的压榨液不宜超过 20%。

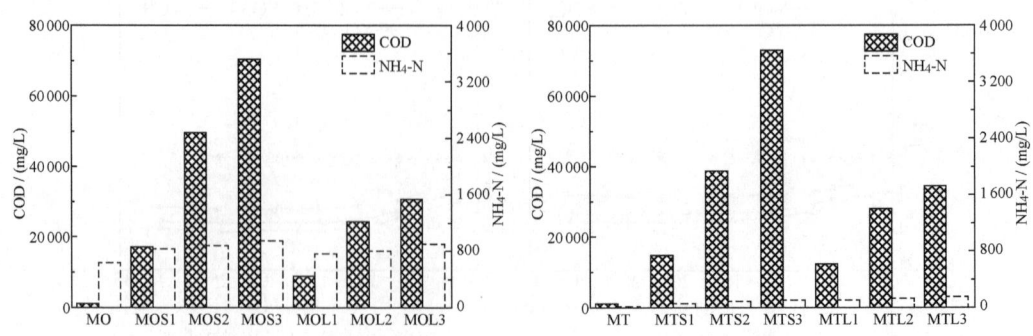

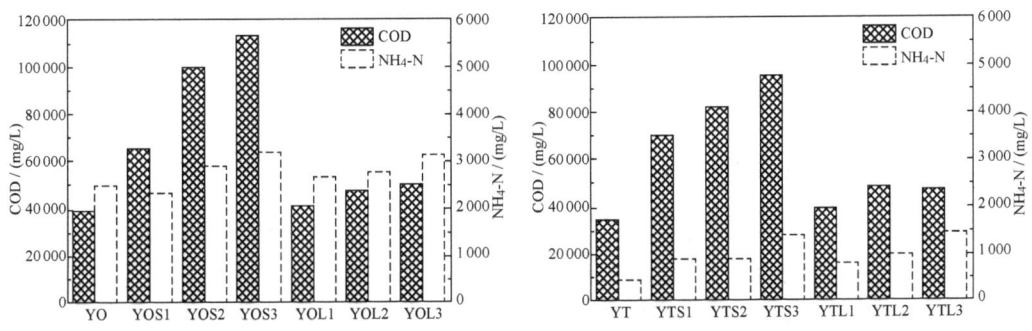

M—老龄渗滤液；Y—新鲜渗滤液；O—渗滤液原液；T—去除氨氮渗滤液；L—湿垃圾压榨液；
S—湿垃圾浆体；1,2,3—20%,60%,100%湿垃圾添加百分比

图 3.15　不同来源渗滤液调配湿垃圾 COD 和 NH_4-N 浓度变化

3.3.4　湿垃圾发酵液协同处理老龄渗滤液

湿垃圾厌氧发酵7d后的离心上清液与老龄渗滤液按1∶4配比作为生物滴流床进水，评价其协同处置效果，结果见表3.2。原老龄渗滤液单独处理COD和TN去除率分别为84.8%和24.9%，而协同处理COD和TN去除率分别为92.1%和50.7%，处置效果明显提高。

表 3.2　湿垃圾压榨液协同老龄渗滤液污水处理效果

污染物	原老龄渗滤液				老龄渗滤液与发酵液协同处理			
	1 d		2 d		1 d		2 d	
	浓度/(mg/L)	去除率	浓度/(mg/L)	去除率	浓度/(mg/L)	去除率	浓度/(mg/L)	去除率
COD	372	84.8%	373	84.8%	1 160	92.1%	1 068	92.7%
TN	1 211	24.9%	1 060	34.2%	872	50.7%	862	51.2%
NH_4-N	91.7	100%	91.5	100%	100	100%	102	94.2%
TP	4	93.8%	3.35	94.8%	12.8	93.8%	12.2	94.5%

3.4　腐烂水果作为渗滤液脱氮碳源

3.4.1　老龄垃圾渗滤液和活性污泥

渗滤液为惰性废物生物滴流床出水，基本性质为：COD(975.17±28.76)mg/L,氨氮(15.18±7.66)mg/L,总氮(1 328.37±50.04)mg/L,硝酸盐(1 282.01±69.81)mg/L,亚硝酸盐(8.71±0.89)mg/L,pH 为 7.61±0.50。

本书以取自某污水处理厂二沉池的活性污泥为例,基本性质:含水率(94.20±0.30)%,pH 为 7.33±0.50,活性污泥浓度(MLSS)为(6 530±50)mg/L,污泥粒径(0.18±0.04)mm。

3.4.2 反硝化系统的启动与运行

四种腐烂水果分别为苹果、梨、葡萄和香蕉,首先被切为大小一致的块状物,然后在去离子水与腐烂水果体积比为 3∶1 的条件下破碎 10 min,制得腐烂水果浆液。

腐烂水果的脱氮过程在 500 mL 的锥形瓶中完成。锥形瓶中外加 300 mL 的渗滤液和一定体积比的腐烂水果浆液。此外,外加活性污泥提前利用 0.9% 的 NaCl 溶液进行洗涤,目的是去除污泥中残余的物质。此后,向锥形瓶中接种污泥并将其浓度控制为(3 000±500)mg/L。反硝化系统运行过程中,每次取样均需向体系中通 5 min 的氮气,以完全排除外界空气的干扰。通氮气后的锥形瓶利用塑料膜和橡皮筋密封以保证反应系统的厌氧条件。

为了在脱氮前实现污泥中微生物的完全驯化,每一水果处理组均须完成五组的反硝化周期实验,实验体系碳氮比为 6.5,单一周期的持续时间为 3 d。完成驯化过程后,根据单因素控制变量法确定脱氮反应最佳水果种类和体系碳氮比。

实验在恒温恒湿振荡培养箱中完成:温度 30 ℃,振荡速率 125 rpm。反硝化的运行时间为 7 d,每天同一时间取样测定水质指标。反硝化速率(V_{DN})、反硝化潜力(P_{DN})和反硝化污泥产率(Y_{DN})的计算公式如下:

$$V_{DN} = \frac{\Delta[(NO_3^- - N) + 0.6(NO_2^- - N)]}{MLVSS \cdot \Delta t}$$

$$P_{DN} = \frac{(NO_3^- - N)_i - (NO_3^- - N)_e}{COD_i - COD_e}$$

$$Y_{DN} = 1 - 2.86 P_{DN}$$

其中,Δt 为反硝化时间(d);$(NO_3^- - N)_{i(e)}$,$(NO_2^- - N)_{i(e)}$ 和 $COD_{i(e)}$ 分别为 $NO_3^- - N$,$NO_2^- - N$ 和 COD 的进出水浓度(mg/L),MLVSS 为混合液活性污泥中有机固体物质部分的浓度。

3.4.3 四种腐烂水果作用下的脱氮效果对比

系统碳氮比控制为 6.5,$NO_3^- - N$,$NO_2^- - N$,$NH_4^+ - N$ 和 TN 的变化情况如图 3.16 所示。如图 3.16(a)所示,在 1 d 内,苹果、梨、葡萄和香蕉组的硝酸盐浓度分别降至 598.00 mg/L、769.35 mg/L、636.82 mg/L 和 207.88 mg/L。在 1~2 d,腐烂香蕉组基本实现了硝酸盐的完全去除,出水浓度仅为 30.65 mg/L。相比之下,腐烂苹果和葡萄组实现硝酸盐的完全去除分别需要 4 d 和 3 d。但对于梨,反硝化性能较差,反应结束后硝酸盐的浓度仍高达 719.59 mg/L,去除率仅为 35.76%。

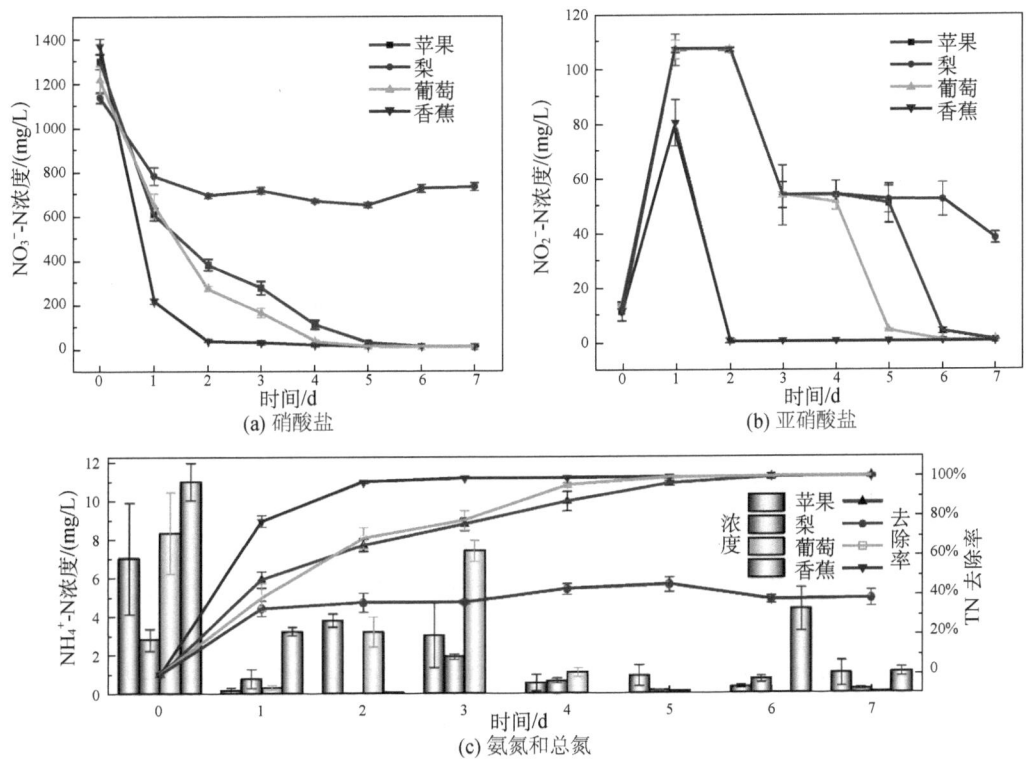

图 3.16 四种腐烂水果碳源作用下各物质去除率的变化情况

由图 3.16(b)可知,亚硝酸盐的积累现象十分明显,这是因为在易降解有机物作碳源的条件下,硝酸盐的还原速率高于亚硝酸盐。然而在硝酸盐浓度大幅度下降后,亚硝酸盐的还原开始占据主导地位。相比于最大积累浓度,苹果、葡萄和香蕉组的亚硝酸盐出水浓度仅为 0.05 mg/L、0.22 mg/L 和 0.04 mg/L,然而梨作为碳源对于亚硝酸盐的还原效果较差,在 7 d 的反硝化脱氮过程中,仅有 64.92% 的亚硝酸盐被去除,这可能是因为腐烂梨的碳源供给不足。

如图 3.16(c)所示,腐烂香蕉、葡萄和苹果组中总氮完全去除所需的时间分别为 2 d、4 d 和 5 d。在反硝化开始后,各实验组中氨氮浓度呈明显的下降趋势。对于腐烂苹果、梨、葡萄和香蕉,NH_4^+-N 浓度在 7 d 内分别从 7.02 mg/L、2.79 mg/L、8.32 mg/L 和 10.97 mg/L 降低至 1.03 mg/L、0.18 mg/L、0.06 mg/L 和 1.10 mg/L。

3.4.4 碳氮比对于反硝化效果的影响

以香蕉作为碳源添加物,如图 3.17(a)所示,当碳氮比为 5 时,硝酸盐的浓度仅降至 711.44 mg/L,相应去除率为 45.51%。当碳氮比增大至 7 时,硝酸盐的去除率增大至 100% 左右。由此可知,更高的碳氮比能够提高体系的反硝化速率,这是因为提供的易降解有机物含量更高。在最初的 2 d 内,随着碳氮比从 5.0 增大至 7.0,反硝化速率相应由 3.80 mg/(g·h) 增大至 14.39 mg/(g·h)。而通过方差分析可知碳氮比为 6.5 和 7.0 时的反硝化速率无显著性差异,表明硝酸盐的去除能力在碳氮比为 6.5 时达到了饱和。

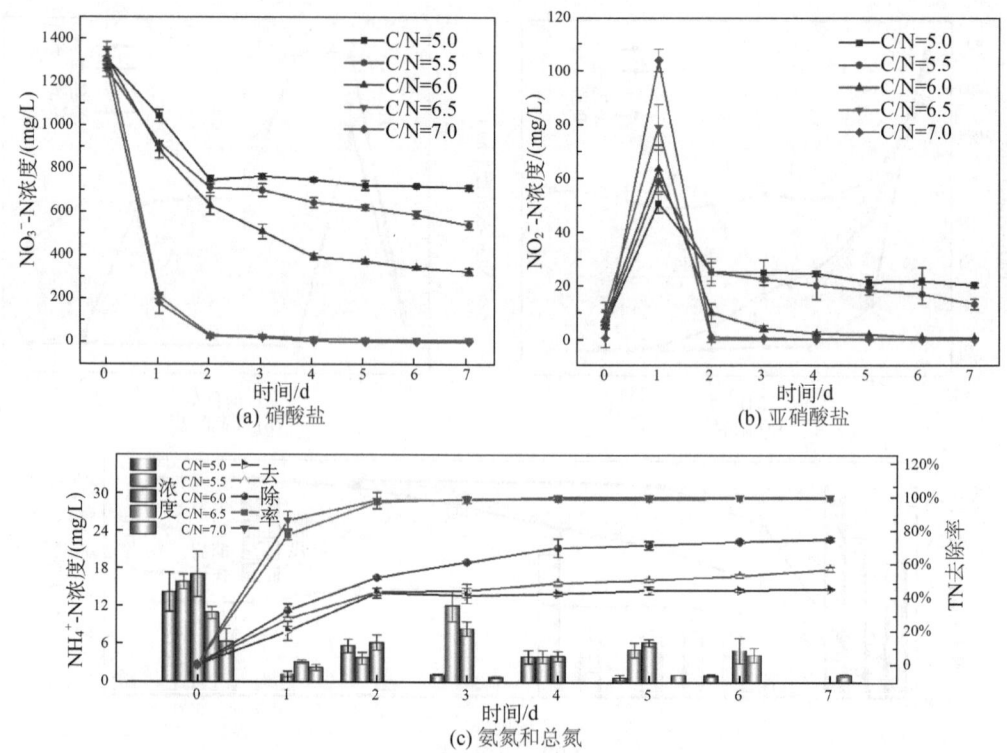

图 3.17 不同碳氮比体系作用下各物质去除率的变化情况

亚硝酸盐的还原速率同样与体系初始碳氮比密切相关。如图 3.17(b)可知,当体系碳氮比从 5.0 增大至 7.0 时,亚硝酸盐的最大积累浓度从 50.67 mg/L 增大至 103.74 mg/L,证明了高碳氮比条件下有机物被优先利用于硝酸盐的去除,使得亚硝酸盐的积累速率远高于低碳氮比的情况。进一步地,随着硝酸盐浓度下降至一个较低值,亚硝酸盐开始被转化为一氧化氮、一氧化二氮以及氮气等气体物质。由图可知,当体系碳氮比分别为 6.0、6.5 和 7.0 时,98.79%、99.95% 和 99.02% 的亚硝酸盐在第 7 d、2 d 和 2 d 时被去除。

如图 3.17(c)可知,各碳氮比实验组的氨氮浓度均在反硝化过程中明显降低。具体地,除了碳氮比为 6.5 以外,其余各组的氨氮浓度在第 7 d 时可忽略不计。当体系碳氮比由 5.0 增大至 7.0 时,总氮的去除率分别为 46.35%、57.82%、74.61%、99.36% 和 99.90%,但是过高的碳氮比可能会提高脱氮的成本,同时造成污泥的膨胀堵塞。

反硝化潜力(P_{DN})和反硝化污泥产率(Y_{DN})的变化情况如图 3.18 所示。可知四种水果中,腐烂香蕉组的 P_{DN} 最高,为 0.16 $mgNO_3^- - N/mgCOD$,Y_{DN} 最低,仅为 0.54 gCOD/gCOD。上述结果说明香蕉组中更少的有机物被用于微生物的其他代谢活动,说明其具有更好的脱氮效果,同时降低了污泥膨胀的可能性。当体系碳氮比由 5.0 增大至 6.5 时,P_{DN} 由 0.05 $mgNO_3^- - N/mgCOD$ 增大至最大值 0.16 $mgNO_3^- - N/mgCOD$,同时 Y_{DN} 由 0.86 gCOD/gCOD 降低至 0.54 gCOD/gCOD。然而,当体系碳氮比进一步增大至 7.0 时,Y_{DN} 呈明显增大的趋势,这可能是因为所提供的碳源高于脱氮所需有机物质,导致多余的有机物被微生物用于其他代谢活动。总的来说,体系的最佳碳氮比为 6.5。

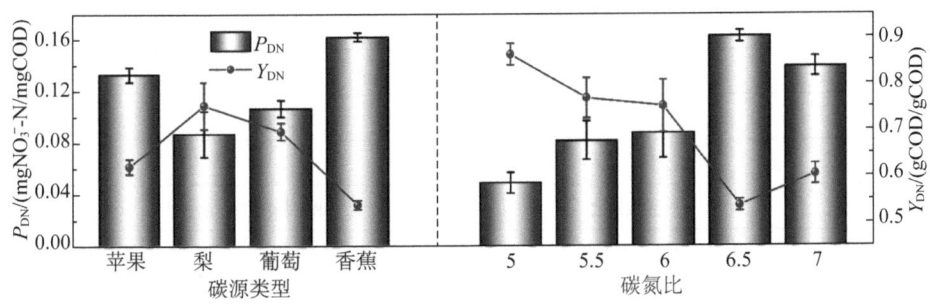

图 3.18　不同水果碳源和体系碳氮比条件下 P_{DN} 和 Y_{DN} 的变化情况

3.5　渗滤液浓缩液低温蒸发技术

为使热能最大化利用,设计低温电热蒸发反应器,并将预处理渗滤液直接喷淋或雾化到蒸发器中,实现低温蒸发全量化处理,优化反应器结构,并调节浓缩液喷洒量,实现最优蒸发效果和能量利用,这是一种渗滤液的新型处理技术。基于热泵循环的低温蒸发系统相关参数如下。①蒸发量:400 L/d。②热风进口温度:70～80 ℃。③蒸发室内循环喷淋,干化处理渗滤液浓缩液;需设置除雾板,防止出风携带雾滴;进风侧需设计均匀布风板;核算流动风速,设计喷雾粒径,减少携带雾滴;蒸发室底部设置积液池,并设计循环量;蒸发室具有壳体,可满足实验后期,对内部结构改造的要求。现有热泵机组参数,风量 1 500～2 000 m³/h,回风温度 30～65 ℃。

首先,对热源参数进行核算,采用热泵机组,制热的耗电较少。初步核算参数见表 3.3。

表 3.3　热源参数核算表

序号	名称	单位	数值
1	风量	m³/h	1 750
2	回风温度	℃	43
3	出风温度	℃	75
4	标风量	Nm³/h	1 512
5	制热量	kW	18
6	制热系数	—	3.8
7	电功率	kW	4.74

对蒸干所需的热量进行核算,初步按吸热蒸发算法,计算结果见表 3.4。

表 3.4　蒸干需热核算表

序号	名称	单位	数值
1	热量	kW	18
2	进水温度	℃	25

(续表)

序号	名称	单位	数值
3	水潜热	kJ/kg	2 256
4	出风温度	℃	43
5	需热量	kJ/kg	2 332
6	热干量	kg/h	27.80

用饱和湿度算法核算风量最大携带水量能力,计算结果见表3.5。

表 3.5 蒸干湿度计算表

序号	名称	单位	数值
1	冷凝温度	℃	10
2	饱和含湿量	g/m³	9.5
3	热吸温度	℃	40
4	热饱和含湿	g/m³	55
5	风量	m³/h	1 750
6	蒸干量	kg/h	79.63

对风管、蒸发室入口、蒸发室塔体的气体流速进行核算,计算结果见表3.6。

表 3.6 流速计算表

序号	名称	单位	数值
1	风量	m³/h	1 750
2	管径	mm	200
3	管内流速	m/s	15
4	入口宽	mm	600
5	入口高	mm	150
6	入口流速	m/s	5.40
7	蒸发室宽	mm	800
8	蒸发室高	mm	800
9	流速	m/s	0.76
10	流程	mm	875
11	气液接触时间	s	1.15

对渗滤液的循环流量进行核算,计算结果见表3.7。

表 3.7 循环流量计算表

序号	名称	单位	数值
1	蒸干量	kg/h	20

(续表)

序号	名称	单位	数值
2	循环倍率	—	25
3	循环流量	kg/h	500

渗滤液浓缩实验台主要包括蒸发室壳体、雾化喷嘴、除雾隔板、循环水泵、阀门管件、传感器及控制柜。蒸发室壳体底部作为液池,侧面有送风进口、回风出口、雾化喷嘴接口、除雾隔板固定结构。雾化喷嘴可更换,根据试验要求更换不同规格喷嘴。除雾隔板可更换,根据试验要求及除雾效果更换不同规格除雾隔板。循环水泵采用变频调节,可控制循环流量。传感器可对温度、压力、流量、液位进行测量。控制柜用于变频器控制及传感器的表头显示。

热泵机组的送风热风通过送风进口进入蒸发室,进口的天圆地方扩口接口及导流隔板,使得进风较均匀地进入蒸发室。雾化后下落的渗滤液液滴和上升的热风进行接触,蒸发溶液水分,对渗滤液进行浓缩。然后气流经过除雾隔板除去携带液滴,雾化隔板的阻力可使蒸发室内的气流分布均匀。除雾后气流通过回风出口返回热泵机组。渗滤液浓缩实验台示意如图 3.19 所示。

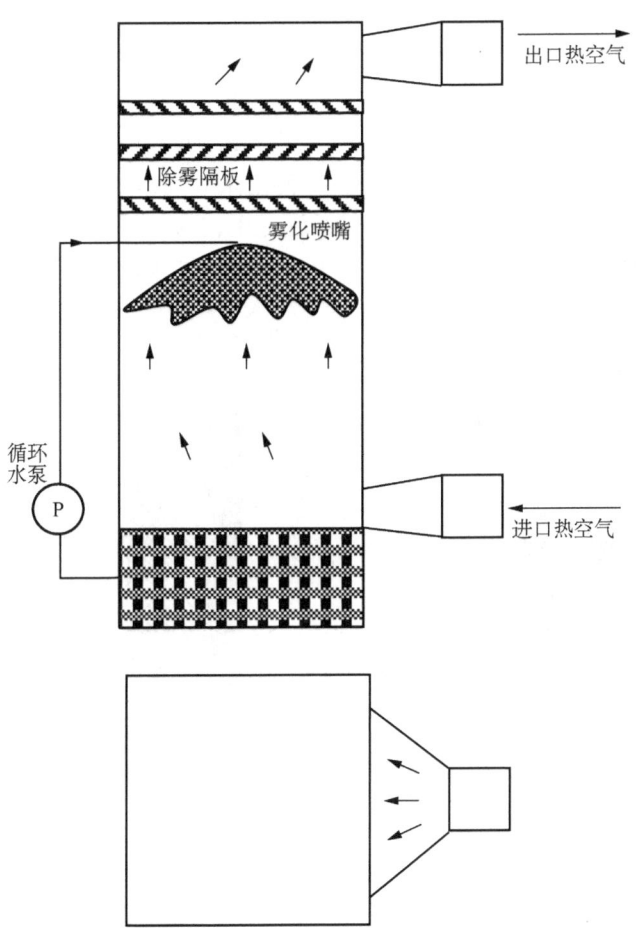

图 3.19 渗滤液浓缩实验台示意图

主要设备参数。(1)蒸发室尺寸:800 mm×800 mm×1 900 mm(宽深高);材质 316 L。(2)主要接口:热风进口、回风出口、水出口、雾化喷嘴管接口、液位计接口、除雾隔板安装接口、温度接口、压力接口。(3)雾化喷嘴雾化流量:500 kg/h。(4)除雾层数:3。设备所用传感器清单见表3.8。

表3.8 传感器清单

序号	测试项目	名称	数量
1	渗滤液温度	K 分度热电偶	1
2	进风温度	K 分度热电偶	1
3	回风温度	K 分度热电偶	1
4	循环流量	电磁流量计	1
5	进风压力	压力传感器	1
6	进回风阻力	压力传感器	1
7	雾化压力	压力传感器	1
8	液位	就地液位计	1

为评价热泵循环低温蒸发设备的效果,采用渗滤液浓缩液作为蒸发处理对象,蒸发温度设定为48℃和60℃,蒸发流量设定为 0.5 m³/h、1.0 m³/h 和 1.5 m³/h。由图 3.20 可知,蒸发温度 48℃时,三个不同蒸发流量,中试设备蒸发出水 COD 浓度≤8 mg/L,TN<5 mg/L,TP<0.2 mg/L;蒸发温度 60℃,COD 浓度≤16 mg/L,TN<5 mg/L,TP<0.5 mg/L。由此可见,两种蒸发温度下的蒸发出水均满足《污水排入城镇下水道水质标准》。

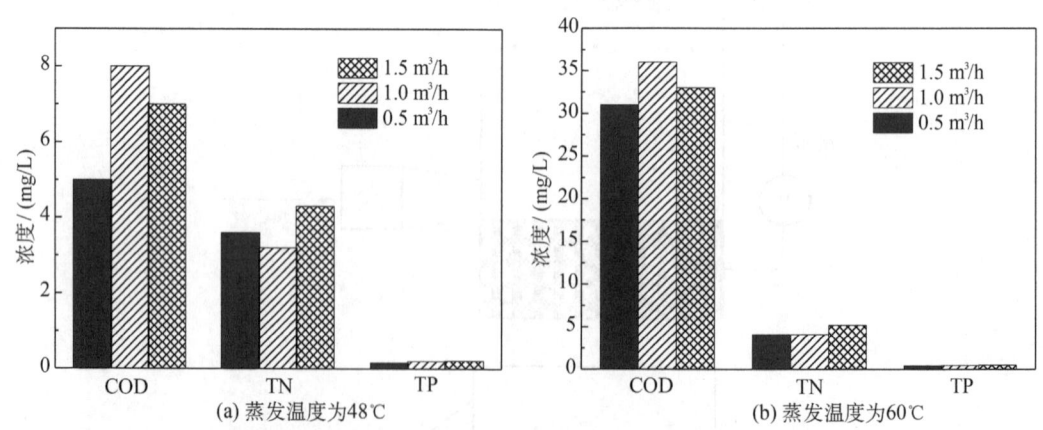

图 3.20 纳滤浓缩液中试设备蒸发冷凝水污染物情况

习 题

1. 简述生物滴流床在渗滤液处理方面的优缺点。

2. 简述惰性废物生物滴流床如何实现渗滤液中碳氮磷污染物的去除。
3. 简述湿垃圾发酵液作为渗滤液处理补充碳源的优缺点。
4. 碳氮比如何影响反硝化速率?结合计算公式表述。
5. 分析湿垃圾作为城市污水或渗滤液处理补充碳源的工程应用前景,以及可适用性的预处理或添加方式。

第 4 章　生活垃圾源头精细化分类与环境卫生防控技术

4.1　生活垃圾源头精细化分类

近年来,国家大力推行生活垃圾分类政策,人居环境得到显著改善,垃圾分类也逐渐成为一种"新时尚"。"做好碳达峰、碳中和工作"是"十四五"时期要抓好的重点任务之一。生活垃圾分类可以助力碳达峰和碳中和目标的实现。目前,我国生活垃圾分类工作已由点到面逐步启动,全国 46 个垃圾分类重点城市相继出台了垃圾分类的地方性法规,四分法是 46 个垃圾分类重点城市分类方法的"主流"。从理论层面看,垃圾分类类别划分越精细越有利于垃圾资源化和减量化;从实践层面看,由于垃圾分类过程中存在知行不统一和居民参与度较低的现象,所以分类类别划分过细势必不利于垃圾分类工作的展开。因此,制定科学、合理的生活垃圾分类标准是开展垃圾分类工作的基础。

本书以 A 市的生活垃圾源头精细化分类为例,根据分类方案设计及评价指标分析,层次分析模型的构建,多层次排序,得到生活垃圾源头化分类最佳方案。

4.1.1　生活垃圾源头精细化分类方案设计

大件垃圾存在运输成本高、回收价值低、拆解费力等问题,导致环保企业对大件垃圾的回收动力不足,环卫部门对大件垃圾的收运处理处置也较困难。本书以 A 市为例,该市印发的《关于规范本市大件垃圾管理的若干意见》明确规范大件垃圾的分类投放原则,包括设置大件垃圾分类堆放场所和管理责任人等。大件垃圾归入城市生活垃圾分类收集方案具有一定的现实意义。

据估计,全国小型废弃电子设备总量约 15 亿件,重量约 50 万 t,且呈快速增长之势。绝大部分城市的小型废弃电子设备随各分类垃圾混入生活垃圾收运系统,原因是小型废弃电子设备及其附属品价值低,没有相应的分类标准,难以界定其属于干垃圾、可回收物,还是属于危险废物。这导致在收运过程中可能出现有毒有害物质的溢散、泄漏等风险。当前的处理过程产生的具有腐蚀性物质、毒性浸出液及残渣进入填埋场和焚烧厂,严重干扰和影响后端二次污染控制系统运行。同时,从小型废弃电子设备中可回收多种贵重金属,经济价值较大,若未通过专门的途径进行分类和回收,而是混入其他类别垃圾中,将不能实现资源循环利用。因此,有必要将小型废弃电子设备纳入该市生活垃圾分类收集方案。

本书以 A 市为例,结合该市生活垃圾分类的实际情况,从生活垃圾产生源头着手,制订以下 4 个生活垃圾分类方案。

方案一(四分法)：干垃圾、湿垃圾、可回收物、有害垃圾。
方案二(八分法)：废纸类、废玻璃、废塑料、废金属、废织物、湿垃圾、干垃圾、有害垃圾。
方案三(九分法)：废纸类、废玻璃、废塑料、废金属、废织物、湿垃圾、干垃圾、有害垃圾、大件垃圾。
方案四(十分法)：废纸类、废玻璃、废塑料、废金属、废织物、湿垃圾、干垃圾、有害垃圾、大件垃圾、小型废弃电子设备。

生活垃圾分类类别目录如图4.1所示。

干垃圾
其他垃圾，指除可回收物、有害垃圾、湿垃圾以外的其他生活废弃物。

湿垃圾
易腐垃圾，指食材废料、剩菜剩饭、过期食品、瓜皮果核、花卉绿植、中药药渣等易腐的生物质生活废弃物。

可回收物
废纸张、废塑料、废玻璃制品、废金属、废织物等适宜回收、可循环利用的生活废弃物。

有害垃圾
废电池、废灯管、废药品、废油漆及其容器等对人体健康或者自然环境造成直接或者潜在危害的生活废弃物。

废纸类
旧报书本、箱纸板(旧纸板箱)、报纸、废弃书本、快递纸袋、打印纸、信封、广告单等。

废玻璃
平板玻璃、瓶料玻璃等。

废塑料
PET瓶、塑料包装物、食用油桶、塑料碗(盆)、塑料盒子(食品保鲜盒、收纳盒)、塑料衣架、施工安全帽、PE塑料、PVC、亚克力板、塑料卡片、密胺餐具、kt板等。

废金属
黑色金属(废钢、废铁)、有色金属(废铜、废铝、废锡、废不锈钢)、其他金属(包括稀贵金属)、金属瓶罐(易拉罐、食品罐/桶)、金属厨具(菜刀、锅)、金属工具(刀片、指甲剪、螺丝刀)。

废织物
旧衣服、旧棉被、旧包、旧皮带、旧丝绸制品等。

大件垃圾
单位和个人在日常生活中产生的，重量超过5 kg，或体积超过0.2 m³，或长度超过1 m的家具、寝具、电器产品、自行车等。即使分解后仍视作大件垃圾。其体积较大、整体性强，需要拆分再处理后资源化利用或者无害化处置的废弃物品。

小型废弃电子设备
手机、耳机、数码相机、便携式摄像机、便携式音乐播放器、便携式游戏机、便携式汽车导航仪、电子辞典、计算器、遥控器、线缆、交流电适配器等附件。除此之外的电子设备只能归为金属、陶瓷、玻璃类垃圾或大件垃圾。

图4.1 生活垃圾分类类别目录

4.1.2 层次结构模型的设计

A市生活垃圾源头精细化分类研究采用群决策层次分析法,并使用yaanp网络层次分析法软件构建模型、计算和分析。群决策层次结构模型的构建步骤如下。

1. 建立层次结构模型

建立的递阶层次结构如图4.2所示,将决策性问题所包含的因素划分为目标层、准则层和方案层。目标层表示系统分析要实现的总目标。准则层表示影响决策结果的主要因素,它可以由多个层次组成,每个层次有多个要素,准则层可下设指标层。方案层即措施层,表示解决问题的方案和措施。

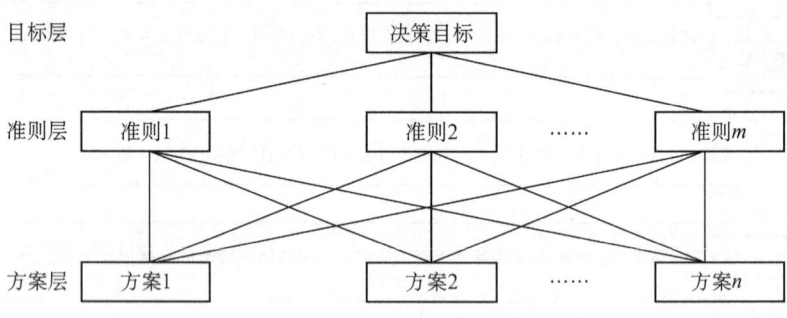

图 4.2 递阶层次结构图

2. 构造判断矩阵

判断矩阵元素的值反映了人们对各因素相对重要性的认识,表达了某一层次各因素针对上一层次某一因素的相对重要性比较的结果。构造判断矩阵使用1~9标度法(表4.1)。

表 4.1 判断矩阵标度及其含义

标度	含义
1	表示两个因素相比,重要性相同
3	表示两个因素相比,一个因素比另一个因素略重要
5	表示两个因素相比,一个因素比另一个因素较重要
7	表示两个因素相比,一个因素比另一个因素非常重要
9	表示两个因素相比,一个因素比另一个因素绝对重要
2,4,6,8	介于1,3,5,7,9两个相邻标度值之间
倒数	因素i与j比较的判断,则因素j和i比较的判断$a_{ij}=1/a_{ij}$

3. 层次单排序及其一致性检验

层次单排序指计算判断矩阵 A 满足等式 $AW = \lambda_{\max} W$ 的最大特征值 $\lambda_{\max}$ 和对应特征向量 W。为进行判断矩阵的一致性检验,定义一致性指标 CI。

$$CI = \frac{\lambda - n}{n - 1} \tag{4.1}$$

根据一致性指标 CI 的数值,查出平均随机一致性指标 RI 的数值(表4.2)。判断矩阵一致性与否,需计算随机一致性比率 CR,定义随机一致性比率 CR。

$$CR = \frac{CI}{CR} \tag{4.2}$$

当 $CR \leqslant 0.1$ 时,表明该判断矩阵符合一致性;当 $CR > 0.1$ 时,表明需重新比较判断矩阵。

表 4.2 判断矩阵平均随机一致性指标 RI 值

阶数	1	2	3	4	5	6	7	8	9
RI	0.00	0.00	0.58	0.90	1.12	1.24	1.32	1.41	1.45

4. 层次总排序及其一致性检验

层次总排序由最高层次向最低层次逐层进行,指同一层次的各因素对于目标层的相对重要性排序。其一致性检验方式与单排序类似。

4.1.3 生活垃圾源头精细化分类方案评价指标

结合 A 市生活垃圾分类实际情况,根据经济、社会、环境 3 方面影响因素建立准则层。

1. 经济因素

在经济因素的指标层中,主要考虑时间成本、投资及运行费用、资源回收收益 3 个因素的影响。

时间成本:居民、政府和环保部门等相关人员在实施不同生活垃圾分类方案时花费的时间。

投资及运行费用:实施不同生活垃圾分类方案所需投入的垃圾分类收集容器和运输工具以及人工费用等。

资源回收收益:在实施不同生活垃圾分类方案后,资源回收的垃圾所产生的经济收益。

2. 社会因素

在社会因素的指标层中,主要考虑以下 5 个因素:公众满意度、文化程度、经济收入情况、生活习惯、政府管理难易度。

① 公众满意度：公众对各生活垃圾分类方案的满意程度。
② 文化程度：参与该市生活垃圾分类的市民的文化程度高低。
③ 经济收入情况：参与该市生活垃圾分类的市民的经济收入情况，由于生活垃圾分类工作通常以家庭为单位，所以经济收入情况以家庭年收入为基础。
④ 生活习惯：该市市民日常生活中的饮食习惯、生活垃圾分类习惯和投掷垃圾习惯等。
⑤ 政府管理难易度：政府对不同生活垃圾分类方案进行管理的难易程度。

3. 环境因素

在环境因素的指标层中，主要考虑以下3个因素：减量贡献、资源循环、环境污染。
① 减量贡献：分类后减少的垃圾量占分类前垃圾总量的百分比。
② 资源循环：分类后综合回收利用的垃圾量占分类前垃圾总量的百分比。
③ 环境污染：在实施不同生活垃圾分类方案过程中所产生的渗滤液、恶臭和病原菌等对环境造成的污染。

4.1.4 层次结构模型的构建

图4.3为A市生活垃圾源头精细化分类方案评价模型层次结构图。目标层A为该市生活垃圾源头精细化分类方案，准则层B为方案优化所涉及的三大因素，指标层C是针对准则层各因素的细化准则，方案层M是4种该市生活垃圾源头精细化分类方案。

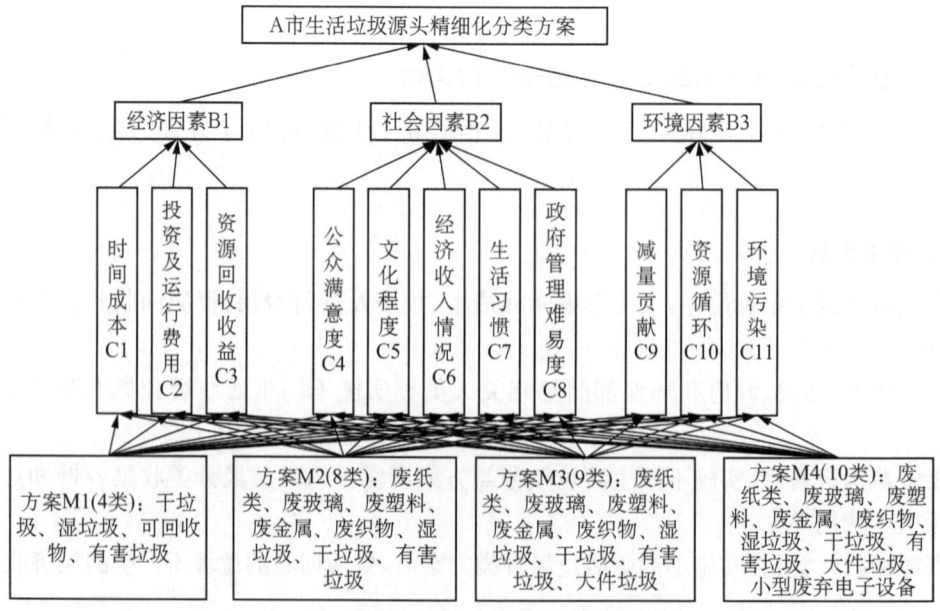

图4.3 A市生活垃圾源头精细化分类方案评价模型层次结构图

4.1.5 群决策专家调查及分析步骤

1. 专家调查表的设计与发放

根据层次分析法5级9等的要求,制作"A市生活垃圾源头精细化分类方案调查问卷",分别发放给该市环卫行业领域的专家学者、环保公司人员、街道办事处、环卫作业人员、居民等,共回收有效问卷47份。

2. 专家调查数据分析步骤

将47份有效问卷的调查数据导入yaanp软件,使用群决策功能构造判断矩阵进行数据分析。

(1) 群决策判断矩阵计算参数设定

判断矩阵计算方法:判断矩阵计算方法可以选择幂法、和法和根法。根法或和法在计算残缺可接受判断矩阵时存在问题,通常优先选择使用幂法。

一致性修正算法及精度:yaanp软件可以对不一致的判断矩阵进行自动修正,使之满足一致性要求。修正方法可选择自动选择、最小改变或最优方向。对于一致性修正问题来说全局最优解并不一定对应实际中的最优(并不一定是消除专家数据误差的最优方案),因此通常可以选择低精度。

补全残缺判断矩阵:回收的问卷中,各专家均对所有问题进行选择,因此不存在补全残缺项。

极限矩阵计算方法:极限矩阵计算指的是根据加权超矩阵计算极限矩阵的过程,yaanp软件提供了五种不同的极限计算方法:标准算法、新层次算法,极限、新层次算法,分块重整-左上归一算法以及分块重整-完整归一算法。

(2) 群决策

设定专家权重:专家用"权重"来表示其决策数据的重要性。为了降低专家权重对结果的影响,采用平均分配的方法确定各位专家权重。

专家数据集结方式:yaanp软件中群决策专家数据集结方式分为计算结果集结和判断矩阵集结,可以采用计算结果集结与判断矩阵排序权重加权算术平均。

4.1.6 指标层单排序权重分析

1. 经济因素 B1 单排序权重

由表4.3可知,时间成本C1-M的层次单排序为$[0.583587, 0.220618, 0.111815, 0.083980]^T$,方案M1到方案M4的权重呈下降趋势,方案M1和方案M2、M3、M4权重差异显著,方案M2、M3、M4权重相当。上述结果表明受访者认为方案M1所需的时间成本最短,分类方案越精细化,垃圾分类过程中所耗费的时间越多。投资及运行费用C2-M的层次单排序为$[0.604598, 0.226996, 0.098332, 0.070073]^T$,投资及运行费用包括投入的垃圾分类收集容器和运输工具以及人工费用等。方案 M1 权重最高,表明在投资及运行费用方面,当前该市实施的四分法与各精细化分类方案相比更有优势。垃圾分类精细化后需要投入更多的人力物力来引导和激励居民实施垃圾分类。方案 M3、M4 权重相当,表明投资及运行费用对选择方案 M3、M4 的影响不大。

资源回收收益 C3-M 的层次单排序为 $[0.053939, 0.108507, 0.272699, 0.564855]^T$,方案 M1 到方案 M4 的权重呈递增趋势。资源回收收益主要源于可回收物的再生利用,随着分类方案的精细化,生活垃圾资源化程度不断提高,回收收益也随之增加。经调研发现,该市部分小区仅有两种分类的垃圾投放点,这导致居民容易将原本可资源化利用的可回收物错投至干垃圾桶中。精细化方案的提出主要是针对可回收物这一类的再细化,居民对于"可回收物"的内涵和界定将更为明确。

2. 社会因素 B2 单排序权重

由表 4.3 可知,公众满意度 C4-M 的层次单排序为 $[0.487124, 0.177684, 0.156352, 0.178840]^T$,方案 M1 和方案 M2、M3、M4 权重差异显著,方案 M2、M3、M4 权重相当。上述结果表明在公众满意度方面,传统的四分法与各精细化分类方案相比更具有优势。对于部分居民而言,省时省力是垃圾分类方案选择的重要导向之一。文化程度 C5-M 的层次单排序为 $[0.130752, 0.180046, 0.269001, 0.420201]^T$,方案 M1 到方案 M4 的权重呈递增趋势。目前研究的主流结论是居民受教育程度越高,越具备环境保护的意识,也越容易产生环境保护行为,承担相应社会责任的意愿也越高。精细化分类方案需要居民具有较高的文化程度和素质,才能真正达到精细化的目的。经济收入情况 C6-M 的层次单排序为 $[0.174667, 0.172921, 0.275458, 0.376953]^T$,方案 M4 受该准则影响较大。经济收入水平越高,可支配收入越多,财务自由度越大,更有利于居民接受精细化分类方案。生活习惯 C7-M 的层次单排序为 $[0.172261, 0.180421, 0.256822, 0.390495]^T$,方案 M1 到方案 M4 的权重呈递增趋势,精细化分类对居民良好的生活习惯要求较高。政府管理难易度 C8-M 的层次单排序为 $[0.313465, 0.150072, 0.219308, 0.317155]^T$,方案 M1、方案 M4 权重相当。对于政府而言,方案 M4 的四分法在末端处理处置过程中管理难度加大,而方案 M4 的十分法在源头收集收运过程中管理难度加大。

3. 环境因素 B3 单排序权重

由表 4.3 可知,减量贡献 C9-M 的层次单排序为 $[0.120102, 0.179183, 0.265502, 0.435213]^T$,资源循环 C10-M 的层次单排序为 $[0.042512, 0.143311, 0.291693, 0.522484]^T$,方案 M1 到方案 M4 的权重均呈上升趋势。上述结果表明分类方案越精细化,减少垃圾处理量越明显,对各可回收物的资源循环越有利。从源头将垃圾分类精细化,不同的垃圾选择不同的处理方式,有利于减少垃圾焚烧和填埋处理量,促进资源循环利用。环境污染 C11-M 的层次单排序为 $[0.117270, 0.164300, 0.261933, 0.456497]^T$,表明在环境污染方面,方案 M4 的十分法与其他分类方案相比更具有优势。分类精细化可减少由垃圾混投带来的病原微生物交叉传播和恶臭污染等问题,同时也减少了垃圾处理处置过程对环境造成的污染。

表 4.3 指标层的单排序权重计算表

准则层因素	指标层因素	方案 M1	方案 M2	方案 M3	方案 M4
经济因素 B1	时间成本 C1	0.583 587	0.220 618	0.111 815	0.083 980
	投资及运行费用 C2	0.604 598	0.226 996	0.098 332	0.070 073
	资源回收收益 C3	0.053 939	0.108 507	0.272 699	0.564 855
社会因素 B2	公众满意度 C4	0.487 124	0.177 684	0.156 352	0.178 840
	文化程度 C5	0.130 752	0.180 046	0.269 001	0.420 201
	经济收入情况 C6	0.174 667	0.172 921	0.275 458	0.376 953
	生活习惯 C7	0.172 261	0.180 421	0.256 822	0.390 495
	政府管理难易度 C8	0.313 465	0.150 072	0.219 308	0.317 155
环境因素 B3	减量贡献 C9	0.120 102	0.179 183	0.265 502	0.435 213
	资源循环 C10	0.042 512	0.143 311	0.291 693	0.522 484
	环境污染 C11	0.117 270	0.164 300	0.261 933	0.456 497

4.1.7 准则层的单排序权重

各准则层的单排序权重计算结果见表 4.4。经济因素 B1-C 的单排序权重为 $[0.310\,135, 0.330\,023, 0.359\,842]^T$,即时间成本 C1＜投资及运行费用 C2＜资源回收收益 C3。上述结果表明在该市生活垃圾源头精细化分类方案的选择中,3 个指标层因素对经济因素影响程度基本相同,资源回收收益相比于其他两个指标层因素在经济因素中更重要。社会因素 B2-C 的单排序权重为$[0.266\,245, 0.166\,836, 0.104\,630, 0.272\,747, 0.189\,541]^T$,即经济收入情况 C6＜文化程度 C5＜政府管理难易度 C8＜公众满意度 C4＜生活习惯 C7。这表明受访者认为在社会因素中起决定性作用的指标层因素是生活习惯,其次是公众满意度,而经济收入情况对社会因素的影响程度不大。环境因素 B3-C 的单排序权重为$[0.211\,872, 0.287\,702, 0.500\,427]^T$,即减量贡献 C9＜资源循环 C1＜环境污染 C11。这表明受访者认为各方案引起的环境污染程度是选择最优分类方案的关键因素,减量贡献和资源循环所占权重相当。治理环境污染是生活垃圾分类管理工作的重点之一。

表 4.4 准则层的单排序权重计算表

	经济因素 B1	社会因素 B2	环境因素 B3
时间成本 C1	0.310 135	—	—
投资及运行费用 C2	0.330 023	—	—
资源回收收益 C3	0.359 842	—	—
公众满意度 C4	—	0.266 245	—
文化程度 C5	—	0.166 836	—
经济收入情况 C6	—	0.104 630	—

(续表)

	经济因素 B1	社会因素 B2	环境因素 B3
生活习惯 C7	—	0.272 747	—
政府管理难易度 C8	—	0.189 541	—
减量贡献 C9	—	—	0.211 872
资源循环 C10	—	—	0.287 702
环境污染 C11	—	—	0.500 427

4.1.8 目标层的单排序权重

指标层 11 个因素对目标层的排序权重为 [0.103 996，0.110 665，0.120 664，0.086 099，0.053 952，0.033 836，0.088 202，0.061 295，0.072 310，0.098 190，0.170 791]^T，即经济收入情况 C6＜文化程度 C5＜政府管理难易度 C8＜减量贡献 C9＜公众满意度 C4＜生活习惯 C7＜资源循环 C10＜时间成本 C1＜投资及运行费用 C2＜资源回收收益 C3＜环境污染 C11。这表明在该市生活垃圾源头精细化分类方案的选择中，环境污染对其影响最大，经济收入情况对其影响最小。

准则层 3 个要素对目标层的排序权重为 [0.335 326，0.323 384，0.341 291]^T，即社会因素 B2＜经济因素 B1＜环境因素 B3。这表明在该市生活垃圾源头精细化分类方案的选择中，三大因素对该市生活垃圾源头精细化分类方案的影响程度基本相同，环境因素影响稍大。

根据多层次排序结果，得出各分类方案相对于目标层的最终权重为 [0.256 308，0.172 222，0.221 381，0.350 090]^T，即方案 M2(八分法)＜方案 M3(九分法)＜方案 M1(四分法)＜方案 M4(十分法)。综合考虑经济、社会和环境因素，方案四的综合权重值最高。该市生活垃圾源头精细化分类最佳方案为十分法：废纸类、废玻璃、废塑料、废金属、废织物、湿垃圾、干垃圾、有害垃圾、大件垃圾、小型废弃电子设备。该分类方案考虑了各因素相对优越的情景。

4.1.9 灵敏度分析

由于数据和偏好可能存在不确定性，因此有必要通过灵敏度分析来评价决策结果的稳定性。通过灵敏度分析，可以掌握某个要素权重变化对决策结果的影响及影响的程度。采用 yaanp 软件的灵敏度分析功能横向和纵向分析灵敏度。

由纵向分析结果可知某中间层要素权重变化对决策总排序权重的影响。纵向分析结果表明 C5—C11 要素权重变化不会改变决策总排序权重。当时间成本 C1 权重大于 0.69，或投资及运行费用 C2 权重大于 0.67，或资源回收收益 C3 权重小于 0.18，或公众满意度 C4 权重大于 0.82 时，方案 M4 和方案 M1 的重要性排序发生变化，方案 M1 将成为最优方案。当资源回收收益 C3 权重大于 0.61 时，各方案的重要性排序变化为：方案 M4＞方案 M3＞方案 M1＞方案 M2。B1、B2、B3 三大准则要素灵敏度均较高。

由横向分析结果可知某备选方案的权重受中间层要素权重变化的影响程度。灵敏度横向分析结果如图4.4所示，x 轴为各中间层要素，y 轴为备选方案权重受权重变化影响而变化的范围。在14个要素中，经济因素B1等8个要素对方案M1的权重变化范围影响超过0.05。方案M1受环境因素B3权重变化的影响程度最强，权重变化范围高达0.270 509；方案M1受政府管理难易度C8权重变化的影响程度最弱，权重变化范围为0.007 473。社会因素B2等9个要素对方案M2的权重变化范围低于0.01。方案M2对资源回收收益C3的灵敏度最高（0.038 682），对文化程度C5的灵敏度也最高（0.000 206）。各要素对方案M3的权重变化范围影响最高的为环境因素B3（0.083 960），最低为生活习惯C7（0.001 333），时间成本C1等11个要素对方案M3的权重变化范围影响低于0.05；对方案M4的权重变化范围影响最高的为环境因素B3（0.201 496），最低的为生活习惯C7（0.006 857），公众满意度C4等8个要素对方案M3的权重变化范围影响低于0.05。上述结果说明各要素的权重变化对方案M1和方案M4的权重变化影响较大，对方案M2和方案M3的权重变化影响较小。各方案对环境因素B3的灵敏度均较高，即该要素权重发生较小的变化后，各方案的排序结果就会发生变化。

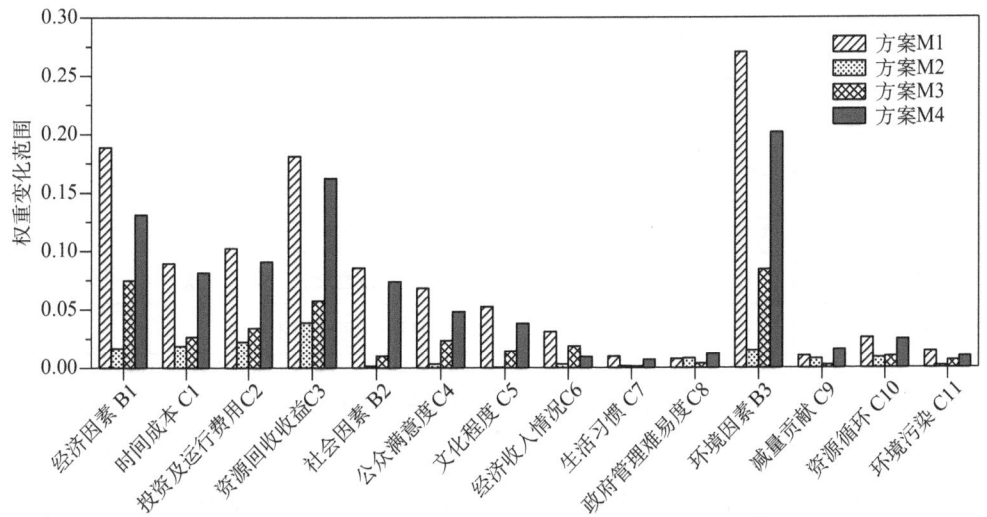

图4.4 A市生活垃圾源头精细化分类方案的灵敏度横向分析结果

4.2 生活垃圾潜在环境卫生风险识别

我国城市生活垃圾中丰富的有机物和水分为微生物的生长提供了良好的条件，但同时它们在生活垃圾贮存过程中也会自发降解产生大量恶臭气体。生活垃圾是病原微生物的来源，包括大肠杆菌、沙门氏菌、金黄色葡萄球菌、志贺氏菌、变形杆菌和粪肠球菌。挥发性有机化合物（VOCs）是主要的恶臭气体来源，在垃圾填埋场、中转站等垃圾贮存场所中检测到的主要VOCs种类包括含硫化合物、卤化化合物、芳香烃和碳氢化合物等。

生活垃圾中携带大量的微生物（表4.5），这些微生物及有害代谢产物能悬浮并逸散到空气中形成气溶胶,使生活垃圾成为微生物气溶胶重要的来源。微生物气溶胶可以通过呼吸道、皮肤等途径进入机体,高浓度的微生物气溶胶会引发呼吸道感染、皮肤过敏等健康问题,一定条件下还会对人类表现出易感性、致敏性和致癌性,尤其是对免疫力低下的人群可能造成严重的健康威胁。传染性废物的感染危害见表4.6。

表4.5 生活垃圾中常见致病菌及其灭活条件

名称	灭活条件
沙门氏伤寒菌	46℃以上不生长;55~60℃,30 min 内死亡
沙门氏菌属	56℃,1 h 内死亡;60℃,15~20 min 死亡
志贺氏杆菌	55℃,1 h 内死亡
阿米巴属	68℃死亡
无钩涤虫	71℃,5 min 内死亡
美洲钩虫	45℃,50 min 内死亡
流产布鲁氏菌	61℃,3 min 内死亡
化脓性细球菌	50℃,10 min 内死亡
酿脓链球菌	54℃,10 min 内死亡
结核分枝杆菌	66℃,15~20 min 内死亡
牛结核杆菌	55℃,45 min 内死亡
牛海绵状脑病病毒	高温高压强碱,300~400℃持续 3~5 h 可消灭
口蹄疫病毒	60℃水浴,5~15 min 可灭活;80~100℃迅速死亡,pH<6 或 pH>11 迅速灭活
新型冠状病毒	56℃,30 min 可灭活;75%乙醇,含氯消毒剂可消毒

表4.6 传染性废物的感染危害

感染种类	主要致病微生物	传播途径
消化系统感染	沙门氏菌、志贺氏菌、弧菌、霍乱肠菌、长蠕菌	排泄物/呕吐物
呼吸系统感染	分枝杆菌、麻疹病毒、链球菌	吸入/唾液
视觉系统感染	疱疹病毒	眼睛分泌物
生殖系统感染	淋病病毒、疱疹病毒	生殖器分泌物
皮肤感染	链球菌、杆状菌	脓汁、皮肤分泌物
呼吸系统感染	脑膜炎病毒	脑脊髓的流体
密切接触传播	拉沙病毒、埃博拉病毒、马尔堡病毒	血液/排泄物
甲型肝炎	甲型肝炎病毒	排泄物
乙型、丙型肝炎	乙型肝炎病毒和丙型肝炎病毒	血液和体液

随着生活垃圾产量的增加,人们对垃圾所带来的恶臭和微生物污染及其健康风险的关

注程度日益增加。在恶臭影响方面，国内外已开展了较多的关于设施和点位的恶臭强度、恶臭气体成分、扩散规律及其对于人体健康影响的研究，《工作场所有害因素职业接触限值 第1部分：化学有害因素》(GBZ 2.1—2007)对硫化氢、氨气等恶臭成分在工作场所的接触限值给出了具体规定，但是投放点、垃圾房等场所的恶臭气体释放强度相对较低。

在微生物影响方面，华北地区某填埋场作业区及渗滤液处理区的空气细菌浓度分别为5 437 CFU/m³和9 460 CFU/m³，并检出莫拉代菌等多种潜在致病菌。在加拿大魁北克某堆肥场中发现空气细菌浓度高达5.03×10^5 CFU/m³，显著高于周边地区，增加了从业人员患呼吸道过敏性或肠道疾病的风险。在垃圾填埋场真菌气溶胶的检测中，发现了21种具有明显的细胞毒性的细菌，对工人和周围居民存在健康风险。同时，有研究表明垃圾处理处置工人的呼吸缺陷疾病发病率偏高，且易感染相关传染病。

在垃圾收集点、吊装点、压缩站和垃圾焚烧作业点均可检出大肠菌群、沙门氏菌、志贺氏菌、变形杆菌等。某有机垃圾中检出埃希氏菌、志贺氏菌、沙门氏菌、粪链球菌四种病原菌，细菌总数在夏季达到最高。在某市环卫工作场所中，压装站、填埋场、焚烧厂进料平台的细菌数最高达880 CFU/m³，霉菌菌落总数最高达850 CFU/m³。在某区转运站垃圾压缩机运行期间，空气中总微生物浓度高达7 567 CFU/m³。对某垃圾转运站渗滤液进行微生物群落分析，发现垃圾转运站渗滤液中微生物种类丰富，细菌群落呈现多样性。南方某中型垃圾回收站的垃圾压缩机细菌总数达到13～17 CFU/cm²，垃圾渗漏液细菌总数均高达1 000 CFU/mL，同时检出大肠菌群、沙门氏菌及霉菌。

随着生活垃圾分类政策的实施推进，垃圾房的数量不断增加。垃圾房是生活垃圾的初始贮存场所，通常位于居民区内，居民在固定投放时间将装有垃圾的垃圾袋放置于垃圾房内。垃圾房中的垃圾桶一般有4类，用于分类储存干垃圾、湿垃圾、可回收物和有害垃圾。部分生活垃圾在短期储存期间会产生大量病原微生物和恶臭，这些病原微生物可附着在垃圾桶等设施上，还可形成微生物气溶胶，可能会对附近居民和环卫作业人员的健康造成不利影响，除了有可能造成各种急慢性疾病，如支气管炎、腹泻、胃肠炎和皮炎等，还有可能伴随着致癌风险。目前国内外对垃圾房可能存在的恶臭及微生物污染的相关研究较少。人们常将生活垃圾与受污染的医疗垃圾放在同一个垃圾袋中并放置于垃圾房内，导致垃圾房内的垃圾上可能存在病毒，给相关环卫作业人员带来严重的环境卫生风险。垃圾房内的环境卫生风险防控已成为日益被关注的问题，定期消毒除臭是其环境卫生风险防控的一项重要措施。

4.3 生活垃圾环境卫生风险防控

4.3.1 常用消毒除臭方法及消毒剂

消毒指杀灭或清除传播媒介上的病原微生物，使其达到无害化的处理方法。根据《消毒技术规范》(2002版)，各类致病微生物对消毒剂的敏感性如下：亲脂性病毒＞细菌繁殖体＞真菌＞亲水病毒（没有脂质包膜）＞分枝杆菌＞细菌芽孢＞朊病毒。根据消毒原理的不同，消毒方法可分为物理消毒法和化学消毒法。物理消毒法是用物理方法杀灭或清除病原微生物和其他有害生物,包括热力消毒、紫外线消毒、电离辐射消毒、微波消毒等。化学消毒法是利用化学消毒剂与废弃物充分混合,实现废弃物中传染性病菌的杀灭或失活。按照反应类型不同,消毒剂还可进一步分为氧化型和非氧化型,氧化型主要包括含碘消毒剂、含溴消毒剂、含氯消毒剂、过氧化物类消毒剂、二氧化氯、臭氧等;非氧化型包括醇类消毒剂、酚类消毒剂、胍类消毒剂、季铵盐类消毒剂、醛类消毒剂等。按杀灭微生物的能力不同,消毒方法可分为高、中、低水平消毒,见表 4.7。

表 4.7 消毒方法的比较

消毒水平	作用范围	常用消毒剂
高水平消毒	杀灭一切细菌繁殖体包括分枝杆菌、病毒、真菌及其孢子和致病性细菌芽孢	含氯消毒剂、含溴消毒剂、二氧化氯、过氧乙酸、过氧化氢、臭氧、紫外线等
中水平消毒	杀灭细菌繁殖体、分枝杆菌、真菌和病毒	碘类消毒剂、醇类及醇类复方消毒剂、酚类消毒剂
低水平消毒	杀灭一般细菌繁殖体和亲脂病毒	季铵盐类消毒剂、胍类消毒剂、碱类消毒剂

美国环境保护署公布了一份用于杀灭新冠病毒的消毒剂产品清单。在列出的 535 种产品中,出现频率最高的是季铵盐类消毒剂、过氧化氢、次氯酸钠和乙醇。结合垃圾房特点、实际消毒需求,本书详细列出常用消毒剂的特点、原理、使用方法等,并列出常用消毒方法。

1. 乙醇

乙醇属于中效消毒剂,是最常见的消毒剂之一,其消毒作用较快、消毒效果可靠、无毒、对金属无腐蚀性,多用于手及皮肤消毒和较小物体表面消毒,因其属于易燃易爆品,故不建议用于大量喷洒喷雾消毒。乙醇消毒机理是通过脱水作用使蛋白质变性以及渗透作用破坏细胞壁,同时还可破坏微生物酶系统,对细菌繁殖体、真菌及病毒有较好的杀灭作用,但其对细胞芽孢无杀灭作用。灭菌的定义是可杀灭一切微生物(包括细菌芽孢)达到灭菌保证水平的方法。故乙醇只能用于消毒,不能用于灭菌。通常使用 75% 乙醇消毒,乙醇浓度太低达不到杀菌作用,浓度太高会使菌体表面蛋白质凝固,形成一层膜,阻碍乙醇进入细胞膜,达不到消毒目的。乙醇除臭效果有限。《消毒剂使用指南》建议对于皮肤,使用 70%~80% 乙醇涂擦皮肤表面 2 遍,作用 3 min;对于较小物体表面,使用 70%~80% 乙醇擦拭物体表面 2 遍,作用 3 min。

2. 含氯消毒剂

含氯消毒剂是指溶于水并产生次氯酸的消毒剂,以有效氯计,含量以 mg/L 或 % 表示。含氯消毒剂包括无机氯化合物(如次氯酸钠、次氯酸钙、氯化磷酸三钠)、有机氯化合物(如二氯异氰尿酸钠、三氯异氰尿酸钠、氯铵 T 等),可杀灭各种微生物,包括细菌繁殖体、病毒、真菌、结核杆菌和抗力最强的细菌芽孢。其杀灭微生物机制是在水中形成的次氯酸可发挥氧化作用,使蛋白质等其他物质变性,导致微生物死亡。含氯消毒剂属于高效消毒剂,具有广谱、高效、低毒、价廉、使用方便等优点,但也存在有刺激性气味、对金属有腐蚀性、对织物有漂白和褪色作用、受有机物影响大、不稳定等缺点。常用的消毒方法有擦拭、喷洒等。《消毒剂使用指南》建议物体表面消毒时,使用浓度 500 mg/L;疫源地消毒时,物体表面使用浓度 1 000 mg/L,有明显污染物时,使用浓度 10 000 mg/L;室内空气和水等其他消毒时,依据产品说明书即可。同时,含氯氧化剂通常还具有除臭的作用,原理是通过其主要成分次氯酸的氧化性来分解臭气,如次氯酸与氨气经过复分解反应生成氯胺与水。

3. 二氧化氯

二氧化氯具有强氧化性,可杀灭病毒、细菌、原生生物、藻类、真菌和各种孢子及孢子形成的菌体。二氧化氯属高效消毒剂,具有广谱、高效、速效、安全、无"三致"效应、刺激性小等优点,但同时其也有漂白性和金属腐蚀性等缺点。二氧化氯气体须在无人条件下使用,使用液体二氧化氯消毒剂时应佩戴个人防护用具。《消毒剂使用指南》建议用于物体表面消毒的二氧化氯浓度为 50~100 mg/L,作用 10~15 min。二氧化氯不仅是安全、无毒的绿色消毒剂,而且还在除臭方面表现出显著的效果,它能与异味物质(如 H_2S、NH_3 等)发生脱水反应并使异味物质迅速氧化转化为其他物质。

4. 过氧化物类消毒剂

过氧化物类消毒剂属高效消毒剂,主要包括过氧化氢和过氧乙酸,具有广谱、高效、无毒、易燃易爆等特点。液体过氧化物类消毒剂有腐蚀性,对眼睛、黏膜和皮肤有刺激性。在实施消毒作业时,应佩戴个人防护用具。《消毒剂使用指南》建议物体表面使用 0.1%~0.2%过氧乙酸或 3%过氧化氢,喷洒或浸泡消毒作用时间 30 min,然后用清水冲洗去除残留消毒剂。利用 10~20 mL/m^3 的 0.2%过氧乙酸或 3%过氧化氢进行气溶胶喷雾对室内空气消毒,作用 60 min 后通风换气。由于其具有强氧化性,同样在除臭方面有一定的效果。

5. 季铵盐类消毒剂

季铵盐类消毒剂是一种阳离子表面活性剂,以氯型季铵盐或溴型季铵盐为主要杀菌有效成分,包括单一季铵盐组分的消毒剂以及由季铵盐组分为主要杀菌成分的复配消毒剂,其杀灭微生物的机制是通过破坏菌体的通透性,使菌体内的蛋白质变性,导致病原微生物死亡。季铵盐类消毒剂属于低效消毒剂,特点是对皮肤黏膜无刺激、毒性小、化学稳定性好、对待消毒物品无损害等。此类消毒剂使用范围广泛,具有除臭、清洁和表面消毒的作用。《消毒剂使用指南》建议物体表面无明显污染物时,使用浓度 1 000 mg/L;有明显污染物时,使用浓度 2 000 mg/L。

6. 石灰水

生石灰属于碱类消毒剂,主要成分是 CaO,不具备直接灭菌能力,加水后生成氢氧化钙(即熟石灰)才具有消毒的效力,石灰水是氢氧化钙的溶液。该溶液中的氢氧根离子具有灭菌作用,能直接作用于病原微生物的原生质,使蛋白质凝固变性而导致失活。其可杀灭细菌繁殖体、病毒、寄生虫卵等，但氢氧化钙的溶解度小，故能解离出来的氢氧根离子不多，消毒作用不强，属低效消毒剂。1%石灰水杀灭一般繁殖型细菌需数小时，3%石灰水杀灭沙门氏菌需 1 h，且其对芽孢和结核菌无作用。同时，该消毒剂缺点是易灼伤组织，有腐蚀性，受有机物影响大。石灰水需现配现用，放置时间过长会变质，失去消毒作用。

7. 臭氧

臭氧属于高效消毒剂，其消毒作用体现在强氧化性上，可杀灭细菌繁殖体和芽孢、病毒、真菌等，并可破坏肉毒杆菌毒素，具有广谱、高效、无残留、无污染、消毒无死角等优点，同时也存在投资大、费用较高、对人体呼吸道黏膜有刺激性、有漂白作用、对金属有腐蚀性等缺点。《消毒技术规范》(2002 版)中建议用于空气消毒的臭氧浓度为 20 mg/m^3，作用 30 min，对自然菌的杀灭率达到 90% 以上，需在封闭空间和室内无人条件下进行，消毒后至少过 30 min 才能进入室内；用于物体表面消毒的臭氧浓度为 60 mg/m^3，作用 60~120 min。臭氧还具有除臭的作用，原理是利用臭氧的强氧化性将 NH_3 和 H_2S 等有恶臭物质氧化成无臭无害的 CO_2 和 H_2O 等气体。

8. 紫外线

紫外线消毒是物理方法，通过对微生物的辐射损伤和破坏核酸的功能使微生物死亡，从而达到消毒的目的。紫外线辐射属于高效消毒方法，紫外线可以杀灭各种微生物，包括细菌繁殖体、芽孢、分枝杆菌、病毒、真菌、立克次体和支原体等。紫外线消毒具有广谱、高效、设备构造简单且占地少、无需化学药品、无剧毒、不易燃、不易爆和无腐蚀性等优点，但其也有穿透力弱，仅能杀灭直接照射到的微生物、使用寿命不长、价格高、无持续杀菌能力等缺点。《消毒技术规范》(2002 版)建议对于物品表面的消毒，杀灭一般细菌繁殖体照射剂量应达到 10 000 $\mu W \cdot s/cm^2$，杀灭细菌芽孢应达到 100 000 $\mu W \cdot s/cm^2$，病毒对紫外线的抵抗力介于细菌繁殖体和芽孢之间，杀灭真菌孢子时应达到 600 000 $\mu W \cdot s/cm^2$，在消毒的目标微生物不详时不应低于 100 000 $\mu W \cdot s/cm^2$；对于室内空气的消毒，室内安装紫外线消毒灯(30 W 紫外灯，在 1.0 m 处的强度>70 $\mu W/cm^2$)的数量为平均每平方米不小于 1.5 W，照射时间不少于 30 min。

使用紫外线消毒时人不得在室内，以免引起损伤，同时还应保持紫外线灯表面的清洁。紫外线除臭机理分为两种：直接降解和紫外光氧化。直接降解是恶臭物质的分子结合键经过高能紫外线的照射被断开，继而形成活性分子碎片的过程。紫外光氧化是光解 O_2 产生臭氧的氧化过程。当紫外线波长在 200 nm 以下，即在真空紫外线波段，紫外线能光解 O_2 生成氧自由基(O·)，O· 与 O_2 结合产生臭氧。臭氧的强氧化性能氧化大部分恶臭物质，同时臭氧在得到复合离子光子的能量后，会以非常快的速度分解，形成具有强氧化能力的羟基自由基(·OH)，它能快速地与恶臭物质发生一系列协同和链式反应，只需 2~3 s 就能将恶臭物质氧化降解成低分子物质、水和二氧化碳，从而达到除臭的目的。常用消毒剂/方法的优缺点及使用方法见表 4.8，常用消毒方法的优缺点见表 4.9。

表 4.8 常用消毒剂/方法的优缺点及使用方法

消毒剂/方法	有效成分	使用方法	应用范围	优点	缺点
乙醇	乙醇含量为 70%～80%(v/v)	皮肤消毒：涂擦皮肤表面 2 遍，作用 3 min；较小物体表面消毒：擦拭物体表面 2 遍，作用 3 min	手、皮肤、较小物体表面	中效；速效；无残留；对金属无腐蚀性	易挥发、易燃；对皮肤黏膜有刺激性；受有机物影响大；不宜大面积使用，不宜用于脂溶性物体表面的消毒，不可用于空气消毒
含氯消毒剂	漂白粉≥20%、二氯异氰尿酸钠≥55%、84 消毒液 2%～5%	擦拭或喷洒，作用 10～30 min。物体表面消毒时，使用浓度 500 mg/L；疫源地消毒时，物体表面使用浓度 1 000 mg/L，有明显污染物时，使用浓度 10 000 mg/L；室内空气和饮水等其他消毒时，依据产品说明书	物体表面、织物品、水、果蔬和食饮具等；饮水酸消毒剂除上述用途外，还可用于室内空气、二次供水设备设施表面、手、皮肤和黏膜	杀菌广谱；高效、速效；低毒；价格低廉；使用方便	对金属有腐蚀性，漂白、褪色作用；对人体的存在对织物有刺激作用；有机物影响大；不稳定，有效氯成分易丧失；有刺激性气味
二氧化氯	活化后二氧化氯含量≥2 000 mg/L	物体表面消毒时，使用浓度 50～100 mg/L，作用 10～15 min；室内空气消毒时，依据产品说明书	水、物体表面、食饮具、食品加工工具和设备、瓜果蔬菜、医疗器械、空气	杀菌广谱、高效、速效、使用范围广；受温度影响小；刺激性小；安全无残留	不宜与其他消毒剂、有机物混用；有漂白作用；对金属有腐蚀性；二氧化氯活化液和稀释液不稳定
过氧化物类消毒剂	过氧化氢（以 H_2O_2 计）质量分数 3%～6%，过氧乙酸（以 $C_2H_4O_3$ 计）质量分数 15%～21%	物体表面消毒，0.1%～0.2%过氧乙酸或 3%过氧化氢，喷洒或浸泡消毒作用时间 30 min，再用清水冲洗残留消毒剂；室内空气消毒时，0.2%过氧乙酸或 3%过氧化氢，用气溶胶喷雾方法，用量按 10～20 mL/m³(1 g/m³)计算，消毒作用 60 min 后通风换气；也可使用 15%过氧乙酸加热熏蒸，用量按 7 mL/m³计算，熏蒸作用 1～2 h 后通风换气	物体表面、室内空气、皮肤伤口消毒、耐腐蚀医疗器械	杀菌广谱、高效、无毒；环境友好	易燃易爆；对金属有腐蚀性，对织物有漂白、褪色作用；对人体有刺激作用

(续表)

消毒剂/方法	有效成分	使用方法	应用范围	优点	缺点
季铵盐类消毒剂	依据产品说明书	擦拭或喷洒,作用15~30 min。物体表面消毒时,无明显污染物时,使用浓度1 000 mg/L;有明显污染物时,使用浓度2 000 mg/L	环境与物体表面(包括纤维与织物)、卫生手、空气	化学性能稳定;对皮肤黏膜无刺激,对消毒物品无损害;低毒;使用方便	易受有机物和水硬度影响;不能与肥皂、碘、过氧化物同用;价格昂贵
石灰水	$Ca(OH)_2$	现配现用	空气、物体表面	价格低廉,应用广泛	消毒作用不强;易灼伤组织;有腐蚀性;受有机物影响大
臭氧	O_3	空气消毒时,使用浓度20 mg/m³,作用30 min;物体表面消毒时,使用浓度60 mg/m³,作用60~120 min	室内空气、物体表面、饮用水、废水、食品	杀菌广谱;高效;无残留,无污染;消毒无死角	投资大,费用较氯化消毒高;臭氧对人体呼吸道黏膜有刺激性;有漂白作用;对金属有腐蚀性
紫外线辐射	消毒使用的紫外线是C波紫外线,其波长范围是200~275 nm,杀菌作用最强的波段是250~270 nm	物品表面的消毒:杀灭一般细菌繁殖体时照射剂量应达到10 000 μW·s/cm²;杀灭细菌芽孢时应达到100 000 μW·s/cm²;病毒体和芽孢对紫外线的抗力介于细菌繁殖体和芽孢之间;在消毒低于目标微生物应达到600 000 μW·s/cm²。室内空气消毒(30 W紫外灯,在1.0 m处的强度≥70 μW/cm²),照射数量为平均每平方米不少于1.5 W,照射时间不少于30 min	室内空气、物体表面和废水及其他液体	杀菌广谱;高效;设备构造简单且占地少;无须添加化学药品;无剧毒、易燃、易爆和腐蚀性等安全隐患	穿透力弱,仅能杀灭直接照射到的微生物;价格高;使用寿命不长;无持续杀菌能力;易受有机物影响

表 4.9 常用消毒方法的优缺点

性能	乙醇	含氯消毒剂	二氧化氯	过氧化物类消毒剂	季铵盐类消毒剂	石灰水	臭氧	紫外线辐射
消毒水平	低	高	高	高	高	低	高	高
"三致"效应	无	有	无	无	无	无	无	无
金属腐蚀性	无	有	有	有	无	有	有	无
皮肤致敏性	有	有	无	有	无	有	有	有
残留	无	有	无	有	有	有	无	无
气味	具有特殊香味,并略带刺激	有刺激性气味	稍有二氧化氯味,刺激性小	有刺激性气味	无	无	有腥臭的气味	无
能否对空气消毒	否	次氯酸消毒剂能,其余否	能	能	能	能	能	能
是否需要室内无人条件	否	否	二氧化氯气体需要,二氧化氯液体不需要	否	否	否	是	是
使用成本	低	低	较低	较高	较高	低	高	高

以上大部分消毒方法均可在消毒的同时达到除臭的效果,其除臭的原理主要是通过氧化、还原分解、中和、加成、缩合和离子交换等化学反应,将恶臭物质转化为无臭物质以消除气味。其中,含氯消毒剂、二氧化氯、过氧化物类消毒剂、臭氧等消毒剂均具有氧化性,可将NH_3和H_2S等恶臭物质氧化成无臭无害的CO_2和H_2O等气体。石灰水则利用其碱性特性与酸性恶臭物质发生中和反应生成中性的无臭味物质。紫外线主要是通过具有强氧化能力的羟基自由基与恶臭物质发生反应,从而达到除臭的目的,而季铵盐类消毒剂和乙醇则除臭效果有限。在选择消毒剂时应充分考虑实际的目的和使用对象,例如对于重点污染区域,首选高效消毒剂,可达到广谱、高效的杀灭效果;对于物体和设备表面,应考虑腐蚀性;对于人体,应考虑安全性和刺激性。

适用于垃圾房的理想消毒剂应具有广谱、高效、速效、无毒、无刺激、无腐蚀和性价比高的特点,可同时对垃圾房内空气和设施表面消毒,还能解决垃圾房恶臭严重的问题。但目前所使用的消毒剂,在不同方面均有使用限制。臭氧和紫外线在使用过程中需保证封闭空间和室内无人条件。居民在投放垃圾过程中无法保证生活垃圾房是封闭状态,同时环卫作业人员常在生活垃圾房内作业,故也无法保证室内无人条件,以上问题限制了该技术在生活垃圾房的使用。乙醇具有易燃易爆的特性,不建议大量喷洒喷雾乙醇来对空气进行消毒,且乙醇除臭效果有限,故乙醇不适合用于垃圾房消毒除臭。石灰水和季铵盐类消毒剂均属于低效消毒剂,只能杀灭一般细菌繁殖体和亲脂病毒,对分枝杆菌、病毒、真菌及其孢子和致病性细菌芽孢等无效,消毒除臭效果均有限。含氯消毒剂、二氧化氯、过氧化物类消毒剂均具有杀菌广谱、高效、毒性低等特点,均可作用于物体表面,同时具有氧化性还有除臭的效果。含氯消毒剂中的次氯酸消毒剂还可用于室内空气、手、皮肤和黏膜,适用范围更广。目前,含氯消毒剂已被广泛用于垃圾房的消毒除臭作业过程中,常见的含氯消毒剂包括次氯酸钠、84消毒液、漂白水等,但其具有腐蚀性、漂白性、挥发性、有刺激性气味、具有不同程度的残留等缺点。因此,有必要开发适用于垃圾房的广谱、高效、速效、无毒、无刺激、无腐蚀、绿色环保的新型消毒除臭产品和技术。

4.3.2　微酸性电解水消毒

近年来,电解水被认为是一种新型的消毒剂。酸性电解水(AEW,pH<2.7)、微酸性电解水(SAEW,pH 5.0~6.5)和中性电解水(NEW,pH 6.5~8.5)是电解水的主要类型。有效氯化合物被认为是电解水中具有杀菌活性的成分,包括Cl_2、HClO和OCl^-。电解水中有效氯化合物的比例与其酸碱度相关,其中HClO的抗菌活性远高于OCl^-。当电解水pH为4~5时,HClO生成最多;在较低的pH下,更多的Cl_2生成;而在较高的pH下,更多的OCl^-生成。在pH为5.0~6.5时,微酸性电解水的主要有效氯成分为HClO,具有强抗菌活性和高稳定性,被广泛应用于预防和控制微生物污染,且有研究表明微酸性电解水对恶臭也有一定的净化作用。而pH为6.5~8.5的中性电解水的主要有效氯成分为OCl^-。所以,在相同的有效氯浓度下,微酸性电解水的抗菌活性高于中性电解水。

同时,有研究表明酸性电解水是食品工业里有效的抗菌剂,但由于其具有挥发性,易释放Cl_2,会导致其有效氯成分损失,从而随着时间的推移酸性电解水的抗菌活性有所降低,且酸性电解水的强酸性也会导致设备腐蚀,以上缺陷限制了酸性电解水在某些场合的应用。相比之下,微酸性电解水的生产原材料——水和稀盐酸成本低且易得,同时其可实现原位生产,易于运输和储存,使用后即变成水,不会产生二次污染物。微酸性电解水最大限度地减少了 Cl_2 废气排放引起的人类健康和安全问题,减少了对物体表面的腐蚀,并限制了光毒性副作用,确保使用安全性。

目前,微酸性电解水已广泛用于室内消毒,如动物圈舍、托儿所、医院、食品厂等,它可通过减少物体表面和空气中微生物的数量来降低疾病在室内传播的可能性。微酸性电解水对广谱微生物具有强抗菌活性,包括蜡样芽孢杆菌、枯草芽孢杆菌、大肠杆菌、单核细胞增生李斯特菌、沙门氏菌、金黄色葡萄球菌、霉菌、猪繁殖与呼吸综合征病毒等。微酸性电解水的抗菌活性依赖于其主要有效氯成分 HClO。HClO 的抗菌作用在于其可穿过细胞壁和细胞膜渗透到微生物细胞中,抑制微生物生长所必需的酶活性,并破坏 RNA 和 DNA。使用微酸性电解水喷雾或冲洗的方式可有效减少物体表面和空气的微生物污染,还可有效减少或消除新鲜水果和蔬菜表面的病原菌。

微酸性电解水属于化学消毒剂,适用于一般化学消毒剂的使用方法。具体使用方法主要包括浸泡法、擦拭法、喷雾法、熏蒸法,其适用范围及方法见表 4.10。

表 4.10 化学消毒剂使用方法

使用方法	适用范围	方法概括
浸泡法	体积小的物品	将待消毒物品放入装有消毒剂溶液的容器中,加盖,作用至规定时间后,取出用清水冲净,晾干
擦拭法	大件物品或其他不能用浸泡法消毒的物品	用布或其他擦拭物浸以消毒剂溶液,依次往复擦拭待消毒物体表面。必要时,在作用至规定时间后,用清水擦净以减轻可能引起的腐蚀作用
喷雾法	空气和物体表面	用喷雾器将消毒剂均匀地喷洒于空气或物体表面进行消毒,作用至规定时间。消毒剂用量以使物品表面全部润湿为度。消毒喷雾顺序宜先上后下,先左后右。喷洒有刺激性或腐蚀性消毒剂时,消毒人员应戴用个人防护用具
熏蒸法	空气和物体表面	在密闭空间中,如密闭的房间或专用消毒柜与消毒袋,用消毒剂气体(如汽化过氧乙酸,汽化过氧化氢和臭氧气体)对物体表面或空气消毒

习 题

1. 辩证分析生活垃圾污染属性与资源属性,以及与源头精细分类间的关系。
2. 简述保障生活垃圾源头精细分类顺利推进的主要措施。
3. 简述目前全国生活垃圾分类主要推行的四分法(干垃圾、湿垃圾、可回收垃圾、有害垃圾)的优缺点。
4. 分析生活垃圾源头分类、中转运输、末端处置过程的主要风险暴露环节。
5. 论述杀灭病原微生物的常用方法,并分析其在环境卫生防控中的适用性。

第 5 章　危险废物及医疗废物处理与资源化技术

5.1　危险废物鉴别方法与智能管控技术

　　危险废物鉴别的目的在于明确管理对象,理清管理责任、控制危险废物风险。首先,危险废物鉴别是危废管理的关键,是危险废物申报登记与统计的基础;其次,危险废物鉴别为我国危险废物管理规划、政策制定提供了科学依据;最后,危险废物鉴别还能为危险废物经营许可管理、转移联单管理提供技术支撑。因此,危险废物鉴别在环境影响评价、环境监察、环境损害司法鉴定等方面均起到重要作用。

　　我国危险废物鉴别程序可以分为:危险废物鉴别普通程序,混合危险废物鉴别程序及危险废物处理后的废物鉴别程序。

5.1.1　危险废物鉴别普通程序

1. 固体废物属性判别

　　依据相关法律规定和《固体废物鉴别标准通则》(GB 34330—2017),判断待鉴别的物品、物质是否属于固体废物,不属于固体废物的,则不属于危险废物。根据《固体废物鉴别导则(试行)》,固体废物的鉴别程序如图 5.1 所示。

2.《国家危险废物名录》鉴别

　　经判断属于固体废物的,则首先依据《国家危险废物名录》鉴别。凡列入《国家危险废物名录》的固体废物,属于危险废物,不需要再进行危险特性鉴别。

　　《危险废物豁免管理清单》中的危险废物,在所列的豁免环节,且满足相应的豁免条件时,可以按照豁免内容的规定执行。豁免环节之外的环节仍然按照危险废物管理。

3. 未列入名录废物鉴别

　　未列入《国家危险废物名录》,但不排除具有腐蚀性、毒性、易燃性、反应性的固体废物,依据《危险废物鉴别标准　易燃性鉴别》(GB 5085.4—2007)、《危险废物鉴别标准　腐蚀性鉴别》(GB 5085.1—2007)、《危险废物鉴别标准　反应性鉴别》(GB 5085.5—2007)、《危险废物鉴别标准　浸出毒性鉴别》(GB 5085.3—2007)和《危险废物鉴别标准　急性毒性初筛》(GB 5085.2—2007)进行鉴别。凡具有腐蚀性、毒性、易燃性、反应性中一种或一种以上危

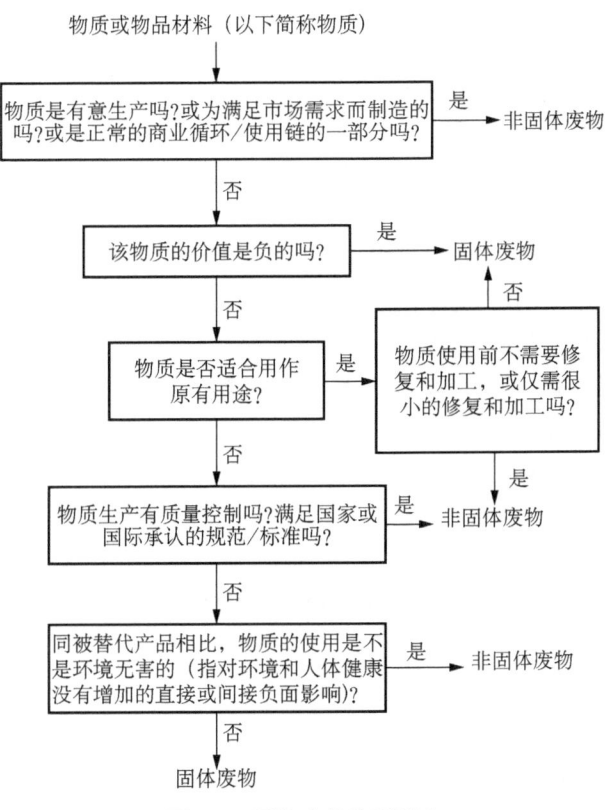

图 5.1 固体废物鉴别程序

特性的固体废物,属于危险废物。

(1) 检测顺序

反应性、易燃性、腐蚀性;浸出毒性:无机物质、有机物质;毒性物质含量:无机物质、有机物质;急性毒性。

(2) 检测中需要注意的原则

① 确认某种特性不存在时,不进行该项目检测,按顺序进行下一项检测。

② 如果一项检测结果超过标准值,即可判定该物质属于危险废物。

③ 根据固体废物的产生源特性首先对可能含量最高的物质进行相应项目的分析检测。

④ 同一种毒性成分在一种以上毒性物质中存在时,以分子量最高的毒性物质进行计算和判断。

(3) 反应性鉴别标准

① 具有爆炸性质。常温常压下不稳定,在无引爆条件下,易发生剧烈变化;标准温度和压力下(25℃,101.3 kPa),易发生爆轰或爆炸性分解反应;受强起爆剂作用或在封闭条件下加热,能发生爆轰或爆炸反应。

② 与水或酸接触产生易燃气体或有毒气体。与水混合发生剧烈化学反应,并放出大量易燃气体和热量;与水混合能产生足以危害人体健康或环境的有毒气体、蒸气或烟雾;在酸性条件下,每千克含氰化物废物分解产生≥250 mg 氰化氢气体,或者每千克含硫化物废物

分解产生≥500 mg 硫化氢气体。

③ 废弃氧化剂或有机过氧化物。极易引起燃烧或爆炸的废弃氧化剂；对热、振动或摩擦极为敏感的含过氧基的废弃有机过氧化物。

(4) 易燃性鉴别标准

① 液态易燃性危险废物。闪点温度低于60℃(闭杯实验)的液体、液体混合物或含有固体物质的液体。

② 固态易燃性危险废物。在标准温度和压力(25℃,101.3 kPa)下因摩擦或自发性燃烧而起火，经点燃后能剧烈而持续地燃烧并产生危害的固体废物。

③ 气态易燃性危险废物。在20℃,101.3 kPa 状态下，在与空气的混合物中体积百分比≤13%时可点燃的气体，或者在该状态下，不论易燃下限如何，与空气混合，易燃范围的上限与下限之差大于或等于12%的气体。

④ 同一种毒性成分在一种以上毒性物质中存在时，以分子量最高的毒性物质进行计算和判断。

(5) 腐蚀性鉴别标准

① 按照《固体废物　腐蚀性测定　玻璃电极法》(GB/T 15555.12—1995)制备浸出液，pH≥12.5,或者 pH≤2.0。

② 在55℃条件下，对《优质碳素结构钢》(GB/T 699—2015)中规定的20号钢材的腐蚀效率≥6.35 mm/a。

(6) 浸出毒性鉴别标准

按照《固体废物　浸出毒性浸出方法　硫酸硝酸法》(HJ/T 299—2007)制备的固体废物浸出液中，若有任何一种危害成分含量超过规定的浓度限值[分析方法具体见《危险废物鉴别标准　浸出毒性鉴别》(GB 5085.3—2007)]，则判定该固体废物是具有浸出毒性特征的危险废物。

(7) 急性毒性初筛鉴别标准

① 经口摄取：固体 LD50≤200 mg/kg,液体 LD50≤500 mg/kg。

② 经皮肤接触：LD50≤1 000 mg/kg。

③ 蒸气、烟雾或粉尘吸入：LD50≤10 mg/L。

④ 其他情况。

对未列入《国家危险废物名录》且根据危险废物鉴别标准无法鉴别，但可能对人体健康或生态环境造成有害影响的固体废物，由中华人民共和国生态环境部组织专家认定。

5.1.2　混合危险废物鉴别程序

具有毒性、感染性中一种或两种危险特性的危险废物与其他物质混合，导致危险特性扩散到其他物质中，混合后的固体废物属于危险废物。

仅具有腐蚀性、易燃性、反应性中一种或一种以上危险特性的危险废物与其他物质混合，混合后的固体废物经鉴别不再具有危险特性的，不属于危险废物。

危险废物与放射性废物混合，混合后的废物应按照放射性废物管理。

5.1.3 危险废物处理后的废物鉴别程序

仅具有腐蚀性、易燃性、反应性中一种或一种以上危险特性的危险废物利用过程和处置后产生的固体废物,经鉴别不再具有危险特性的,不属于危险废物。

具有毒性危险特性的危险废物利用过程产生的固体废物,经鉴别不再具有危险特性的,不属于危险废物。除国家有关法规、标准另有规定的外,具有毒性危险特性的危险废物处置后产生的固体废物,仍属于危险废物。

除国家有关法规、标准另有规定的外,具有感染性危险特性的危险废物利用处置后,仍属于危险废物。

5.1.4 危险废物智能管控技术

1. 实时鉴别智能管控技术

随着我国产业结构在不断调整变化,危险废物的种类和数量也在逐渐增加,虽然当前危险废物的监管已经囊括了工业生产全过程,但在国家层面针对各行业及各种生产工艺的特征,对于危险废物判定的种类划分及指标系数分级尚不够全面精细,使得危险废物评定工作中常常出现错判、漏判的现象,直接影响了后续监管工作的质量与准确性。

从检测技术的发展来看,为了实现污染物的连续监测,研究人员对各类在线式监测系统进行开发和应用,如以色谱法、化学法或传感器法等测试方法为基础,结合光源系统和检测系统,可实现挥发性有机物污染物的在线监测。基于机器学习的智能探测技术的发展为危险废物实时鉴别技术的开发提供了研究基础,近红外光谱、中红外光谱、拉曼光谱和2D荧光光谱等快速光谱"指纹技术"发展迅速,极大提高了痕量检测的准确性。

从危险废物监控技术的发展来看,现阶段国家对危险固体废弃物的监管已经提高到战略高度,因此对危险固体废弃物的监管平台软件也应运而生。通过手机端App、物联数据生成器、危险固体废弃物信息监管平台的联合进行危险废物智能管控技术备受关注。物联网扫描和读取功能的应用,实现了对危险固体废弃物当前信息的把控,从而实时、实地、实人地完成危险固体废弃物从产生到处置的全过程监控,管理端也可以通过采集的实时、实地、实人信息,进行相应的大数据分析、统计。

2. 移动智能管控技术

在危险废物运输过程中,由于缺乏科学监控和部门间的协调联动,一些运输企业为减轻作业负担,存在边运边倒的情况。长期以来,由于缺乏科学有效的管控措施,危险废物的收运和处理无法全面保证应有的规范化运行。

建设危险废物动态管理体系,对危险废物进行处理与跟踪,保证危险废物管理部门能够实时地了解危险废物的动态信息,并且利用智能化的数据管理方式提高对危险废物的监控水平,能够在一定程度上提高危险废物管理的质量和效率。利用全球定位系统(Global Positioning System,GPS)定位装置,可掌握危险废物运输车辆的动态情况,对转移过程进行实时监测。在大数据环境下,危险废物运输车辆GPS定位系统主要实现车辆的监控、历史轨迹实时查询、定位跟踪、状态信息动态监测等。此外,危险废物动态管理体系还能存储以及管理大量的数据信息,扩展性能较高管理效率得到了大幅度的提高。

3. 可溯源智能管控技术

监管部门要求产生危险废物的企业对危险废物进行分类包装、堆放,并在包装物上张贴普通印刷的危险废物标识或者标牌,在厂区建设防盗、防渗漏的临时存放危险废物仓库。而企业则将危险废物交于有资质的危险废物处理公司处理,一般处理流程:首先由危险废物处理公司收集危险废物并采集危险废物的相关信息;然后装车回程,回程过程中车辆按预定路线行驶;最后,收集车辆回到处理站卸载危险废物,再由工作人员将危险废物暂存到仓库中,排队等待后续的处理。在上述整个过程中,张贴的普通标识容易在搬运及堆放的过程中脱落,或者因受到污染而混淆标签上所的内容,而且也存在危险废物的遗失、掉包等问题。

目前开发的危险废物溯源技术,以电子标签、若干手持终端和服务器结合的溯源技术为主。手持终端用于读写电子标签并与服务器通信连接,服务器包括计划定制模块、控制模块和信息溯源模块。计划定制模块用于制订危废从出厂到入库的计划安排表;控制模块用于手持终端向电子标签写入子计划的任务进度信息和执行人员信息,还用于接收手持终端反馈的子计划的任务进度信息和执行人员信息;信息溯源模块用于进行信息比对和信息溯源。

5.2 危险废物固化稳定化与安全填埋技术

5.2.1 危险废物固化稳定化技术

固化稳定化是指将危险废物与某些易形成高度不可渗透性固体基质的材料混合,经过物理化学变化过程,将危险废物转变成高度不溶性的稳定物质,使危险废物中有害物质封闭起来或者呈现化学惰性,从而达到稳定化、无害化、减量化的目的。固化稳定化适用于处理不能焚烧或无机处理的废物,如放射性废物、浓缩液、含重金属污泥、焚烧飞灰和炉渣等。现行的固化稳定化方法主要有水泥固化、熔融固化和化学药剂稳定化等。

1. 水泥固化

水泥是无机胶结剂的一种,其水化反应后可生成坚硬固体,能将有害成分紧密黏结在一起,是将有毒危险废弃物转变为非危险废弃物的最常用固结剂。可用的水泥类型一般可分为普通硅酸盐水泥,火山灰质硅酸盐水泥,矾土水泥以及沸石水泥等。

2. 熔融固化

熔融固化技术也称为玻璃化技术,该技术是在燃料炉内利用燃料或电将飞灰加热到1 400℃左右的高温,使其中的二噁英等有机污染物高温分解,熔渣快速冷却形成玻璃固化体,借助玻璃的致密结晶结构,确保固化体的稳定。熔融固化技术不仅可以控制污染,而且熔融后灰渣致密、减容效果也非常显著。此外,根据需要可以将熔渣制成建筑材料或作为陶瓷、玻璃等生产行业的原料，实现灰渣的资源化利用。

熔融固化的最大优点是可以得到高质量的建筑材料，同时具有减容率高、熔渣性质稳定、无重金属等熔出的优点，国外已研究出多种焚烧飞灰处理的高温熔融炉，并已在日本和欧洲有少量应用。其缺点是需要消耗大量的能源，同时由于其中的 Pb、Cd、Zn 等易挥发重金属元素需进行后续严格的烟气处理，故处理成本较高。

3. 化学药剂稳定化

化学药剂稳定化是利用化学药剂通过化学反应使有毒有害物质转变为低溶解性、低迁移性及低毒性物质的过程。化学药剂稳定化技术处理危险废物，可以在实现无害化的同时，达到少增容或不增容，从而提高危险废物处理、处置系统的总体效率和经济性。

化学药剂稳定化技术以处理重金属废物为主。到目前为止，已发展了许多重金属稳定化技术，如 pH 控制技术，氧化/还原电势控制技术，沉淀技术，吸附技术，离子交换技术等。目前发展较快的螯合型有机重金属稳定化药剂，对多种重金属污染物的稳定化处理效果已经得到试验证明，但其长期稳定性如何，还有待于进一步考察。另外，螯合剂的价格比较昂贵，对二噁英的稳定作用不明显，限制了它的广泛应用。因而应用广、络合能力强的新型螯合剂的开发也是今后的一个研究方向，在螯合剂的稳定性、水溶性、安全性等方面也应做进一步的研究。

5.2.2　危险废物安全填埋技术

安全填埋技术主要指通过填埋的方式，将稳定后的危险废物与周边环境进行安全隔离，从而避免对人体健康和环境造成影响。安全填埋处置技术适用于《国家危险废物名录》中，除与填埋场衬层不相容废物之外的危险废物的安全处置，性质不稳定的危险废物须经固化稳定化后方可进行安全填埋处置，但有机危险废物不适宜采用安全填埋进行处置。安全填埋是危险废物的最终处置方式，目前主要用于填埋处置经过稳定化处理后的危险废物焚烧灰渣等。

5.3　危险废物配伍与焚烧技术

危险废物配伍即结合各拟焚烧物料物理化学性质，合理对物料成分、形态及热值等均质化处理，以达到焚烧成分稳定可控、均匀平衡燃烧的目的，确保入窑物料的热值稳定，保证系统运行的经济可靠；控制卤化物比例，减少燃烧产生的酸性污染物对余热锅炉及烟气处理设备的腐蚀；控制重金属及卤化物含量，确保烟气处理效果和尾气排放正常；控制含氯有机物含量，减少二噁英的产生；控制碱金属含量，避免系统结焦、结构堵塞，减少对耐火材料的影响；控制物料水分稳定性，保证废物干燥阶段正常，提高处置效率。

焚烧处置技术是指利用热量将危险废物中的有机有毒有害物质高温氧化分解的技术，主要包括焚烧和热解气化等技术，适用于处置有机组分高、热值高的危险废物。其中焚烧法能够有效减少危险废物 85%～95% 的体积及 60%～70% 的重量，破坏分解危险有害物质的同时,能够回收焚烧产生的能量,已成为我国最为广泛应用的危险废物处置技术之一。

经过多年的发展,危险废物的焚烧处置技术日益成熟。目前,焚烧炉的炉型主要有回转窑焚烧炉、机械炉排炉、流化床焚烧炉、液体喷注式焚烧炉、多段式焚烧炉等。

1. 回转窑焚烧炉

回转窑焚烧炉是一个轴线与水平稍成倾斜(1/300~1/100)的内衬耐火材料的钢制圆筒,回转窑缓慢旋转,废弃物在炉内一边燃烧,一边向出口处推移滚动,实现焚烧物料的均匀输送和混合,从而使其对危险废物能达到较高的焚毁去除率。回转窑焚烧炉通常的操作温度在 800~1 000℃(熔渣式操作温度在 1 200~1 300℃),废弃物在炉体内经历干燥、热解氧化、燃烧等过程。通常在回转窑后设置二燃室,前端热裂解未完全燃烧的有毒气体在 1 100℃ 以上的氧化状态下完全燃烧。回转窑焚烧炉对废弃物适应性广,对物料的性质和性质的均一性要求低,能够焚烧处置各种固体、液体和黏稠状等形态的危险废物。对于形态复杂的混合危险废物,回转窑已成为国内外危险废物焚烧处置的首选炉型,在世界工业废弃物焚烧领域的市场占有率达到 85%。

2. 机械炉排炉

机械炉排炉将危险废物置于炉排上进行焚烧。在炉排的带动下,危险废物在机械炉排炉中的焚烧过程可分为以下三个阶段:干燥脱水、挥发分析出燃烧和残碳燃烬。由于危险废物形态多样,通常含有液态废弃物,不适合在机械炉排炉中进行焚烧;同时由于危险废物通常存在腐蚀性,在高温下会对炉排造成严重腐蚀。因此,目前机械炉排炉通常用于对回转窑焚烧炉固体残渣的焚烧。

3. 流化床焚烧炉

流化床焚烧炉采用石英砂、石灰石或氧化铝等惰性材料作为床料,利用炉底布风板供给超过其流态化速度所需的空气,使床料呈现流态化,然后投入一定粒径的废物,从而进行焚烧处理。根据通入流化风的流速大小,流化床可分为气泡式流化床和循环式流化床。由于流化床惰性床料的强烈湍混,且具有很大的热容量,流化床焚烧炉床层内气固接触良好,传热、传质工况优越,炉内温度波动小,床内温度维持在 800~950℃,有利于有机物的分解和燃烬,因此流化床焚烧具有较好的燃烧效率和有害废物焚毁率。流化床焚烧炉在处理固体废弃物时,对进料粒径有一定要求,需将其破碎至粒径为 25~50 mm 再进料,这样有利于其在床体中均匀分布,燃烧较完全。

4. 液体喷注式焚烧炉

液体喷注式焚烧炉是指将高热值的流动性废液或低热值的有机污水添加燃料后将其雾化喷入炉体内燃烧,一般适用于焚烧高热值、流动性强、灰分低的废液和有机蒸气。液体喷注式焚烧炉由输送系统、液体分散器和燃烧器构成。为了确保有害物质的彻底焚毁,一般需加设辅助燃烧或二次燃烧室。

5. 多段式焚烧炉

为了保证危险废物中有害物质在焚烧过程中彻底焚毁,通常采用多段式焚烧炉组合的方式。目前多段式焚烧炉一般将回转窑作为一燃室,危险废物在一燃室内热解,热解气体和残渣再由机械炉排炉进行二次焚化燃烧,未燃尽的气体和颗粒进入三燃室充分燃烧。由于回转窑一燃室采用热解气氛,减小了供风量,可以降低回转窑的高温负荷,缓解回转窑高温结焦结渣问题,同时也有利于降低烟气中颗粒物浓度。采用多段式焚烧炉,可以有效提高灰渣和焚烧烟气中有害物质的焚毁率。

危险废物焚烧处置能够实现危险废物的减量化、资源化和无害化处理,但焚烧过程中会产生大量烟气和焚烧灰渣,烟气中通常含有 CO、SO_2、NO_x、HF、HCl 等常规污染物以及重金属、二噁英/呋喃等。这些污染物排放到大气中将对人体健康和环境造成危害,因此国家制定了严格的危险废物焚烧污染控制排放标准。目前,焚烧系统采用选择性催化还原脱硝装置(SCR)、选择性非催化还原脱硝装置(SNCR)、电除尘器(ESP)、布袋除尘器(BF)、湿法烟气脱酸系统(WFGD)等烟气净化设备对焚烧产生的污染物进行控制。

5.4 危险废物碱介质湿法冶金技术

碱介质处理技术即利用碱性流体(包括烧碱、碳酸钠、氨水等)为基本体系,通过物理化学作用进行危险废物处理与资源回收的技术。由于碱性介质具有独特的溶解和破坏性能,在特定危险废物处理过程中具有独特的优势。如碱性溶液可以溶解两性金属,从而使铅锌等金属从无机矿物和废渣中进行分离。

5.4.1 碱介质湿法冶金技术

碱介质湿法冶金就是在碱性溶液(包括烧碱溶液、碳酸钠溶液、氨水等)中通过化学或物理化学作用进行的化学冶金过程。它主要用于从两性金属氧化矿或冶金中间产品中浸出有色金属,分解含氧酸盐矿(如黑钨精矿、独居石)以及从精矿或冶金中间产品中除去酸性或两性物质。苛性钠、碳酸钠、氨水、硫化钠、氰化钠是碱性浸出时常用的试剂。在冶金过程中,碱性试剂一般比酸性试剂反应能力弱,但浸出选择性比酸浸出高,浸出液中杂质少,对设备腐蚀少,因此常用于重金属尾矿、粉尘和废催化剂等危险废物的湿法冶金过程。

在碱介质湿法冶金生产过程中,先将一定粒度的矿石或废渣等原料经过浸出,使欲提取的金属组分由原料充分地转入水溶液,而后再从水溶液中完全地分离出来。湿法冶金主要包括预处理、浸出、净化及金属提取四道工序。

预处理的目的主要是改变原料的物理化学性质,为后续的浸出过程创造良好的热力学和动力学条件,或预先除去某些有害杂质。经过粉碎后,原料粒度变细,具有较大的比表面积,这样可以提高浸出反应的速度。利用机械活化、热活化等手段,提高待浸物料的活性,例如白钨精矿经行星式离心磨机活化 15 min 后,在 Na_2CO_3 溶液中的浸出反应表观活化能由 52.7 kJ/mol 降为 16.7 kJ/mol。原料中的有价金属有时呈稳定的化合物形态,难以直接被浸出剂浸出。利用矿物预分解就可以通过某些化学反应破坏原料的稳定结构,使其变为易浸出的形态。预分解可在高温下进行,例如某些硫化矿可预先在高温下氧化焙烧为易浸出的氧化物;亦可在水溶液中进行,例如白钨矿预先用盐酸分解使 $CaWO_4$ 形态变为易溶于 NH_4OH 的 H_2WO_4 形态。

在水溶液中,利用碱性浸出剂(烧碱、碳酸钠、氨等)与原料作用,使其中有价元素变为可溶性化合物进入水相,并与进入渣相的伴生元素初步分离。利用化学沉淀、离子交换、萃取等提取方法除去溶液中有害杂质,再从溶液中净化析出具有一定化学成分和物理形态的化合物或金属,这些化合物或金属可以是冶金的中间产品,也可以是材料工业的半成品,如锌粉、铅粉等。

5.4.2 锌碱溶性废物和废矿的浸出

含锌废物及尾矿中锌主要以氧化锌(ZnO)、碳酸锌(菱锌矿:$ZnCO_3$)、硅酸锌[异极矿:Zn_2SiO_4 或 $Zn_4Si_2O_7(OH)_2 \cdot H_2O$]及闪锌矿($ZnS$)形态存在。在 $Zn(Ⅱ)-H_2O$ 体系中,可能生成的配合物有 $Zn(OH)^+$、$Zn(OH)_2(aq)$、$Zn(OH)_3^-$、$Zn(OH)_4^{2-}$,在强碱性溶液中锌主要以 $Zn(OH)_4^{2-}$ 形式存在;锌在 $NaOH$ 溶液中的溶解平衡模型为:$[Zn]_T = 0.04347[OH^-]^2$;氧化型锌包括 ZnO、$ZnCO_3$、Zn_2SiO_4,均可在 $NaOH$ 溶液中浸出,而锌的硫化物(ZnS)及复杂化合物铁酸锌($ZnFe_2O_4$)则难溶于 $NaOH$ 溶液。

氧化锌物料在碱溶液中的浸出过程符合关系式 $1-(1-\eta)^{\frac{1}{2}}=kt$,浸出过程受化学反应过程控制;碳酸锌和硅酸锌物料的浸出过程可分为两段,在开始时间段内,$1-\frac{2}{3}\eta-(1-\eta)^{\frac{2}{3}}$ 与浸出时间呈直线关系,活化能分别为 19.95 kJ/mol 和 19.32 kJ/mol;而 5~6 min 以后则是 $1-(1-\eta)^{\frac{1}{2}}$ 与浸出时间呈直线关系,活化能分别为 46.54 kJ/mol 和 32.64 kJ/mol。增加碱浓度、液固比、提高浸出温度和延长浸出时间均可提高锌的浸出率。

氧化锌物料浸出的最佳工艺参数:$NaOH$ 6 mol/L、温度 90℃、液固比 10∶1、浸出时间 90 min,浸出率可达 99% 以上;碳酸锌物料的浸出最佳工艺参数:$NaOH$ 6 mol/L、温度 90℃、液固比 5∶1、浸出时间 60 min、粒径过 100 目筛,浸出率可达 98.5% 以上;硅酸锌物料的最佳工艺参数:$NaOH$ 8 mol/L、温度 90℃、液固比 5∶1、浸出时间 60 min、粒径过 100 目筛,浸出率可达 98% 以上。

传统处理硫化锌矿的方法是通过高温焙烧(750℃)将金属硫化锌氧化为氧化锌后进行酸浸,焙烧过程中生成大量 SO_2 气体,环境污染严重。而以 H_2SO_4、HCl、HNO_3、$HClO_4$ 及氨水等作为浸出剂的硫化锌浸出工艺,需在高温高压或高酸条件下进行,对设备要求高,操作危险、成本大。

针对硫化锌在碱溶液中难以浸出的问题,以不锈钢球为活化介质,在 $PbCO_3$ 的存在下,ZnS 直接转化为 PbS 和 $Na_2Zn(OH)_4$,PbS 通过 Na_2CO_3 溶液转化为 $PbCO_3$,以此循环使用,从而实现了 ZnS 在碱溶液中的浸出。硫化锌转换成可溶的氧化型锌的原理如下:

$$PbCO_3(s) + 3OH^- \Longrightarrow Pb(OH)_3^- + CO_3^{2-}$$

$$Pb(OH)_3^- + ZnS(s) + OH^- = Zn(OH)_4^{2-} + PbS(s)$$
$$PbS(s) + Na_2CO_3(aq) + 2O_2(g) = PbCO_3(s) + Na_2SO_4(aq)$$

在搅拌磨中采用直径 5 mm 的不锈钢球为活化介质,球料质量比 30∶1,温度 90℃,Pb/ZnS 比值为 0.9,搅拌速度 700 r/min,硫化锌的转化浸出率可达 98% 以上。不同 Pb/ZnS 比及搅拌速度对锌浸出率的影响如图 5.2 所示。含硫化锌原料的直接浸出与活化转化后的浸出效果对比见表 5.1。

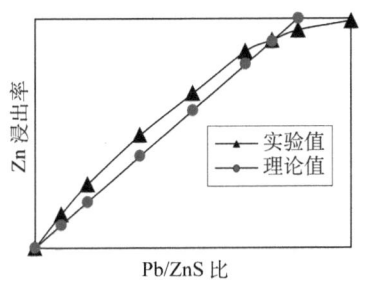 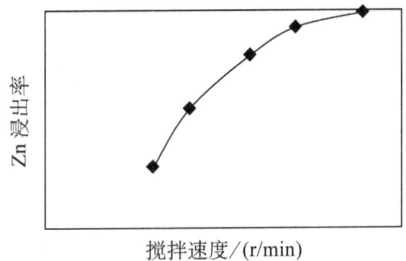

图 5.2 Pb/ZnS 比及搅拌速度对 ZnS 转化浸出的影响

表 5.1 直接 NaOH 溶液浸出及机械活化转化浸出对比试验结果

原料	锌品位	硫化锌所占比例	直接烧碱浸出率	机械活化转化浸出率
锌尾矿 1#	9.1%	50%	50.1%	98.5%
锌尾矿 2#	5.2%	35%	63.2%	99.1%

硫化锌机械活化转化技术拓宽了强碱浸出适用的原料范围,使碱浸技术不仅适合氧化型锌废料的处理,还适合于硫化型锌废料或二者伴生的复杂型含锌废料的处理。该工艺还实现了硫化型含锌物料(如闪锌矿等)的全湿法冶炼,避免二氧化硫的排放,减少环境污染。

含锌废料中锌若主要以铁酸锌形态存在(如炼钢厂电弧炉粉尘)时,传统的火法、酸浸及现有的碱浸工艺均无法有效提取。碱法直接浸出时,锌浸出率随 Fe/Zn 质量比的提高而降低(表 5.2)。

表 5.2 采用 NaOH 溶液直接浸取时锌浸出率与粉尘中锌铁含量的关系

编号	1	2	3
电炉粉尘成分	Zn 21.2% Fe 21.8%	Zn 24.8% Fe 33.0%	Zn 16.8% Fe 39.9%
粉尘中 Fe/Zn 质量比值	1.07	1.33	2.38
直接碱浸取锌浸出率	80.3%	53.5%	33.7%

将粉尘水解处理 4 h 以上,并用清水洗涤后与 NaOH 固体混合,粉尘/NaOH 质量比值高于 1,在 350℃下熔融 1 h,然后用 5 mol/L NaOH 溶液浸取,粉尘中锌的总浸取率可超过 95%(图 5.3)。残渣中的锌含量低于 0.1%,铅含量低于 0.2%,铁含量高达 39%,可用作炼钢原料。$ZnFe_2O_4$ 物料碱熔融的原理如下:

$$ZnFe_2O_4(s) + 2NaOH(s) + 4H_2O \rightleftharpoons Na_2Zn(OH)_4(aq) + 2Fe(OH)_3$$

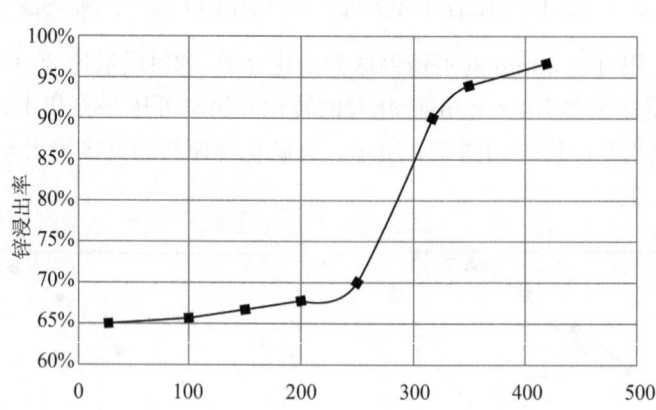

图5.3 熔融温度对锌浸出率的影响

5.4.3 铅碱溶性废物和尾矿的浸出

含铅废物和尾矿中铅的主要形态为 PbO、$PbCO_3$、$PbSO_4$ 和 PbS，针对铅废物和尾矿的特点，本书提出了铅化合物在碱浸体系的 E-pH 关系、铅在强碱性溶液中的存在形态及溶解平衡模型。

在强碱溶液中，铅主要以氢氧化物的形态存在；铅在强碱溶液中的溶解模型：$[Pb]_T = 0.045\,5[OH^-]$，当 NaOH 浓度为 5 mol/L 时，铅的溶解度为 25.56 g/L；PbO、$PbSO_4$ 和 $PbCO_3$ 均可自发溶于强碱溶液中，PbS 则不溶。

含铅废物（元素组成见表5.3）在强碱溶液中浸出的最佳工艺参数：浸出温度 70℃，浸出时间 30 min，NaOH 浓度 5 mol/L，液固比 11:1，浸出率可达到 90% 以上。铅尾矿（元素组成见表5.3）的最佳浸出工艺参数：浸出温度 70℃，浸出时间 2 h，NaOH 浓度 5 mol/L，液固比 25:1，矿粉粒度<0.15 mm，浸出率可达到 98% 以上。当温度和 NaOH 溶液浓度较高，粒径较小时，铅的浸出率在很短的时间内即能达到较高的值，氧化铅尾矿在强碱溶液中浸出反应的表观活化能为 57.44 kJ/mol，对 NaOH 的表观反应级数为 0.745。

表5.3 典型含铅废物及铅尾矿的元素组成

项目	原料元素含量									
原料名称	Pb	Zn	Fe	Cu	Al	Sn	Ca	Si	As	Sb
含铅烟灰	9.76%	5.66%	10.29%	0.57%	0.14%	1.39%	0.52%	0.14%	0.014%	0.019%
铅尾矿	5.61%	2.65%	8.42%	0.88%	0.47%	0.33%	2.27%	0.27%	0.34%	1.12%

5.4.4 电解废液苛化处理与再生

氢氧化钠浸取-电解法炼锌工艺中，生产溶液在整个流程中不断循环，使得电解废液中碳酸盐、硅酸盐等杂质浓度不断增加。为此本书研究了电解废液苛化处理工艺,解决了杂质在循环过程中的积累问题,实现了物料中碳酸盐和硅酸盐的苛化回碱。

在废电解液中加入碱,使碱浓度达到 350 g/L,通过提高碱浓度使碳酸钠、硅酸钠和一些杂质结晶生成沉淀;再向沉淀中加入洗渣等废水,控制苛化液的碱浓度在 80~100 g/L 范围内,碳酸钠的浓度在 40 g/L 以上,氧化钙与碳酸钠质量比值为 1,温度为 90℃。此时 1 m³ 的电解废液可苛化出约 28 kg 碱。电解废液经苛化处理后,Fe、Cu、Mg、Mn、Cd、Cr 等重金属的去除率为 10%~40%,对砷的去除率达到 62%,具有较好的再生效果,确保了工艺中碱溶液的正常循环要求。

5.4.5 碱溶性金属废物碱介质提取技术集成

整个流程包括原料预处理、浸取、二次浸取、浸出液的净化、过滤、电解、金属产品洗涤、真空干燥、电解贫液再生与循环使用等。以含锌废物及尾矿碱介质提取高纯金属锌粉为例,其生产流程、设备连接以及各工段技术参数如图 5.4 所示。

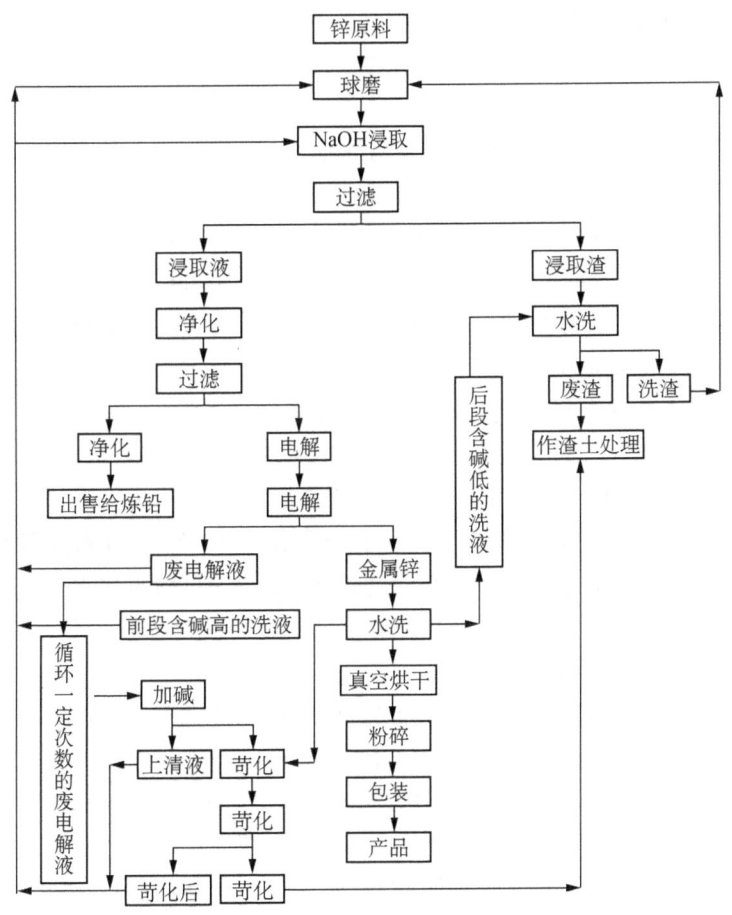

图 5.4 碱介质湿法冶金生产锌粉流程

NaOH 碱介质湿法冶金,已经被广泛应用于各种两性金属的污染控制与资源化。近年来,易天晟、赵由才等已经把该技术成功应用于含锌的镀锌板剥锌,包括汽车制造厂钢板下脚料等。镀锌板破碎后,在烧碱溶液中浸取,金属锌全部转移到溶液中,电解后得到高价值金属锌粉。剥锌后的钢板,附加值大幅度提升,可用于铸造高性能合金材料。

5.5 低温碱性熔盐无毒处理含氯有机固废及资源再生过程与技术

5.5.1 低温碱性熔盐无毒处理含氯有机固废工艺

我国在工业生产过程中产生了大量的含氯有机固废(COWs),包括工业有机残渣、医疗和制药废物、杀虫剂等。此类固废氯含量高、组成复杂,热处理过程中常常产生二噁英、呋喃和挥发性有毒金属,同时高氯含量对设备和产品影响严重,因此无论是焚烧还是水泥窑协同处置均对氯含量有严格的技术界定。随着环保政策的日趋严格,有机固废的脱氯解毒,已逐渐成为固体废物处理与处置的技术要求。

(1) 低温碱性熔盐的优选与热力学性能

二元熔盐 49%NaOH-51%KOH 体系,通过相图分析和热重(TG-DSC)测试发现,二元 NaOH-KOH 能形成共晶,存在最低共熔点,当摩尔比值为 0.4~0.6 时,其共熔点温度只有 180℃,具有良好的热稳定性和流动性,黏度与原油在同一数量级,是水的 10 倍。采用分子动力学模拟结合实验测定的手段明晰了 NaOH-KOH 的热力学性质,发现热力学参数与温度有较强的线性关系,计算模拟与实验对比具有良好的准确性,熔融盐体系中离子自扩散能力的顺序为 $K^+>OH^->Na^+$。300℃时的熔融 NaOH-KOH 的密度为 2.78 g/cm^3,比热容为 10.69 J/(g·K),热膨胀系数为 2.16 g/cm^3,适合作为含氯有机物处理的媒介。

(2) 低温碱性熔盐氧化脱氯过程

以三氯苯(TCB)为主要模型化合物,利用实验室规模的熔融盐反应器,以熔融 NaOH-KOH 为介质,当熔融盐与 TCB 的质量比为 30:1,反应温度为 300℃,反应时间为 150 min 时,熔渣中的氯保留率(CRE)达到了 71.56%。提高反应温度可以升高 CRE,但是不能加快脱氯速率。进一步采用响应曲面法(RSM)和中心复合法(CCD)设计对实验条件进行优化,获得最佳脱氯条件:反应温度为 600℃,空气过剩系数为 2.87,碱料比值为 47.13,此时 CRE 可达 99.8%。方差分析揭示 CRE 受碱料比和温度的影响最为显著。

(3) 低温碱性熔盐无氧还原脱氯过程

在氢氧化物熔融体系中添加氢供体和催化剂,并在隔绝氧气的条件下,可利用脱氯加氢反应实现 TCB 脱氯,且避免二噁英的产生。比较分析了氢氧化物、氢供体和催化剂的种类对 CRE 的影响,发现添加聚乙二醇(PEG)氢供体和零价铁催化剂后,CRE 分别从 68.9% 提高到 92.4%。反应过程分析表明,PEG 作为供氢物质,在催化剂的作用下,可迅速对有机氯进行还原脱氯反应,有机氯被逐步还原脱除,生成氯盐。NaOH/PEG、KOH/PEG 和 NaOH-KOH/PEG(含铁催化剂)为最优组合,该组合对实际有机精馏残渣也具有较好的处理效果,有机氯逐渐转化为无机氯化物,去除率分别为 98.2%、91.2% 和 94.56%。反应过程和密度泛函理论(DFT)分析发现,低温熔体主要通过热活化、吸附进攻、酸碱中和三个阶段反应对有机氯进行去除。在碱性熔体脱氯过程中,OH⁻进攻较为困难,但形成过渡态需要克服的能垒较低,反应释放的能量较大。而氢供体的添加,使其对C—Cl的进攻变得更加容易,但形成过渡态的能垒较大。在熔体体系中添加氢供体,起到了相互促进的作用,从而增强了脱氯效果。

(4)废活性炭的熔盐脱氯与再生利用

饱和活性炭单独热解时,由于过氧化二异丙苯(DCP)和莠去津发生脱附而分离,只有9.7%的有机物发生分解。而在熔体的作用下,发生分解的DCP和莠去津提高到90%以上。对于DCP而言,NaOH-KOH和LiNaK-CO₃作用下保留了56.83%和81.21%的氯,同时活性炭在NaOH-KOH和LiNaK-CO₃中的产率分别为65.40%和78.91%,再生活性炭的比表面积从204 m^2/g分别增加到621 m^2/g和743 m^2/g,孔隙结构增强,且碳酸盐的活化效果稍优于氢氧化物。在对该饱和活性炭进行熔体处置和再生后,由于其比表面积增加,孔隙结构增强,使得吸附能力有所增加。再生一次后,其平均吸附能力增大到298.12 mg/g和105.35 mg/g,分别提高了40.33%和3.18%。

5.5.2 低温碱性熔盐无毒处理含氯有机固废工程技术方案

针对于含氯有机固废,目前的主要处理技术手段为焚烧和水泥窑协同处置。由于原料的高含氯量,焚烧过程中需要合适的配伍以达到进料需求,适合于处理热值相对较高的有机废物。而对于水泥窑协同处置来说,高氯含量影响水泥产品的品质,因而严格限制了进料的含氯量。熔盐处置作为热处理技术手段的一种,由于反应载体的特殊性,可解决焚烧处置过程中产生的酸性气体问题,在固体废物处理处置过程中具有独特的优势。表5.4所列为三种技术的比较,熔盐处置反应虽然产生盐渣相,但其成分主要为无机物,可进行回收利用。熔盐反应的温度较低,尾气处理成本较低,可大大削减投资和运行成本。

表 5.4 熔盐处理技术与传统技术的比较

处理技术	适宜对象	反应温度(℃)	回收产品	加热方式	二次污染程度	处理效果
焚烧	热值较高	850~950	热能	煤气/天然气	大	良
水泥窑协同处置	氯含量低(<3%)	950~1 050	水泥	煤	中	一般
熔盐处置	高卤素含量、高含硫量	400~500	盐	电	小	优

工业规模熔盐氧化处理含氯有机物应包含预处理及给料系统、通风系统、熔盐反应系统、尾气处理系统和排盐处理系统等组成部分,如图5.5所示,其基本设计思路与热解反应类似。熔盐反应一般需要氧气的参与,在实际应用中反应气体常常是空气,因此涉及气体的分配。与常规热解和焚烧工艺不同的是,熔盐氧化需要采用连续性给料装置,反应物料经破碎后,可通过螺旋给料器加入上料斗中,并通过管道导入熔盐浴中。熔盐氧化反应器是系统的主体装置,具有防腐蚀、防结渣结焦的特点,且需要排渣系统。由于反应温度较低(400~

500℃),反应器热源可以是天然气。反应启动时采用天然气燃烧器加热,稳定运行后自身反应热量可维持熔融状态,但需进行适当调控,以防止过热。尾气中由于酸性气体含量低,主要成分为 CO 和小分子气体,采用常规的蓄热式燃烧即可。

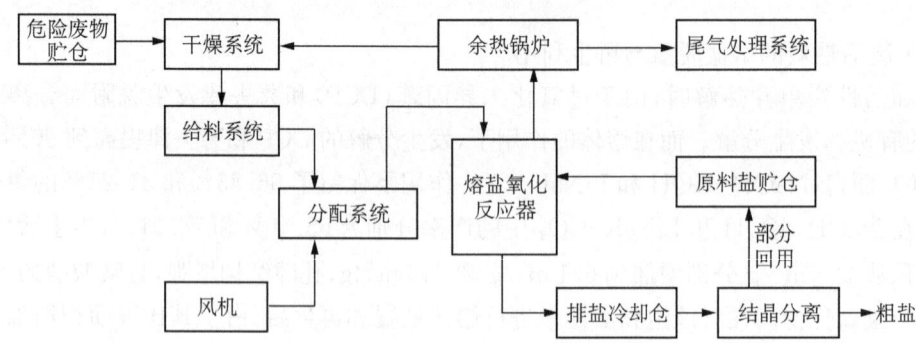

图 5.5 熔盐氧化处理危险废物流程

(1) 预处理及给料系统

危险废物经过分析、化验、称量后进入暂时贮存系统,贮存系统主要作用是贮存一定量的危险废物,缓冲收集系统的波动。由于危险废物的种类及形态繁多,一部分的危险废物可以直接处理,还有部分危险废物需要预处理之后才能再处理。如固体、半固体一般需要混合后再入炉;大块危险废物先需破碎再进行配伍混合。危险废物经过贮存及预处理后通过不同的上料系统进入反应炉,如固体、半固体采用电动双梁起重机上料方式。

(2) 通风系统

完成热处理过程的供风和排放的系统,包括鼓风机、引风机、烟道、烟囱等。

(3) 熔盐反应系统

本系统由料斗、进料机构、熔盐氧化反应器、紧急烟囱等组成。熔盐氧化反应器采用燃料加热,是全部危险废物及辅助燃料燃烧的场所,保证物料充分燃烧完毕,并有相应传动及防护措施。

(4) 尾气处理系统

由于熔盐反应系统的烟气排放量较低,酸性气体浓度也处于较低水平,故直接采用湿法脱酸系统。湿法脱酸是深度脱酸,保证了烟气的严格达标排放,按照现在的工艺,即便是烟气酸性污染物含量较高也能保证达标排放。

(5) 排盐处理系统

危险废物熔盐处理形成的大量残渣通过刮板出渣机收集运送到综合利用厂,进行部分盐的循环利用。不能利用的部分采用填埋的方式处理,残渣浸出毒性满足欧盟与美国土壤修复和资源综合利用标准,远低于国家标准,可以资源综合利用或一般填埋处理。

危险废物由专用车辆运进贮仓(或储罐)。固体及半固体危险废物经送往危险废物贮仓内,大块危险废物先要经过破碎机的破碎,然后进行混合。在贮仓上方的电动双梁起重机用及抓斗将混合后的危险废物抓起,送入熔盐反应器的进料料斗中。根据以上思路,熔盐反应的基本反应流程如下:

① 熔盐氧化反应器的启动。把准备好的熔盐加入罐体中,使用天然气缓慢加热到指定

温度。

② 给料。把原料和空气通过分配装置，通入到熔盐底部；分配装置可合理安排给料和布风，使废渣在盐浴中不至于过分集中而影响反应效率，同时提高熔盐氧化反应器中的气含率，促进氧气的溶解，提高氧化反应效率。

③ 尾气处理。反应过程中，物料中有机物大部分变为 CO、CO_2、SO_2、N_2、NO、HCl 和水蒸气等，SO_2、HCl 和少量 NO 等酸性气体保留在反应体系中变为相应硫酸盐、氯化钠和硝酸盐。尾气中的主要成分为 CO、N_2 和少量 NO、$VOCs$，可引至企业的锅炉中二次燃烧，同时利用余热。

④ 排盐处理。反应过程中，盐逐步积累在反应体系中，且密度较大沉积在底部。当反应器内熔盐液面达到一定高度后，开启反应器底部排盐装置，通过高温排出多余的废盐，使液面回到初始水平或补充新的盐体。熔盐的反应残渣中含有大量的碱金属卤代物（$NaCl$，$NaBr$ 等）和过量的碱，可采用结晶的方法回收卤代盐类。因为氯化钠的溶解度随温度变化不大，而氢氧化钠的溶解度随温度变化很大（表 5.5），因此在较高的温度时使氢氧化钠溶液达到饱和，然后对饱和的氢氧化钠进行降温，则氢氧化钠可析出，从而分离氢氧化钠和氯化钠。

表 5.5　杂质离子相应钠盐的溶解度

相应钠盐	溶解度（g/100 mL）		相应钠盐	溶解度（g/100 mL）	
	10℃	50℃		10℃	50℃
$NaOH$	51.0	145.0	$NaSO_4$	9.1	49.3
$NaCl$	35.8	37.0	$NaNO_3$	80.0	114.0
NaF	3.6	4.5	$Na_2SiO_3 \cdot 9H_2O$	48.0	—
$NaBr$	90.5	11.5			

碱性熔体是一种特殊的反应介质，由于反应是在高温和强碱腐蚀条件下进行，反应器主体材料的选择影响到技术的可操作性、稳定性及数据可靠性。强碱氧化性条件下，氧化铝陶瓷（Al_2O_3）和石英（SiO_2）将与碱性物质反应，而石墨材料易被氧化，故此处选择了三种主要的不锈钢材料（304、316 和 310S）和蒙奈尔合金材料（Monel）研究反应器的腐蚀影响，其主要成分见表 5.6。

表 5.6　四种耐高温材料的基本情况

材料	主要成分	软化温度（℃）	性能
304 不锈钢	铬 18%、镍 8%	650	耐蚀性、抗氧化性和加工性较好，耐强氧性酸
316 不锈钢	铬 16%、镍 10%、钼 2%	800	对盐水卤素溶液的抗蚀性较好
310S 不锈钢	铬 25%、镍 20%	800	耐高温、耐一般酸碱腐蚀
Monel	镍 68%、铜 28%、铁 2%	600	对热浓碱液也有优良的耐蚀性

分别向三种反应器中通入反应物料,温度为 400℃,流量为 3.0 L/min。所得结果如图 5.6 所示。蒸馏残渣在四种反应器脱氯和氧化效果差别不大,其中 Monel 合金反应器中的反应效果稍好,可能是因为该合金中铜铁含量较高,Cu 和 Fe 对反应有少量催化作用,可能提高氯保留率和氧化效率。

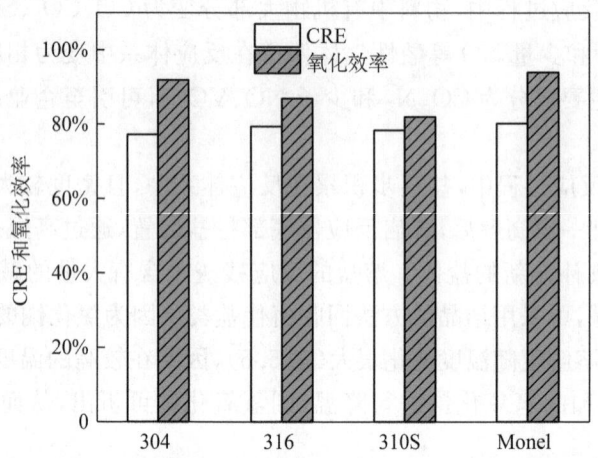

图 5.6 四种反应器中农药蒸馏残渣的 CRE 和氧化效率

反应排盐中重金属含量的高低对于排盐方式的选择具有重要的影响。在不同的反应器中反应 3 h 后,取排盐废物测定其中的 Cr、Ni、Cu 和 Fe 含量,其结果如图 5.7 所示。熔融 NaOH-KOH 对四种重金属的腐蚀比较微弱,对 Cr 的腐蚀析出为 0.2~0.3 mg/kg,Ni 为 0.1~0.2 mg/kg,Fe 为 0.4~0.5 mg/kg。不同材料的腐蚀效果略有差异,Monel 合金的腐蚀程度较小,其次是 310S 不锈钢和 316 不锈钢,304 不锈钢的腐蚀程度较高。由于 Monel 合金中的 Cu 含量较高,故排盐中的 Cu 含量比其余材料要高。相比于飞灰而言,四种材料排盐中的重金属含量都比较低,可满足实际生产需求。

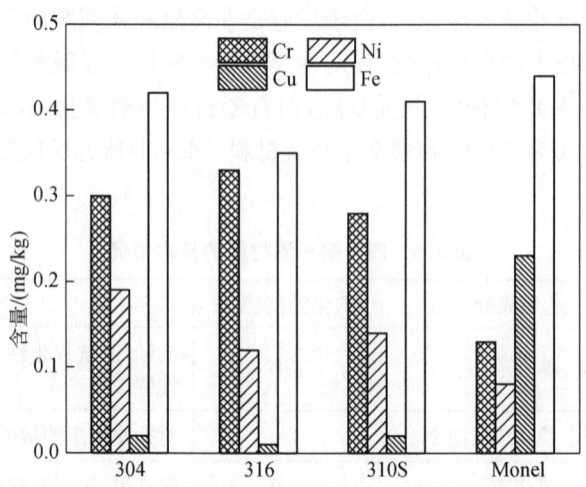

图 5.7 四种反应器排盐中的 Cr、Ni、Cu、Fe 元素含量

对普通焚烧炉而言,处理含氯危险废物较容易出现结焦的现象,这是由于其焚烧温度是800~900℃时的火焰温度是900~1 000℃,熔点低于此温度的危险废物很容易出现结焦现象,严重时需要被迫停炉清焦。此外,在处理热值差异较大的危险废物时更容易出现结焦现象。

在危险废物组成中包含水分、灰分和可燃分,其中可燃分又包含挥发分和固定碳。在危险废物处理过程中,当温度超过100℃时,危险废物开始干燥;当温度超过250℃时可燃分里面的挥发分开始变成小分子气体;当温度超过350℃时热解的小分子气体进行熔盐反应;当温度超过550℃时,可燃分里面的固定碳时开始燃烧。由于熔盐氧化反应器温度较低,其温度在500℃左右,有效避免了焚烧炉的结焦现象,适合处理挥发性较高的含氯有机废物。

5.6 医疗废物收运消毒与资源化利用技术

5.6.1 医疗废物收运技术

1. 医疗废物的收集和贮存

根据《医疗废物集中处置技术规范(试行)》的规定,医疗废物的贮存按贮存地点分为医疗废物产生单位的暂时贮存和处置单位的暂时贮存。医疗废物的产生单位应对医疗废物进行暂时贮存。对设有住院病床的医疗卫生机构应建立专门的医疗废物暂时贮存库房,不设住院病床的医疗卫生机构,如门诊部、诊所、医疗教学、科研机构,当难以设置独立的医疗废物暂时贮存库房时,应设立专门的医疗废物专用暂时贮存柜(箱)。对于医疗废物暂存库房、贮存柜(箱),应设有明显的警示标识,与生活垃圾存放地及人员活动密集区域分开,同时应避免无关人员接触,并做到每日消毒。医疗废物暂存设施应尽量做到日产日清,如实在无法做到日产日清,则应将医疗废物进行低温贮存,存放时间最长不超过48 h。医疗废物处置单位应设有独立的医疗废物暂存库,医疗废物暂存库及储存冷库的运行与管理应满足《危险废物储存污染控制标准》(GB 18597—2001)的有关要求。

2. 医疗废物的运输

根据《医疗废物管理条例》,医疗废物的运输过程由医疗废物集中处置单位负责,医疗废物集中处置单位应当至少每2 d到医疗卫生机构收集、运送一次医疗废物。医疗废物的运输主要是通过陆地车辆运输的方式,驾驶室应与货箱完全隔开,以保证驾驶人员的安全,同时对车厢容积、车厢内部尺寸设计、车厢内部材料、车厢气密性能、隔热性能、防渗和排出性能、货物固定装置及车厢颜色都进行了具体规定。

医疗废物转运车辆可装载GPS实时定位监控系统,确保医疗废物收运全过程的安全、可控。通过GPS监控平台,形成从"医院源头→中途运输过程→焚烧处置点(装卸作业)"的动态化监控;收运驾驶人员均配备对讲机,确保收运的高效率;通过开发运输管理系统等信息化工具,确保收运系统管理的科学高效。

同时，医疗废物处置单位必须设置医疗废物运送车辆清洗场所和污水收集消毒处理设施。医疗废物运送专用车每次运送完毕，应在处置单位内对车厢内壁进行消毒，喷洒消毒液后密封至少 30 min。医疗废物运送的重复使用周转箱每次运送完毕，应在医疗卫生机构或医疗废物处置单位内对周转箱进行消毒、清洗。医疗废物运送车辆应至少 2 d 清洗一次（北方冬季、缺水地区可适当减少清洗次数），或当车厢内壁或（和）外表面被污染后，应立刻进行清洗。禁止在社会车辆清洗场所清洗医疗废物运送车辆。

医疗废物运输作业应满足标准化、规范化、信息化的要求。医疗废物运输作业人员应凭危险废物运输驾驶员/押运员资格证上岗，规范出车。医疗废物运输作业人员在进厂、更衣、车辆例行维护保养、出车、装卸料、车辆清洗、更衣、出厂等一系列工作流程中，都应当严格遵循规范化管理流程，同时，通过过磅称重系统、GPS 监控系统、场地监控系统等信息化手段，实现医疗废物运输过程的信息化。

医疗废物运输过程中需要用到专用包装袋和周转箱，医疗废物包装袋必须满足环保部（现为中华人民共和国生态环境部）2008 年颁布的《医疗废物专用包装袋、容器和警示标志标准》(HJ 421—2008)的规定。医疗废物包装袋及周转箱应印有明显的医疗废物警示标识，形式为直角菱形，警告语应与警示标志组合使用。

5.6.2　医疗废物消毒技术

医疗废物的消毒方式目前主要采用高压蒸汽灭菌法。如果采用高压蒸汽灭菌法对医疗废物进行消毒，医院就必须购置较大的专用高压釜，但在高压蒸汽消毒过程中还会产生挥发性有毒化学物质。也可以采用化学药剂消毒灭菌的方法，该方法常用于传染性液体废物的消毒，用于处理大量的固体医疗废物还有一定难度。灭菌可以作为医疗废物预处理，而不是末端处理。

常用的高压蒸汽灭菌法，适用于受污染的敷料、工作服、培养基、注射器等，蒸汽在高压下具有温度高、穿透力强的优点，在 130 kPa，121℃维持 20 min 能杀灭一切微生物，是一种简便、可靠、经济、快速的灭菌方法。其原理是在压力下蒸汽穿透到物体内部，使微生物的蛋白质凝固变性而将其杀灭。压力蒸汽灭菌器的形式有立式压力蒸汽灭菌器和卧式压力蒸汽灭菌器等。大部分医疗单位使用的是卧式压力灭菌器，这种灭菌器的容积比较大，有单门式和双门式，前者污物进锅和灭菌后的物品取出经同一道门；后者的污物是从后门放入，灭菌后的物品从前门取出，可防止交叉污染。

对于高度传染性、已经完全封闭的医疗废物，不应该进行灭菌处理，而是应收运至焚烧厂焚烧，整个过程中密闭包装不得打开。

5.6.3　医疗废物资源化利用——焚烧发电技术

医疗废物属于危险废物。危险废物通过焚烧处理后，可以实现较为有效的有毒有害物质的氧化分解和降解，同时可以最大限度地减小体积和重量。医疗废物焚烧过程必须至少具备以下技术条件：焚烧炉内温度≥850℃；烟气在炉内停留时间大于 2 s；燃烧效率大于 99.9%；灰渣的热灼减率小于 5%；配有机械加料装置；配备烟气净化系统；配备应急和警报系统;配备安全保护系统或装置。

在设计焚烧炉及其操作管理过程中,需要进行综合分析和对比,并根据当地的政策或法规,选出主要的控制参数进行设计或使用。其中,焚烧过程的温度、焚烧反应时间、氧化剂的配比和焚烧过程物料与氧化剂的接触方式是四个较为重要的影响因素。

焚烧过程的温度,简称焚烧温度,是指医疗废物中有害组分在高温下氧化、分解直至破坏所须达到的温度。焚烧温度比医疗废物的着火温度高得多,是医疗废物在焚烧室中进行焚烧时,焚烧室中各部位温度的平均值。一般情况下,提高焚烧温度有利于医疗废物中有机毒物的分解和破坏,并可抑制黑烟的产生。但过高的焚烧温度不仅增加了燃料消耗量,而且会增加金属的挥发量及氧化氮数量,引起二次污染。因此不宜随意确定较高的焚烧温度。

合适的焚烧温度是在一定的停留时间下由实验确定的。大多数有机物的焚烧温度范围在800～1 100℃,通常在800～900℃。在通常情况下,焚烧火焰的最高温度可能达到1 500℃以上。但是在远离火焰的区域,烟气的温度可能很低,可以达到500℃甚至更低。焚烧温度是医疗废物在焚烧室中进行干燥、蒸发、热解和焚烧过程的最重要参数。对反应的速度、反应生成的物质以及污染物的生成控制均起着十分重要的作用。

通常,焚烧炉中的焚烧温度是一个随着燃烧波动变化的参数。在炉内各处的分布也常常是不均匀的,燃烧火焰处的温度最高,有冷却装置的炉壁处的温度可能最低,在两处之间,温度以一定的函数规律变化。当遇到含水分较高的物料时,首先要进行蒸发干燥,此时炉内温度将因蒸发而降低。在燃烧区域,由于燃烧放热,一般所在的区域将出现明显的升温现象。在逆流式机械炉排焚烧炉中,物料先预热干燥然后热解和燃烧,而焚烧产生的烟气则逆向流动加热物料,焚烧区域因为连续送入经过预热的物料而使焚烧温度保持相对稳定。

对于医疗废物,焚烧区域炉温达到850～1 150℃,焚烧时间达到2 s以上时,如果给予充足的氧气,则绝大多数的臭气、有毒有机物以及其他有害物质均可以被分解或去除(99.9%)。颗粒直径小于0.5 μm 的燃料颗粒均可以被完全焚烧。但是,当焚烧温度过高时,NO_x 的排放浓度可能会增大,某些熔点较低的物质将会因熔化而损坏焚烧炉的炉排、炉墙以及炉底设备。有报道指出,有效分解剧毒有机物,如呋喃、苯酚、二噁英等物质的温度为950℃,焚烧时间大于1 s,空气过剩系数为1.15。

如同其他可燃物质的燃烧过程一样,在医疗废物焚烧过程中也必须保证维持稳定和足够的空气。只有在空气与欲焚烧处理的医疗废物有足够的接触时间时,才有可能进行焚烧。接触性能越好,焚烧处理就可能越完全。当然,有些条件下,即使没有任何氧化剂,焚烧炉内也能通过热解或干馏,部分地实现医疗废物的分解和处理。

根据燃烧化学反应的动力学理论可知,反应的速度与接触面积直接有关,较大的接触面积可以使焚烧过程中的扩散燃烧得以显著改善。同时,也可以使得某些毒性有机难分解物质增加直接与氧化剂接触焚烧的比率,使其分解率得到提高。接触性能的提高和改善可以通过炉内气流分布、机械翻滚或扰动、焚烧前预先破碎以及机械炉排送料翻料和推料等方式实现。其中最好的焚烧方式是将废物破碎成细小颗粒然后投入流化床焚烧炉进行焚烧,通过良好的气流翻滚扰动,可以实现最好的反应接触,达到最完全的焚烧处理目标。对于液体或气体医疗废物,可以采用机械预混、介质雾化、乳化等方式与辅助燃料混合后进行焚烧。

焚烧时间也是医疗废物焚烧过程的一个常用的控制因素。废物中有害组分在焚烧炉内处于焚烧条件下,该组分发生氧化、燃烧,使有害物质变成无害物质所需的时间称为焚烧时间。焚烧时间的长短直接影响焚烧的完全程度,也是决定炉体容积尺寸的重要依据。

在进行医疗废物的焚烧过程中,一般要先对废物进行焚烧处理,然后对烟气进行高温焚烧处理,其目的是彻底分解医疗废物中的有毒有害物质,使排放烟气的污染浓度尽可能降低。

习 题

1. 简述危险废物预处理与末端处理方法。
2. 计算锌溶解度与 NaOH 浓度的定量关系,并与实际溶解度对比,解释其差异性。
3. 论述熔盐处理危险废物的基本原理和工艺参数。
4. 描述医疗废物的来源和分类。
5. 设计医疗废物焚烧处理工艺流程图。

第6章 工业固体废物处理与资源化技术

工业固体废物是指工业生产、加工过程中产生的废渣、粉尘、碎屑、污泥等废物。工业固体废物的成分与产业性质密切相关。

工业固体废物的污染控制与其他环境问题一样,都经历了从简单处理到全面管理的发展过程。早期,各国注重末端处理处置,提出了减量化、资源化和无害化的"三化"原则。在长期的经验教训中,人们越来越意识到对其进行源头控制的重要性,并提出了相应的管理控制体系(图 6.1)。

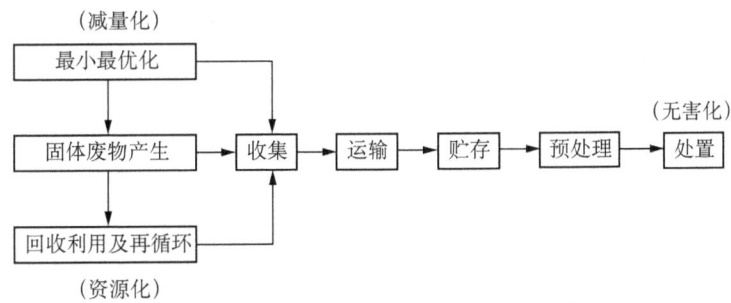

图 6.1 工业固体废物全过程管理控制体系

工业固体废物往往具有产生量大,成分含量复杂多变的特点。粗放式的填埋或堆放处理不仅会造成土地的占用和浪费,而且可能会对周边的生态环境造成不利影响。同时,工业固体废物中含有大量具有一定回收利用价值的组分,其具有极高的再生资源化价值。可以说,工业固体废物的处理与资源化不仅降低了潜在环境风险,而且减少了天然材料的开采与使用。

工业固体废物的处理,是指通过物理、化学和生物手段,将废物中对人体或环境有害的物质分解为无害成分或转化为毒性较小的,适于运输、贮存、资源化利用和最终处置的过程。常规处理技术主要包括化学处理,物理处理和生物处理三种。

(1) 化学处理

化学处理主要用于处理无机废物,如含有酸、碱、重金属废液、氰化物、乳化油等的无机废物,处理方法为焚烧、溶剂浸出、化学中和、氧化还原。

(2) 物理处理

物理处理包括重选、磁选、浮选、拣选、摩擦和弹跳分选等各种相分离及固化技术。其中固化工艺用以处理其他过程产生的残渣物,如飞灰及不适于焚烧处理或无机化处理的固体废物,特别适用于处理重金属废渣、工业粉尘、有机污泥以及多氯联苯等污染物。

(3) 生物处理

生物处理:适用于有机废物的堆肥法和厌氧发酵法;提炼 Cu、U 等金属的细菌冶金法,适用于有机废液的活性污泥法。生物处理法还可用于生物修复被污染的土壤。

6.1 钢渣资源化利用技术

6.1.1 钢渣概述

钢渣是炼钢过程中排出的废渣,数量约为钢产量的15%~20%。2020年我国钢渣产量约为1.6亿吨。根据炼钢所用炉型的不同,钢渣分为转炉渣、平炉渣、电炉渣。钢渣的形成温度为1 500~1 700℃,在高温下呈液态,缓慢冷却后呈块状或粉状;转炉渣和平炉渣一般为深灰、深褐色;电炉渣多为白色。钢渣主要由CaO、MgO、Al_2O_3、SiO_2、MnO、FeO、P_2O_5等氧化物组成,其中钙、铁、硅氧化物占绝大部分(表6.1),主要矿物成分为硅酸三钙(Ca_3SiO_5)、硅酸二钙(Ca_2SiO_4)和磁铁矿(Fe_3O_4)。各种成分的含量依炉型、钢种不同而异,有时相差悬殊。钢渣表面结构电镜扫描图如图6.2所示。

表6.1 钢渣样品主要成分及含量

组分	CaO	SiO_2	Al_2O_3	MgO	MnO	P_2O_5	FeO
钢渣	39.3%~48.1%	10.2%~19.8%	1.5%~4.8%	3.4%~12.0%	1.1%~4.9%	0.6%~4.1%	7.5%~47.5%

图6.2 钢渣样品电镜扫描图

由于炼钢设备、工艺布置、造渣制度、钢渣物化性能的悬殊,决定了钢渣处理与资源化利用技术的多样性。但是,由于处理方法和分选方法不同,钢渣的成分、性能会出现很大的差别,化学成分的复杂性和不稳定性很大程度上限制了其资源化利用的可能性。限制钢渣资源化利用的问题主要包括以下三个方面:一是钢渣自身稳定性不足。钢渣中含有大量的氧化钙,其质量分数为30%~60%。氧化钙遇水后易水解,生成氢氧化钙,一方面造成材料体积膨胀甚至出现材料裂痕,影响其安全稳定性,另一方面钢渣溶出液特征水质指标pH对水环境影响较大。二是钢渣密度大。钢渣密度一般为普通建材的1.2~1.4倍,因此在运输、使用时的能耗要增加10%左右,增加了成本。三是钢渣成分波动大。

6.1.2 钢渣生态环境危害性

作为典型的大宗碱性固体废物,钢渣碱性溶出液的pH范围为10~12,远远高于天然水体的正常pH范围(6.5~8.5)。碱性溶出液进入周边水环境后,不仅会造成水体pH的急剧上升,而且还会增加水体的化学需氧量、降低溶解氧含量,极大影响受纳水体水环境的生态稳定性。在美国宾夕法尼亚州,钢渣碱性溶出液的产生和排放不仅改变了受纳河道水体的pH(pH超过10)和钙、镁浓度,而且还造成了受纳水体中鱼类资源种类和数量的急剧下降,甚至灭绝。钢渣碱性溶出液的排放引发了严重的生态危害。Bayless等调查了位于美国印第安纳州的两处具有60多年堆放历史的钢渣堆场,发现由于降雨及地表径流产生的钢渣高碱性溶出液,除了会对周边地表水环境产生严重影响外,部分碱性溶出液还会渗入地下水环境。随着钢渣碱性溶出液向地下水环境的侵入,地下水电导率产生了巨大的变化,地下水环境中矿物质在碱性条件下加剧沉淀,加速了土壤的板结硬化,对地下水的流向产生了不利影响。

水环境的高pH常常被作为水生生物正常生活的限制因素及压力源。钢渣的碱性溶出液会对毗邻水环境的生态群落产生很大程度的不利影响,造成水环境中无脊椎动物生物多样性急剧下降、鱼类数量锐减。此外,受纳水体中无脊椎动物的丰富度和多样性与水体环境的pH有较强的负相关性,即随着水体pH的不断升高,水环境中生物群落的丰富度和多样性不断降低。调查结果显示,在钢渣堆场附近的水体环境中,pH为10.4~11.8,该区域的底栖生物尤其是无脊椎动物数量十分贫乏。即使经过一段时间的自然修复后,受纳水体的pH降低至9左右,无脊椎动物群落的数量也难以得到大规模恢复。可以说,碱性溶出液对水环境中生物群落的丰富度和多样性有着不可逆转的影响。特别地,当水环境中pH大于10时,水体环境中的高碱度会使生物体的细胞膜发生变性,从而影响水生生物的正常代谢功能,随着水体pH的不断升高,水环境中总氨的毒性不断增强,损害鱼类的氨排泄功能。如果使用高pH的水进行农业、林业灌溉,不仅会出现大量叶子坏死的现象,而且会造成产量的显著下降。

因此,钢渣的最佳资源化利用途径是在钢铁公司内部自行循环使用,代替石灰作熔剂,返回高炉或烧结炉内作为炼铁原料,也可以用于路基、水泥原料、改良土壤等。我国目前已开发出多种钢渣资源化利用的途径。

6.1.3 钢渣在钢铁冶炼中的应用

1. 作烧结熔剂

由铁矿石制备烧结矿时,一般需加石灰石等作为助熔剂,利用颗粒小于10 mm的分级钢渣可部分替代烧结熔剂。钢渣中含有40%~50% CaO,而且钢渣具有软化温度低、物相均匀的优点,能促进烧结过程中烧结矿的液相生成、增加黏结相、有利于烧结成球、提高烧结速度等,从而得到较高转鼓指数和粒度组成均匀的优质烧结矿;同时还可提高烧结机的利用系数,降低煤耗,有效利用钢渣中Fe、Ca、Mn等有用元素。以钢渣含Fe 15%计,每利用1 t

钢渣,可代替60%的铁精矿250 kg;另外,由于钢渣中含有大量的CaO和SiO_2,在生产一定碱度的烧结矿时,可节约部分石灰石。

2. 作高炉炼铁熔剂或化铁炉熔剂

利用加工分选出10~40 mm粒径钢渣返回高炉,回收钢渣中的Fe、Ca、Mn元素,不但可节省高炉炼铁熔剂(石灰石、白云石、萤石)消耗,而且可以改善高炉运行状况,同时也能达到节能的目的。钢渣中的MnO和MgO也有利于改善高炉渣的流动性。由于钢渣烧结矿强度高,颗粒均匀,故高炉炉料透气性好,煤气利用状况得到改善,焦比下降,炉况顺行。另外,钢渣大多采用半闭路循环处理,故对高炉生铁的磷含量不会产生影响。分选钢渣也可以作为化铁炉熔剂代替石灰石及萤石,实践证明,其对铁水温度、铁水含硫量、熔化率、炉渣碱度及流动性均无明显影响。

3. 回收钢铁

水淬钢渣中的钢粒,呈颗粒状,很容易提取,可以作炼钢调温剂。钢渣中一般含有7%~10%的废钢粒和渣中大块,经破碎、磁选和精加工后可回收其中90%以上的废钢。从钢渣回收废钢的原则流程:钢渣→颚式破碎→磁选→废钢。

6.1.4 钢渣在建材工业中的应用

1. 钢渣制水泥

由于钢渣中含有和水泥相类似的硅酸三钙、硅酸二钙和铁铝酸盐等活性矿物,具有水硬胶凝性,因此可成为生产无熟料或少熟料水泥的原料,也可以作为水泥掺合料。现在生产的钢渣水泥品种有无熟料钢渣矿渣水泥、少熟料钢渣矿渣水泥、钢渣沸石水泥、钢渣矿渣硅酸盐水泥、钢渣-矿渣-高温型石膏白水泥和钢渣硅酸盐水泥等。这些水泥适于蒸汽养护,具有后期强度高、耐腐蚀、微膨胀、耐磨性能好、水化热低等特点。

2. 钢渣用于路基垫层

钢渣具有容重大、表面粗糙不易滑移、抗压强度高、抗腐蚀和耐久性好的特点,被广泛用于各种工程回填、修砌加固堤坝、填海工程等方面代替天然磷石。由于钢渣具有一定活性,能板结成大块,适于沼泽地筑路。钢渣疏水性好,是电的不良导体,不会干扰铁路系统运行,所筑路床不生杂草,干净整洁,不易被雨水冲刷而产生滑移,是铁路道砟的理想材料。钢渣与沥青结合牢固,又有较好的耐磨耐压防滑性能,可掺合用于沥青混凝土路面的铺设。钢渣存放一年后,其中的游离氧化钙大部分消解,钢渣趋于稳定,经破碎、磁选、筛分后可作道路材料。掺入粉煤灰是为了增加材料的胶凝性,同时缓解钢渣中残留的游离氧化钙水化体积膨胀作用,其与$Ca(OH)_2$反应生成水化硅酸钙、铝酸钙凝胶,提高路面板结强度。混合料加入水搅拌、碾压并经一定龄期养护,可得到具有足够强度的半刚性道路基层材料。

6.1.5 钢渣在生产功能性新型材料中的应用

1. 钢渣基人工礁

钢渣中含有大量利于海藻生长的二价铁离子,因此对于营养贫瘠的海域,可以将钢渣作为制造海藻场的肥料。钢渣中含有大量的 CaO,使得封闭性海域营养富化的磷元素变成磷灰石从而实现营养元素磷的固化,降低区域富营养化程度。此外,钢渣碱度高且含有铁组分,这就使得其具有抑制在海底疏浚凹地沉积的硫化物还原为硫化氢的功能。喷吹 CO_2 气体,使得粉碎后钢渣中的 CaO 与 CO_2 发生碳化反应形成 $CaCO_3$ 块状沉淀。随后,将碳化处理后的钢渣基人工礁沉入近海海底,大量的海藻类植物将会在带孔的钢渣基人工礁上附着生长,这不仅为海洋生物提供了良好的生境,而且很好地改善了海洋生态。

2. 作农肥和酸性土壤改良剂

钢渣是一种以钙、硅为主,含有多种养分的具有速效和后劲的复合矿质肥料,由于钢渣在冶炼过程中经高温煅烧,其溶解度已大大改变,所含各种主要成分易溶量达全量的 $1/3$ ~ $1/2$,有的甚至更高,容易被植物吸收。钢渣内含有微量的 Zn、Mn、Fe、Cu 等元素,对缺乏此微量元素的不同土壤和不同作物,起着不同程度的肥效作用。含磷高的钢渣还可以生产钙镁磷肥、钢渣磷肥。实践证明:不仅钢渣磷肥(P_2O_5 > 10%)肥效显著,即使是普通钢渣(P_2O_5 为 4% ~ 7%)也有肥效;不仅施用于酸性土壤中效果好,在缺磷碱性土壤中施用也可增产;不仅在水田施用效果好,即使在旱田,钢渣肥效也起作用。除用作农肥外,钢渣还可用作酸性土壤改良剂。Ca、Mg 含量高的钢渣磨细后可用作土壤改良剂,同时也可达到利用钢渣中 P、Si 等有益元素的目的。

3. 去除 H_2S 等有害气体

钢渣对于 H_2S 等有害气体具有一定的降解去除作用。钢渣具有高碱性,通过酸碱中和,可以去除 H_2S 气体。其中,气体的含水率、钢渣的粒径大小以及温度等均会对 H_2S 气体的去除效果产生影响。特别地,钢渣中的 MnO 也可以将溶于水体中的 H_2S 氧化去除。

4. 碳化固定 CO_2

钢渣碳化固定 CO_2 是近年来新兴的钢渣资源化利用技术。钢渣富含钙、镁等碱性物质,利用钢渣的碱性可以加速碳化,将 CO_2 以碳酸盐的形式永久固定下来,作为典型的大宗钙基工业固体废物,其 CO_2 的固定潜能超过 100 kg/t。钢渣碳化处理一般可以分为直接碳化处理和间接碳化处理两种。其中,直接碳化处理过程是指钢渣与 CO_2 直接进行碳化反应生成碳酸盐产物的过程;间接碳化处理是指先利用酸、碱、盐等媒介将钢渣中的有效离子尽可能地溶出,再利用溶出的有效离子与 CO_2 进行碳化反应生成碳酸盐产物的过程。如图 6.3 所示,预处理及碳化处理后,钢渣样品表面均发生了明显变化。Huijgen 等系统地研究了反应温度、搅拌速率、钢渣粒径、反应时间、气体压强和液固比等实验运行条件对钢渣碳化反应的影响,在 CO_2 压强为 1.9 MPa,反应温度为 100℃时,钢渣的碳化程度最高可达 74%。

(a) 碱液预处理

(b) 碱液预处理+碳化处理

图 6.3 碳化处理过程钢渣样品扫描电镜图

6.2 粉煤灰资源化利用技术

粉煤灰是冶炼厂、化工厂和燃煤电厂排放的非挥发性煤残渣,包括漂灰、飞灰和炉底灰三部分。根据煤炭灰分的不同,粉煤灰的产生量相当于电厂煤炭用量的 2.5%~5.0%。粉煤灰是高温下高硅铝质的玻璃态物质,经快速冷却后形成的蜂窝状多孔固体集合物。粉煤灰颗粒多呈球形,且成分复杂,属火山灰类物质,外观类似水泥,颜色从乳白到灰黑,其物化性质取决于燃煤品种、煤粉细度、燃烧方式及温度、收集和排灰方法等。粉煤灰单体由 SiO_2、Al_2O_3、CaO、Fe_2O_3、MgO 和一些微量元素、稀有元素等组成,杂糅有表面光滑的球形颗粒和不规则的多孔颗粒的硅铝质非晶体材料,其物理性能及典型化学成分见表 6.2 和表 6.3。

表 6.2 粉煤灰的物理性能

真密度/ (g/cm³)	堆积密度/ (g/cm³)	比表面积/ (m²/g)	粒径/ μm	孔隙率	灰分	pH	可溶性 盐含量	理论热值/ (kJ/kg)	表观热值/ (kJ/kg)
2.0~2.4	0.5~1.0	0.25~0.5	1~100	60%~75%	80%~90%	11~12	0.16%~3.3%	550~800	300~500

表 6.3 粉煤灰的典型化学成分

成分	SiO_2	Al_2O_3	Fe_2O_3	CaO	MgO	Na_2O	K_2O	TiO_2	烧失	其他
含量	48.92%	25.41%	8.03%	3.04%	1.02%	0.78%	2.05%	0.82%	8.01%	1.92%

由表 6.2 和表 6.3 可知,粉煤灰的化学成分非常复杂,主要包括 O、C、Si、Al、Fe、Ca、S、Na、Mg 和 K 等多种主要元素和 As、Pb、Cu、Zn、Cr 和 Cd 等多种微量元素。粉煤灰属于典型的硅铝酸盐,其中 SiO_2、Al_2O_3 和 Fe_2O_3 的含量约占总量的 80%,粒径一般在 1~100 μm 之间,由于富集有多种碱金属、碱土金属元素,其 pH 较高;同时,粉煤灰具有粒细、多孔、质

轻、容重小、黏结性好、结构松散、比表面积较大、吸附能力较强等特性。根据美国材料与试验协会的分类方法,以硅铝铁成分的占比对粉煤灰进行分级,硅铝铁含量大于70%的称为F级粉煤灰,含量为50%~70%的称为C级粉煤灰。粉煤灰中的矿物以晶体形式存在,主要为石英、莫来石、赤铁矿和磁铁矿等。粉煤灰中的非晶体主要为玻璃体和少量未燃炭。粉煤灰的微观形貌如图6.4所示,粉煤灰颗粒主要以球形为主,而不规则碎片主要是未燃烧的碳、无水物质以及方解石。

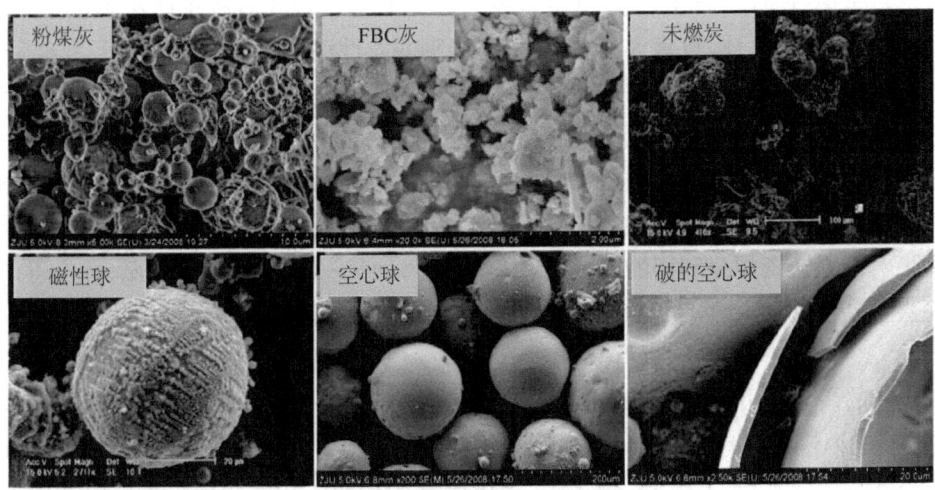

图 6.4　粉煤灰的微观形貌

6.2.1　粉煤灰的危害

随着城市化的不断推进以及煤化工和电力产业的持续发展,产生的大量粉煤灰引发了一系列的环境和健康问题。

1. 占用土地

当前我国粉煤灰年产量超7亿t,粉煤灰主要的处理处置方式为堆积和填埋。据统计,每1万t粉煤灰堆积约占用3~5亩土地,而填埋1t粉煤灰约需要15~30元。因此,粉煤灰的处理处置会造成土地资源的浪费,并且需要大量的资金投入。

2. 污染水质和土壤

粉煤灰中含有多种重金属元素,而且粉煤灰一般呈碱性,未经固化处理直接堆积或填埋,粉煤灰中大量的碱性物质会引起土壤pH升高,破坏土壤结构,引起土壤结构、组成及功能变化,降低土壤肥力,不利于农作物的生长;粉煤灰中含有的重金属通过土壤进一步扩散到地下水中,造成地下水的污染,影响地下水水质。

3. 污染大气

粉煤灰的粒径在1~100 μm之间,若直接堆积起来,遇大风天气,在强大风力的直接作用下,直径小于 75 μm 的粉煤灰可以形成 35～50 m 高的扬尘,严重影响大气质量,使得能见度降低。此外,粉煤灰中含有大量的碱性氧化物,在雨水和潮湿情况下,易板结,对周围的建筑物造成腐蚀。

4. 危害人体健康

粒径小于 2.5 μm 的粉煤灰可被直接被吸入人体肺部,对肺部造成永久性损伤。粉煤灰中含有的重金属(Hg,Cr 和 Cd 等)及微量放射性元素会在堆积过程中向水中扩散迁移,通过水源、动植物进入人体,危害人类健康,引起多种并发性疾病。

粉煤灰的大量堆积会给生态环境和人类健康带来严重的危害,因此有效处理和利用粉煤灰显得尤为重要,并且具有深远的社会和经济效益。粉煤灰是一种工业废弃物,但由于其独特的理化性质及含有一些可利用的金属元素,可以将粉煤灰变废为宝,通过资源化利用将其作为一种新能源产生经济效益,同时解决它引起的环境问题。一些发达国家在上世纪初就开始了对粉煤灰资源化利用的研究,利用率可达 70%～80%。荷兰、丹麦、日本等的综合利用率甚至高达 90% 以上,但全世界对粉煤灰的综合利用率仅为 16%。我国起步较晚,对粉煤灰的综合利用率也较低,仅有 30%～45%。

粉煤灰的综合利用途径主要有以下六种:①用作建材原料(如水泥或混凝土掺料、制砖、空心砌块、硅钙板、陶粒等);②用于工程填筑(如路面路基、低洼地或荒地填充、废矿井或塌陷区充填等);③用于农业(如复合肥、磁化肥、土壤改良剂等);④用于环境保护(如废水处理、脱硫、吸声等);⑤生产功能性新型材料(如复合混凝剂、沸石分子筛、填料载体等);⑥从粉煤灰中回收有用物质(如空心微珠、工业原料、稀有金属等)。粉煤灰的利用现状如图 6.5 所示。

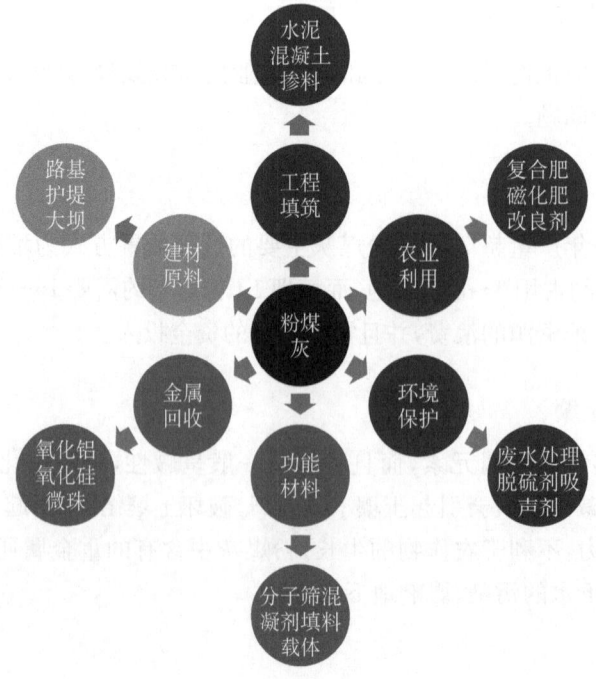

图 6.5 粉煤灰的应用现状

6.2.2 粉煤灰在建材工业中的应用

1. 作水泥、混凝土掺料

粉煤灰与黏土成分类似,并具有火山灰活性,在碱性激发剂下,能与 CaO 等碱性矿物在一定温度下发生"凝硬反应",生成水泥质水化胶凝物质。作为一种优良的水泥或混凝土掺料,其减水效果显著,能有效改善和易性、增加混凝土最大抗压强度和抗弯强度、增加延性和弹性模量、提高混凝土抗渗性能和抗蚀能力,同时具有减少泌水和离析、降低透水性和浸析、减少混凝土早期和后期干缩、降低水化热和干燥收缩率的功效。因此,在各种工程建筑(包括工民建筑、水工建筑、筑路筑坝等)中,粉煤灰的掺入,不仅能改善工程质量、节约水泥,还能降低建设成本、使施工简单易行。

2. 生产粉煤灰砖

粉煤灰可以和黏土、页岩、煤矸石等分别制成不同类型的烧结砖,如蒸压粉煤灰砖、泡沫砖、轻质黏土砖、承重型多孔砖、非承重型空心砖以及碳化粉煤灰砖、彩色步道板、地板砖等新型墙体材料。

3. 生产小型空心砌块

以粉煤灰为主要原料的小型空心砌块可取代砂石和部分水泥,具有空心质轻、外表光滑、抗压保暖、成本低廉、加工方便等特点。

4. 生产硅酸钙板

以粉煤灰为硅质材料、石灰为钙质材料,加入硫酸盐激发剂和增强纤维,或使用高强碱性材料,采用抄取法或流浆法可生产各种硅酸钙板,简称 SC 板。

5. 生产粉煤灰陶粒

粉煤灰陶粒是以粉煤灰为原料,加入一定量的胶结料和水,经成球、烧结而成的人造轻骨料,具有用灰量大(粉煤灰掺量约80%)、质轻、保温、隔热、抗冲击等特点,用其配制的轻混凝土容重可达 13 530~17 260 N/m^3、抗压强度可达 20~60 MPa,适用于高层建筑或大跨度构件,其质量可减轻33%、保温性可提高3倍。

6. 生产其他建材制品

利用粉煤灰可生产辉石微晶玻璃,作石膏制品的填充剂,作沥青填充料生产防水油毡,制备矿物棉、纤维化灰绒、陶砂滤料,在砂浆中代替部分水泥、石灰或砂等。

6.2.3 粉煤灰在环保上的应用

粉煤灰粒细质轻、疏松多孔、表面能高,具有一定的活性基团和较强的吸附能力,在环保领域中已广为应用,主要应用在废水处理、烟气脱硫、噪声防治及垃圾卫生填埋等方面。粉煤灰主要是通过吸附过程去除有害物质,但其中还包括中和、絮凝、过滤等协同作用。

1. 在废水处理工程中的应用

粉煤灰本身已具有较强的吸附性能,经硫铁矿渣、酸、碱、铝盐或铁盐溶液改性后,辅以适量的助凝剂,可用来处理各类废水,如城市生活污水、电镀废水、焦化废水、造纸废水、印染废水、制革废水、制药废水、含磷废水、含油废水、含氟废水、含酚废水、酸性废水等。大量实践表明,在废水脱色除臭、有机物和悬浮胶体去除、细菌微生物和杂质净化以及 Hg^{2+}、Pb^{2+}、Cu^{2+}、Ni^{2+}、Zn^{2+} 等重金属离子去除方面,粉煤灰均有显著的处理效果。

2. 在烟气脱硫工程中的应用

电厂烟气脱硫的主要方法是石灰-石灰石法,此法原料消耗量大、废渣产量多,但在消石灰中加入粉煤灰,则脱硫效率可提高 5~7 倍。此粉煤灰脱硫剂还可用于处理垃圾焚烧烟道气,以去除汞和二噁英等污染物。如在喷雾干燥法的烟气脱硫工艺中,将粉煤灰和石灰浆先反应,配成一定浓度的浆液,再喷入烟道中进行脱硫反应,或将石灰、粉煤灰、石膏等制成干粉状吸收剂喷入烟道。用粉煤灰、石灰和石膏制成的脱硫剂性能良好。

3. 在噪声防治工程中的应用

粉煤灰还可用于制作保温吸音材料、GRC 双扣隔声墙板等。

6.2.4 粉煤灰在农业方面的应用

粉煤灰在农业方面的应用具有投资低、需求量大等特点,是粉煤灰综合利用的有效途径之一。粉煤灰中的颗粒主要以玻璃体和矿物质类物质形式存在,当细沙粉粒含量达到 70% 以上时,粉煤灰就可以作为改良剂用于改善黏质和沙质土壤物理性状。此外,粉煤灰具有疏松板结盐碱土壤,加速抑制和减轻土壤盐碱程度的作用。由于粉煤灰呈碱性,能够对酸性土壤起到酸碱中和改善的效果,从而可以提高土地的利用价值。

6.2.5 粉煤灰的工程填筑应用

粉煤灰的成分及结构与黏土相似,可代替砂石,应用在工程填筑上,如筑路筑坝、围海造田、矿井回填等。这是一种投资少、见效快、用量大的直接利用方式,既解决了工程建设的取土难题和粉煤灰堆放污染问题,又大大降低了工程造价。

6.2.6 从粉煤灰中回收有用物质

粉煤灰作为一种潜在的矿物资源,由 Al_2O_3 和 SiO_2 组成,含量大于 80%,部分高铝粉煤灰中铝的含量超过 30%,可以作为铝土矿资源的替代品。此外,粉煤灰中也含有 Fe_2O_3、CaO、未燃尽 C、微珠等主要成分,还富集有许多稀有元素,如 Ge、Ga、Ni、V、U 等,其主要矿物有石英、莫来石、玻璃体、铁矿石及碳粒等,因此从中回收有用物质,既可节省开矿费用、获得有价原料和产品,又可达到防治污染、保护环境的目的。

6.2.7 生产功能性新型材料

粉煤灰可作为生产吸附剂、混凝剂、沸石分子筛与填料载体等功能性新型材料的原料,广泛用于水处理、化工、冶金、轻工与环保等方面。如粉煤灰在作为污水的调理剂时有显著的除磷酸盐能力;作为吸附剂时可从溶液中脱除部分重金属离子或阴离子;作为混凝剂时,COD 与色度去除率均高于其他常用的无机混凝剂;而利用粉煤灰制成的分子筛,质量与性能指标已达到或超过由化工原料合成的分子筛。

1. 混凝剂

粉煤灰复合混凝剂的主要成分为 Al、Fe、Si 的聚合物或混合物,因配比、操作程序、生产工艺不同而品种各异。其中利用粉煤灰中的 SiO_2 来制备硅酸类化合物和在粉煤灰中添加含铁废渣是应用研究的一大趋势,其目的是提高混凝剂絮凝能力,并充分利用粉煤灰的有效成分。以粉煤灰为原料制备聚硅酸铝的工艺流程如图 6.6 所示。

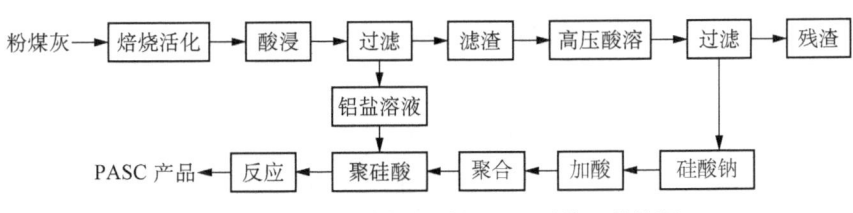

图 6.6 粉煤灰制备聚硅酸铝(PSAC)的工艺流程

2. 沸石分子筛

粉煤灰合成沸石分子筛方法包括水热合成法、两步合成法、碱熔融-水热合成法、盐-热(熔盐)合成法、痕量水体系固相合成法等,其应用范围涉及以下三方面:①交换废水中的 Cu^{2+}、Cd^{2+}、Fe^{3+}、Pb^{2+}、Cs^-、Co^{2+} 等重金属离子;②用粉煤灰合成不同种类的沸石,用于选择性吸附 NH_3、NO_x、SO_2、Hg 等以净化气体和除臭;③用作土壤改良剂,脱除 Cu、Ni、Zn、Cr 等易滤性金属离子,防止其对地表水和地下水的污染。

3. 催化剂载体

采用粉煤灰、纯碱和氢氧化铝为原料制备 4A 分子筛,作为化学气体和液体的分离净化剂和催化剂载体,具有节约原料、工艺简单等特点,已大规模用于工业化生产中。

4. 高分子填料

以粉煤灰为原料,加入一定量的添加剂和化学助剂,可制成一种粉状的新型高分子填料,耐水、耐酸、耐碱、耐高低温、耐老化,作为防水、防渗材料广泛应用于楼房、地面、隧道工程等。

此外,粉煤灰还可用于制造粉煤灰泡沫玻璃、轻质多孔球形生物滤料、防氧化材料与人造鱼礁等,随着粉煤灰综合利用的不断发展,其应用的深度和广度正不断扩大。

6.3 脱硫石膏资源化利用技术

燃煤热电厂是我国的用煤大户,在排放大量粉煤灰的同时,向环境中排放大量的 SO_2 酸性气体,形成酸雨危害。世界各国火电厂采用的主要是石灰石-石膏湿法脱硫技术,高效稳定脱硫的同时也产生了大量的脱硫石膏。因此,脱硫石膏已经成为继粉煤灰之后电厂产生的第二大固体废弃物。

脱硫石膏又称排烟脱硫石膏,是烟气湿法脱硫技术的工业副产物,主要成分和天然石膏相同,为二水硫酸钙($CaSO_4 \cdot 2H_2O$),质量比通常为90%左右。脱硫石膏与天然石膏的主要成分对比见表6.4。在湿法脱硫过程中,石灰-石灰石粉加水制成的浆液泵入吸收塔中,与烟气充分接触,浆液中的氢氧化钙与烟气中的二氧化硫以及鼓入的空气发生氧化反应生成硫酸钙、亚硫酸钙。当反应体系中的物质达到一定饱和度之后,将其排出吸收塔,再经浓缩、脱水,结晶形成二水石膏。

表6.4 脱硫石膏与天然石膏主要成分含量对比

石膏类型	主要成分							
	$CaSO_4 \cdot 2H_2O$	$CaSO_4 \cdot 1/2H_2O$	$CaSO_3$	MgO	H_2O	SiO_2	Al_2O_3	Fe_2O_3
脱硫石膏	85%~90%	1.2%	5%~8%	0.86%	10%~15%	1.2%	2.8%	0.6%
天然石膏	70%~74%	0.5%	2%~4%	3.8%	3%~4%	3.49%	1.0%	0.3%

通常,天然石膏为白色,块状;脱硫石膏多为灰黄色,且颗粒较均匀。脱硫石膏中,硫酸钙水合物等有效成分含量明显高于天然石膏,含水率也较高。

由于和天然石膏成分相同,且具有较低的含杂率,脱硫石膏替代天然石膏实现资源化综合利用具有巨大的社会和经济效益。目前,脱硫石膏在西方发达国家和日本等地的利用率基本已经达到100%,应用于建筑行业生产石膏板、粉刷石膏、石膏砌块等建筑行业,以及应用于农业生产土壤改良剂等。

热化学技术是脱硫石膏综合利用的主流技术,主要是通过热化学技术将脱硫石膏直接分解成可以循环使用的氧化钙(CaO)和二氧化硫(SO_2),实现硫、钙的分离及资源化循环利用。其中,反应温度、催化成分以及反应气氛等热处理条件都会对脱硫石膏的热分解产生影响。低温慢速煅烧可以使脱硫石膏缓慢脱水变成半水石膏,产品品质均匀稳定,结晶水含量约为6%;高温快速煅烧的温度常常高于600℃,由于升温速度快,容易生成无水石膏AⅢ和无水石膏AⅡ,且产品质量波动较大,但设备投资低、生产效率高。

6.3.1 脱硫石膏环境危害性

总体来说,脱硫石膏的成分与天然石膏基本一致,其主要成分是硫酸钙,本身是无毒的。但是脱硫石膏呈粉末状,经淋滴后,会造成水体中石膏粉末增多。短期饮用含石膏粉末的水,对人体影响不大,但若是长期饮用,会加重消化系统负担,对人体产生不利影响。脱硫石膏的环境危害性主要来自其产量巨大,如果直接填埋或肆意堆放,将占用大量的土地,降低土地利用率。

6.3.2 脱硫石膏在建筑行业中的应用

1. 生产石膏砌块

脱硫石膏砌块是以脱硫石膏为主的一种新型墙体材料,石膏砌块具有自重轻、强度高、外形整齐、表面光滑、防火、隔热、隔声并可吸收空气中的水分等优点,具有可锯、可钉、可钻、可刨等易加工特性,可以实现施工的干法作业,是一种新型的绿色环保建材。

2. 生产石膏砂浆

新型石膏砂浆与传统的水泥石灰类砂浆相比,具有轻质、高强、节能等特点,且黏结性能较好,不易起壳和开裂。由于石膏本身具有很好的和易性、可塑性,同时导热系数小,具有一定的保温性能,因此可以有效解决各类墙体的保温问题。

3. 生产纸面石膏板

以脱硫石膏为原料,通过添加适量的添加剂,可以生产符合行业质量标准的纸面石膏板,降低天然石膏资源的使用及开采量。

4. 生产自流平石膏

自流平石膏是自流平地面找平石膏的简称,能在混凝土楼板上自动流平,即在自身重力作用下形成平滑表面,成为较理想的建筑物地面找平层,是铺设地毯、木地板和各种地面装饰材料的基层找平材料。在浇灌24 h后,即可在上面行走,48 h后可以在上面进行作业。干燥后,一般不需进行修整,其平整度即能达到要求,既减少了楼地面重量,又节省了大量黏合剂。

5. 合成碳酸钙粉体

以脱硫石膏为原料,采用水热法一步合成了超细粉体碳酸钙,为脱硫石膏的高值化利用提供了新的思路。合成的碳酸钙粉体不仅外观有所改善,而且纯度可达98%左右。

6.3.3 脱硫石膏在农业生产中的应用

USEPA提出了脱硫石膏作为盐碱地改良剂的资源化利用方法,脱硫石膏淋洗溶解后产生的Ca^{2+}离子,将与土壤胶体上的交换性Na^+离子发生置换,显著改善盐碱土的理化特性。同时,脱硫石膏可以为植物的生长提供Ca、S等营养元素,促进植物生长,提高植物抗逆性。

6.3.4 脱硫石膏在水体除磷中的应用

通过热处理,脱硫石膏中活性钙含量提高,白云石等成分分解提高了水体 pH,显著提高了材料的除磷效果。此外,脱硫石膏晶体纳米处理后,既提高了材料的比表面积,也提高了材料对磷的吸附效果。

6.4 磷石膏资源化利用技术

随着高浓度磷复合肥、磷酸和洗涤剂工业的迅速发展,磷石膏废渣急剧增加,每生产 1 t 磷酸约排放 5 t 磷石膏。

磷石膏一般为黄白、浅黄、浅灰或黑灰色的细粉状固体,含水率 20%~30%,容重 0.733~0.880 g/cm³,黏性较大,呈酸性,略有异味;其主要成分为二水硫酸钙($CaSO_4 \cdot 2H_2O$),并含有少量 SiO_2、Al_2O_3、Fe_2O_3、CaO、MgO、P_2O_5 及 F 等杂质,微量的 Cr、As、Pb 等重金属离子,Ce、V、Ti 等稀有元素和 Ra、U 等放射性元素。磷石膏典型化学组成见表 6.5。

表 6.5 磷石膏的典型化学组成

组分	$CaSO_4 \cdot 2H_2O$	CaO	P_2O_5	F	Fe_2O_3	Al_2O_3	SiO_2	MgO	有机物	结晶水
含量	~44%	~32%	~3%	~1%	~0.5%	~0.5%	~5%	~0.1%	~0.16%	~20%

磷石膏可用于建材行业、化工业和农业。如利用磷石膏作水泥缓凝剂,生产硫酸联产水泥的工艺日臻成熟,生产硫酸钾、硫酸铵和碳酸钙的技术已进入工业化阶段;磷石膏还可用于制硫脲和复合肥等。

6.4.1 磷石膏的环境危害性

大量的磷石膏长期堆存,不仅占用大量的土地资源,提高运营管理成本,极大地制约了磷化工产业的健康可持续发展,而且长期的露天堆放,容易产生含有氟化物、游离酸、有机物等有害物质的渗滤液,对周边水环境、土壤环境造成不可逆的影响。磷石膏化学成分复杂,呈酸性,会破坏土壤酸碱平衡而影响农作物生长。磷石膏中含有可溶性氟化物,过量的氟离子摄入将引起人体钙流失,导致骨质疏松甚至瘫痪。此外,磷酸盐离子进入江河湖海后,将会引发水体富营养化,严重影响水体生态系统的健康发展。

6.4.2 磷石膏在建材行业中的应用

1. 作水泥缓凝剂

由于磷石膏含有 P_2O_5、F 等杂质影响水泥的物理性能,使其初凝时间后延、强度下降,故在使用磷石膏作为水泥缓凝剂之前,应对其进行适当改性。改性方法主要有以下六种:①水洗处理;②先煅烧磷石膏,再用石灰中和,最后水化;③将干燥过的磷石膏加石灰中和,入窑煅烧,再水化;④将磷石膏自然晾晒半年左右;⑤将含有25%游离水的磷石膏用窑灰和石灰、电石渣搅拌中和,使磷石膏含水量降至9%左右,再加压成型;⑥用柠檬酸处理磷石膏,把磷、氟杂质转化为可水洗的柠檬酸盐、铝酸盐以及铁酸盐。

2. 用磷石膏联产水泥和硫酸

将磷石膏高温分解,所得SO_3用于生产硫酸,CaO用于生产水泥。其工艺过程主要由磷石膏干燥、脱水、煅烧、水泥烧成、SO_2净化、SO_2转化吸收等工序组成。

3. 生产低碱度硫铝酸盐水泥

磷石膏低碱度水泥是以石灰石、矾土和磷石膏为原料在立窑中烧制的硫铝酸盐水泥熟料,熟料主要由无水硫铝酸钙(约为65%)和硅酸三钙(约为25%),外掺磷石膏和石灰石磨制而成。

4. 生产凝胶材料

磷石膏中的可溶性磷杂质会对其性能产生影响,延缓凝结时间并抑制石膏强度的发展。在高温条件下,磷杂质转化为惰性磷,磷石膏中的可溶性磷含量随着温度升高或处理时间延长而降低,处理后的磷石膏脱水生成半水石膏,具有良好的胶凝性。

6.4.3 磷石膏在市政道路中的应用

利用磷石膏与水泥配合加固软土地基,其加固强度比纯用水泥加固成倍提高,且可节省大量水泥,降低固化剂成本。特别是对单用水泥加固效果不好的泥炭质土,磷石膏的增强效果更加突出,从而拓宽了水泥加固技术适用的土质条件范围。

直接用磷石膏、石灰、粉煤灰生产的固结材料,凝结硬化能获得较高的早期强度,具有较好的抗裂性能,从根本上解决了传统二灰材料和二灰-碎石(土)材料的早期强度低、易产生收缩性裂纹等问题,并能节省一定数量的石灰,降低了工程造价。磷石膏还可用于露天停车场,磷石膏和土的混合料可用作公路路基。

6.4.4 磷石膏在化工业中的应用

1. 作工业填料

纯化后的磷石膏还可用作各种工业填料,尤其是造纸填料,用作干燥剂来吸收各种液体和有机化合物,也可作为铸造模具及玻璃工业的抛光材料,但其能处理的磷石膏量有限。

2. 制硫酸铵和碳酸钙

用磷石膏生产硫酸铵的基本工艺:磷石膏洗涤过滤去掉杂质后($P_2O_5<0.1\%$),将NH_3及CO_2引入带搅拌的反应器中与磷石膏反应。反应后的料浆通过转鼓过滤机过滤而得到固体碳酸钙和硫酸铵溶液,硫酸铵溶液经蒸发浓缩和冷却结晶而得到硫酸铵晶体。

磷石膏与碳酸铵复分解反应的工艺流程,其化学反应为:

$$CaSO_4 + (NH_4)_2CO_3 \longrightarrow CaCO_3 \downarrow + (NH_4)_2SO_4$$

由于在硫酸铵溶液中碳酸钙的溶度积比硫酸钙的溶度积小很多,所以硫酸钙的平衡转化率可达 99.97%。

3. 制硫酸钾

用磷石膏生产硫酸钾有一步法和二步法。一步法副产品氯化钙,难以处理,所以应用前景不佳。二步法副产为氯化铵和碳酸钙,前者可作肥料,后者可用于制水泥。具体工艺:磷石膏经漂洗去除部分杂质后,使 $CaSO_4 \cdot 2H_2O$ 的质量分数从 87% 左右提高到 92%~94%。然后,磷石膏进入反应器与碳酸氢铵反应生成硫酸铵和碳酸钙,并排出 CO_2,由此制得的副产品碳酸钙可直接用作水泥原料。另外,因反应是在低温下进行,氨不挥发,所以 CO_2 纯度较高,可用于制液态 CO_2。反应器的料浆经分离、洗涤得到的硫酸铵溶液进入另一个反应器,与氯化钾反应生成硫酸钾和氯化铵。反应时加入某种无毒无害、低沸点的有机溶剂,可降低硫酸钾在体系中的溶解度,提高其收率。分离出的硫酸钾经洗涤、干燥得产品硫酸钾;滤液经蒸发、分离得副产品氯化铵,溶剂返回系统循环使用,此时磷石膏的利用率为 65%~70%。

4. 制硫脲和碳酸钙

用磷石膏制硫脲和碳酸钙的主要工艺分四步:①煤与磷石膏在高温下焙烧生成硫化钙;②用硫化钙和水、H_2S 进行浸取,浸得硫氢化钙溶液;③在一部分硫氢化钙溶液中通入 CO_2 碳化,得 H_2S 和碳酸钙,过滤得轻质碳酸钙,产生的 H_2S 和滤液回到浸取工序;④在另一部分硫氢化钙溶液中加入石灰,过滤,滤液冷却结晶合成硫脲。磷石膏通过焙烧、浸取、置换、合成等工序可得到超细碳酸钙,并可利用多余 H_2S 生产高附加值的硫脲。

5. 磷石膏在过磷酸钙生产中的应用

磷石膏可取代低品位磷矿石,与高品位磷矿相混合生产合格的过磷酸钙,过磷酸钙产量可提高 20% 以上,而且当矿浆水分过高时,可以加入磷石膏调节水分含量;另外,磷石膏能使过磷酸钙改性,促使过磷酸钙疏松、熟化期缩短;磷石膏中的少量磷酸、2% 左右的 P_2O_5 会使过磷酸钙产品消耗下降。

6.4.5 磷石膏在农业生产中的应用

1. 土壤改良剂的制备

磷石膏呈酸性,pH 一般在 1~4.5,且含有作物生长所需的磷、硫、钙、硅、锌、镁、铁等元素,可代替石膏用作盐碱土壤的改良剂,消除土壤表层硬壳、减轻土壤黏性、增加土壤渗透性、改良土壤理化性状、提高土壤肥力。

2. 氮肥制备

将磷石膏和尿素在高湿度下混合、干燥,可制成吸湿性小而肥效比尿素高的长效氮肥——尿素石膏[$CaSO_4 \cdot 4CO(NH_2)_2$],这种肥料可减少氮的挥发,提高氮肥的利用率。

6.5 建筑废物资源化利用技术

建筑废物为建筑物或构筑物在新建、改建、扩建、拆除和装饰等过程中产生的废弃物品,根据其产生过程的不同,一般分为拆除垃圾、施工垃圾和装修垃圾三大类。拆除和施工过程中产生的垃圾种类基本相同,包括混凝土块、砖块、石块、陶瓷片、灰/渣土、石膏、木材、钢铁与其他废金属、塑料、玻璃和桩头等。相较于施工过程中会尽可能提高原料利用率,减少废物产生,拆除过程中则会进行大规模的破坏,因此拆除垃圾和施工垃圾各约占建筑废物的60%和30%。虽然装修垃圾仅占到建筑废物的10%左右,但是由于其组成的复杂特殊性,也增加了实际处理处置过程的难度。部分分类也将土地开挖、道路开挖和建材生产过程中产生的废物列为建筑废物,主要包括表层/深层土、混凝土块、沥青块、混凝土-沥青块以及各种建材的废料和碎渣,这些组成成分较为单一,因此在处理上相对简单。

6.5.1 建筑废物的危害及处置现状

我国建筑废物处理方式主要仍是以未经任何处理的露天堆放和简易填埋为主,按其堆放高度为 5 m 计算,1 万吨的建筑废物将占地 2.5 亩,不仅大量占用有限的土地资源,而且会破坏土壤结构,造成地表沉降。另外,建筑废物直接填埋过的土地无法直接利用,再开发还要重新处理。建筑废物的随意堆放会使有害成分通过雨水渗透到地下水体系中,造成对地下水的污染。不仅如此,随着基础设施大规模建设及城镇化进程的日益推进,建筑业对砂石骨料需求与日俱增,每生产 1 m³ 的混凝土需消耗约 1 700~2 000 kg 的砂石骨料,长期对天然砂石肆意开采,造成资源枯竭,山体滑坡、河道破坏、水土流失及自然景观的恶化,给环境治理造成很大的困难。

相较于国内,大部分发达国家对建筑废物资源化利用开展得较早,资源化利用率较高,并且具有较为完善的可执行政策和标准。日本的建筑废物资源化率已达到 97%,主要将其转化为再生骨料或再生混凝土,并且也具有较为成熟的再生骨料加工设备;美国较早将再生混凝土应用在道路中,已有超过 20 多个州使用再生混凝土进行公路建设。

建筑废物源于建筑物的新建、改建、扩建等过程,因此其资源化目标应将其作为产品重新回到建筑市场,同时减少天然砂石的开采。一般地,建筑废物资源化利用途径可分为低级利用、中级利用和高级利用三种方式。低级利用包括分拣利用和一般性回填等。我国建筑废物利用率较低,非金属类(混凝土、砖等)一般用作回填。低级利用模式虽可充分利用建筑废物,节约施工成本和土地占用面积,但不能达到建筑废物资源化、无害化处理的要求,不能获取良好的社会、经济、环境综合效益。中级利用如用作建筑物或道路的基础材料,经处理加工成骨料,再制成各种建筑用砖等。我国的一些城市已开始利用建筑废物中的废弃砖瓦、解体混凝土等作为混凝土骨料、轻骨料生产混凝土普通砖等建筑材料，应用较为普遍。高级利用如将建筑废物分类为无机废物和有机废物，把无机废物制备成水泥、沥青等再利用，但是这种利用方式还存在一定的成本和技术难题。

6.5.2 建筑废物再生骨料资源化

1. 再生骨料直接利用

再生骨料资源化主要是指将建筑废物中的废混凝土、废砖块等硅酸盐质物料进行破碎和筛分，得到具有一定颗粒大小的物料，即再生骨料。通常将颗粒粒径为 5~40 mm 的称为再生粗骨料，而将 0.08~5 mm 的称为再生细骨料。与天然粗骨料相比，再生粗骨料棱角突出，表面硬化水泥砂浆多，内部也存有无法用肉眼观察到的大量细裂纹，因此再生粗骨料往往具有孔隙率、吸水率和压碎指标高，且堆积密度小的特点，这些均不利于其制备的再生混凝土的强度和耐久性提高。

破碎废黏土砖的吸水率和压碎值分别比天然碎石的吸水率和压碎值高 43% 和 25%，作为再生集料而言，强度明显偏低。废黏土砖集料的添加对不同龄期水泥基层材料试件的回弹模量、劈裂强度和无侧限抗压强度产生不利影响，干缩应变减小，但温缩应变增加。为使基层强度满足当前规范中的最低要求，混合料中废黏土砖对粗集料和细集料的替代率应分别低于 70% 和 90%。破碎废混凝土、废砖以及特细砂制成的废混凝土再生混合砂与优质天然中砂的砂浆强度接近，具有替代天然骨料的可行性，而废砖再生混合砂的砂浆强度较低，只能应用于强度要求较低的场所。因此，再生粗骨料制备再生混凝土的应用受到了很大的限制。

再生粗细骨料掺量和水灰比对再生混凝土表观密度和抗压强度的影响呈线性关系，当水灰比值为 0.35 时，线性相关系数超过 0.96。新拌混凝土表观密度随再生粗骨料的增加而降低，而受再生细骨料的影响较小。当水灰比较高时，28 d 再生粗骨料混凝土抗压强度为基准混凝土强度的 91.5%~94.8%，再生细骨料混凝土抗压强度的范围为 84.0%~91.4%，均低于基准混凝土强度，而低水灰比条件下，再生骨料混凝土 28 d 抗压强度接近甚至反超基准混凝土的强度。

2. 再生骨料强化改性

为提高再生骨料的品质，需对再生骨料进行强化处理。强化方法以物理强化和化学强化两种方式为主。物理强化是通过机械设备减少再生骨料的裂隙或改变其外观形貌，包括微波整形法、加热研磨法、立式偏心轮高速研磨法、磨内研磨法和卧式强制研磨法等。但由于物理强化法存在处理工艺复杂、成本高、热损耗大等问题，此方法在我国的应用尚不广泛。化学强化是指采用不同性质的材料（如聚合物、有机硅防水剂、纯水泥浆和水泥外掺粉煤灰等）对再生骨料进行浸渍、淋洗、干燥等处理，使再生骨料得到强化。

采用水玻璃溶液（模数 3.0）对再生粗骨料进行浸泡，可使再生混凝土的早期抗压强度得到提高，但后期抗压强度和流动性出现一定程度的降低。随着水玻璃溶液浓度的提高和浸泡时间的增长,再生混凝土的强度均呈现先升高后下降的趋势。利用有机硅树脂对建筑废物再生骨料进行活化,活化后的再生骨料吸水率降低,强度和黏附性提高,但是马歇尔稳定度、弯拉强度、低温性能和水稳定性随再生骨料含量的增多而降低。再生粗骨料在 Kim 粉＋水泥浆中浸泡后可显著提高再生混凝土的抗压强度,而在粉煤灰＋水泥浆中浸泡的效果不明显。利用桐油对再生骨料改性可使再生混凝土的 28 d 抗压强度提高 7% 左右。

6.5.3 建筑废物再生微粉资源化

在废弃混凝土或砖块破碎、筛分成粗细骨料进行再利用的过程中,会产生约 20% 的细小微粒,颗粒粒径小于 0.15 mm,通常将这部分微粒称为再生微粉。因颗粒粒径较小且与水泥组分相近,再生微粉的资源化利用是主要将其作为水泥的替代品使用。

废混凝土微粉以 20% 以内的掺配率替代水泥制备混凝土,混凝土的抗压强度随微粉掺配率增加而降低,混凝土的抗折强度和抗渗性能仅在掺配率为 5% 时较优,并且添加减水剂可大幅度提高掺配率 20% 时的混凝土强度和抗冻性能。建筑废物砖粉、粉煤灰和矿渣复配制备建筑废物复合粉体,可改善混凝土的抗冻性能。当掺配率较低时,试件抗压强度降低不明显;当掺配率较高时,由于水泥水化产物不足,导致内部结构疏松,试件抗压强度大幅降低。

与传统建材微粉相比,再生微粉的产生过程并没有经过针对性加工,其粒径不均一;再生微粉已参与过化学反应,活性低于天然材料,不易直接发生二次反应。因此,再生微粉在使用过程中需进行活化处理,与再生骨料处理分类相似,也分为物理活化和化学活化两种。物理活化即机械激发法,通过机械研磨的方式提高再生微粉的细度,研磨时间越长,细度越高,再生微粉潜在活性越大。化学活化主要是加入不同种类的化学物质,如硫酸盐、碳酸盐、石灰和石膏等物质,通过提高反应体系中的 OH^- 浓度,使微粉表面形成游离的不饱和活性键,使其更易参与反应,达到胶凝活化的效果。

对再生微粉进行粉磨处理,不仅降低了颗粒的粒径大小,使得颗粒粒径分布均匀,也增大了再生微粉的比表面积,使未水化的颗粒重新露出表面。比表面积的增大也提高了颗粒表面的原子数,增加了表面能,因此有助于激发微粉活性。废弃混凝土再生微粉或与其他工业固体废物粉末配伍作为掺和料制备再生混凝土,当掺和料中再生微粉含量为 35% 左右时,混凝土强度较优,抗碳化耐久性能和抗冻性接近于普通混凝土。当有碱性激发剂作用时,再生微粉混凝土、再生微粉-粉煤灰/矿粉双掺混凝土和再生微粉-粉煤灰-矿粉三掺混凝土的耐久性更好。

当再生微粉掺配率在 10%~80% 时,强碱会抑制水泥水化反应。五种激发剂的活化效果排序为 $CaCl_2 > CaSO_4 \cdot 2H_2O > NaOH/Ca(OH)_2/Na_2SO_4$,且试件的抗压强度、孔隙率和平均孔径均有提高。3.5% 氢氧化钙对再生微粉的活化效果优于 4.5% 偏硅酸钠和物理研磨方法,并且随着再生微粉掺量的增加,三种方法的活化效果均明显下降,掺量越高抗压强度越低。

6.5.4 建筑废物生产功能性材料

虽然对再生骨料和再生微粉进行强化处理,可以在一定程度上提高产品的性能,甚至使其优于天然原料产品,但是综合评价仍然存在一些缺陷,这些问题限制了再生骨料和再生微粉的市场应用。因此一些研究不再仅仅利用建筑废物制备普通建材,而是开发具有一定功能的建筑材料,或制备非建筑领域的功能材料,开辟建筑废物资源化利用新途径。

1. 制备沸石陶粒

建筑废物可为陶粒基体的制备提供矿物元素,采用烧结-水热法将生活污水处理厂污泥与建筑废物制备成沸石陶粒,当 NaOH 浓度 4 mol/L,反应温度 160℃,反应时间 12 h 时,生成物为晶相单一八面沸石,比表面积接近 50 m^2/g,对有害重金属具备有效固定作用,对 Ni^{2+} 的吸附是单分子层吸附过程。

2. 制备保温隔热砌块

建筑废物制备保温隔热砌块,在不加减水剂情况下,配方水灰比大于 0.55,外添助剂可控制产品的相对含水率;当水泥∶建筑废物细骨料∶粉煤灰∶EPS 颗粒∶外加剂∶减水剂的质量比为 60∶6.6∶30∶1.2∶1.2∶1 时,砌块的抗压强度为 2.8 MPa,密度为 640 kg/m^3,平均吸水率为 11.6%,热阻为 0.55 m^2·K/W,产品性能符合国家相关标准。

3. 烧制陶瓷板

建筑废物和污泥等固体废弃物可用来烧制陶瓷板。当各组分含量为建筑废物 70%,碎玻璃 20%,发泡剂 5%~7%,膨润土 5%~7% 时,先在 700℃ 下预热 40 min,然后在 1 200℃ 下烧制 30 min,最终得到抗压强度 5.12 MPa,显气孔率 70.12%,体积密度 0.48 g/cm^3,吸水率 1.62% 的保温隔热发泡陶瓷材料。

6.5.5 建筑废物制备建筑涂料

1. 制备水性涂料

建筑废物微粉制备水性涂料的工艺主要包括浆料制备、浆液制备和调漆过程。浆料制备即将建筑微粉、涂料乳液和适量水混合搅拌分散均匀。浆液制备即将成膜助剂、消泡剂等涂料助剂充分搅拌制得浆液。最后将浆料浆液充分混合,并加入适量增稠剂即可完成调漆,得到再生水性涂料。

建筑微粉水性涂料的附着力和硬度主要与乳液种类和含量有关,低温稳定性和表干时间主要与成膜助剂和丙二醇有关,而黏度基本上仅受增稠剂的影响;当选择苯丙乳液、醇酯十二乳液、丙二醇和增稠剂含量分别为 25%~30%、0.4%~1.2%、3%~3.75% 和 1.5%~2‰ 时,建筑微粉水性涂料具有最佳的性能,但耐水性和涂层外观较差。通过二步法添加聚醚类消泡剂,可提高消泡效果,且涂层不易出现缩孔和气泡等问题;四种耐水改性助剂中,硅烷偶联剂改性效果最好,涂层基本无变色。

2. 制备高耐洗刷性建筑微粉水性涂料

建筑微粉填料在涂层中可起到良好的骨架作用,提高涂层硬度,而醇酯十二-丙二醇复合助剂不仅可以软化聚合物粒子,同时也可以延长干燥时间,使得聚合物与填料结合紧密,提高涂层致密性。建筑微粉水性涂料具有较突出的耐洗刷性能,其耐洗刷次数为一般成品乳胶漆的 2~16 倍,最高可达 9 000 多次(刷头在涂料表面的擦洗次数);砖粉水性涂料的硬度和吸水率分别为 85~103 次(规定摆动周期内的摆动次数)和 14.4%,优于成品乳胶漆的 75~90 次和 25.2%~32.0%,低吸水率和高硬度有利于提高涂层耐洗刷性能。其中涂料的硬度和吸水率测试方法分别参照《色漆和清漆 摆杆阻尼试验》(GB/T 1730—2007)和《漆膜吸水率测定法》(HG/T 3344—2012)。

3. 制备保温隔热的建筑微粉水性涂料

建筑微粉水性涂料整体保温隔热性能较为一般,当涂层厚度大于 7 mm 时,砖粉水性涂料开始具备一定阻隔隔热作用,隔热效果随涂层厚度的增加而提高,而在试验范围内,并没有观察到明显发生反射隔热的"临界涂层厚度"。添加功能填料有利于提高砖粉水性涂料阻隔隔热效果,降低隔热所需涂层厚度,当涂层厚度为 3 mm 时也可观察到隔热效果。隔热功能填料中空心玻璃微珠和粉煤灰漂珠效果最好,30 min 后与空白对照组温差分别为 2.1℃ 和 1.4℃。膨胀珍珠岩和海泡石效果次之,而木质纤维和硅酸铝的效果较差。

习 题

1. 简述工业固体废物的处理原则。
2. 简述工业固体废物的产生、特点及危害。
3. 以钢渣、粉煤灰、脱硫石膏、磷石膏等几种常见工业固体废物为例,分析其组分特征,并概括其相应的资源化利用途径。
4. 论述工业固体废物资源化途径。
5. 简述建筑垃圾分级分质资源化可行路径。

第7章 有机废物和城市污泥处理与资源化技术

有机垃圾(餐厨垃圾)和污水厂污泥是人类生活生产的必然产物,其资源化利用具有重要的社会效益和环境效益。污泥的好氧堆肥工艺具有操作方便、技术简单、运营及维护成本较低等优点,因此好氧堆肥及后续土地利用是适合我国当下政策的主要污泥处理处置技术路线。高湿餐厨垃圾中含有不饱和油脂、淀粉、纤维素、蛋白质等典型组分,极易被降解和官能团转化,具有高分子可聚合形成疏水性固体和半固体物质的特性。分子量相对较小的有机垃圾可以聚合为分子量更大的高分子物质,有机垃圾通过聚合,生产高附加值产品,具有重要意义。

7.1 餐厨垃圾聚合交联

7.1.1 餐厨垃圾聚合交联反应可行性

餐厨垃圾主成分为淀粉、纤维素、油脂、蛋白质,主要含有—COOH、—OH、C═C等特征官能团,可通过聚合反应进一步转化为高分子材料。

废弃动植物油脂中含有大量双键脂肪酸,可通过系列反应生成共轭酸,进而与亲二烯体发生 Diels-Alder 反应,生成 C_{21} 二元酸、C_{22} 三元酸及 C_{36} 二聚酸等重要化工产品。田刚等以废弃油脂制备的脂肪酸甲酯为原料进行聚合反应,得到单体酸甲酯(生物柴油)和二聚酸甲酯,但此产品需经分子蒸馏后得到,且环境条件对产率的影响较大。植物油含有大量的不饱和键,以此为原料可制备生物基树脂、天然纤维、胶黏剂等聚合物和高分子复合材料,并实现多种方法的改性利用。目前国内外对动植物油聚合反应的研究主要集中在对天然植物油的改性利用上,包括天然植物油基高分子材料性能的优化及聚合工艺参数的整合等。

纤维素是由很多 D-吡喃葡萄糖环彼此以 β-(1,4)糖苷键连接而成的线形高分子,其化学式为$(C_6H_{10}O_5)n$(n 为聚合度)。纤维素链中每个葡萄糖环上含有三个羟基,因此纤维素可以发生一系列与羟基有关的化学反应。目前,改性天然纤维素的方法主要是接枝共聚。常用的纤维素接枝共聚引发体系包括光化学引发体系、高能引发体系和化学引发体系,各引发体系中自由基的生成本质及优缺点见表 7.1。

针对不同的原料体系,接枝反应采取不同的引发剂,主要的引发剂体系:过硫酸盐体系、$KMnO_4/H_2SO_4$ 体系、Fe^{2+}/H_2O_2 体系、Ce^{4+} 体系等。目前应用最广泛的引发体系是过硫酸盐体系,采用过硫酸盐引发纤维素类物质的接枝聚合反应机理如下:

$$S_2O_8^{2-} \longrightarrow 2SO_4^{-}$$

$$\text{Cellulose—OH} + S_2O_8^{2-} \longrightarrow \text{Cellulose—O}^- + HSO_4^- + SO_4^-$$
$$\text{Cellulose—O}^- + \text{monomer} \longrightarrow \text{copolymer}$$
$$SO_4^- + \text{monomer} \longrightarrow \text{homopolymer}$$

表 7.1　接枝共聚技术及其优缺点

接枝技术	引发本质	优点	缺点
光化学引发	紫外光引发自由基生成	反应条件温和、成本低	需要一定的引发设备和时间
高能引发	辐射引发裂变和自由基生成	不需要催化剂或者添加剂、应用范围广	高能耗
化学引发	化学剂分解产生自由基	成本低、易于规模化生产和使用	需要催化剂或者添加剂，接枝共聚效率受引发剂的纯度、引发温度的限制

7.1.2　餐厨垃圾水凝胶的制备

高吸水性聚合物，也称为水凝胶（Hydrogel），是一种功能高分子材料，可以吸收自身重量几百倍甚至上千倍的水，而且在压力下仍能保持大部分的水。它一般是由亲水性高分子链轻度交联而成的三维网状结构，其分子链上带有大量的亲水性基团如—OH、—COOH 以及—CONH$_2$ 等，主要应用于卫生用品生产、污染土壤及废水处理等领域。餐厨垃圾中含有的不饱和废油脂、淀粉、纤维素、蛋白质等典型组分中存在大量—OH、—COOH 和 C=C 等特征官能团。在一定条件的诱导下，这些组分可通过聚合反应进一步转化为高分子材料。

1. 餐厨垃圾水凝胶的表观性状

（1）合成产品的宏观形貌

水凝胶合成过程中，随着反应时间的增加，体系黏度不断增大，溶液从最初的浆液状逐渐向凝胶状转化。如图 7.1 所示，所制备的餐厨垃圾水凝胶（FW-Hydrogel）呈乳白色固定胶体状，内部饱含水分，手触具有一定黏性，挤压时也具有一定弹性，表现出水凝胶的特性，且随着聚合条件的不同表现出不同特征。

图 7.1　FW-Hydrogel 表观形貌图

（2）FW-Hydrogel 吸水前后性状变化

合成的 FW-Hydrogel 具有优越的吸水性。为充分了解凝胶吸水前后性状变化，选取相同质量不同亚甲基双丙烯酰胺(MBA)添加下所得的 FW-Hydrogel 样品,进行吸水实验。FW-Hydrogel 干燥后外观为黄色,硬度较大;充分吸水后,体积膨胀,颜色为乳白色(表7.2)。此外,不同亚甲基双丙烯酰胺添加量,其吸水膨胀性能不一样,主要是因为交联剂影响凝胶内部结构的紧密性,交联剂含量越高,其内部越紧密,吸水膨胀越小;反之,则吸水膨胀越大。

表7.2 不同交联剂 MBA 添加下 FW-Hydrogel 吸水前后性状变化

交联剂 MBA 添加量	干燥 FW-Hydrogel 样品性状	吸水平衡时 FW-Hydrogel 样品性状
MBA=0.1%		
MBA=0.2%		
MBA=0.6%		

2. FW-Hydrogel 吸水保水性能

吸水保水性能是水凝胶特有性质,水凝胶能够在短时间内吸收高于自身重量数十倍乃至百倍的水,并且在加压下也能保持。FW-Hydrogel 主要用途即作为干旱/半干旱地区农业作物和园艺植物保水剂,同时通过缓慢释放水分和自身营养物质来给植物提供所需养分。

(1) 丙烯酸单体添加量对 FW-Hydrogel 吸水性能的影响

丙烯酸单体(AA)在引发剂和交联剂作用下可发生自由基反应,自聚或与餐厨垃圾接枝共聚,因此其添加量对 FW-Hydrogel 吸水性能有较大影响,故在反应温度70℃,亚甲基双丙烯酰胺 0.3 g,过硫酸钾 4 mmol/L 的条件下,考察了丙烯酸(3.0~5.0 mL,即质量分数5.7%~12.3%)对水凝胶吸水性能的影响。如图7.2所示为丙烯酸添加量对 FW-Hydrogel 最大溶胀率(Q_m)的影响。由图7.2可知,水凝胶的最大溶胀率 Q_m 在添加量 5 mL(9.1%)时达到最大,为 73.5 g/g;继续增大丙烯酸添加量,则会引起 Q_m 的下降,且下降幅度较为明显,由 73.5 g/g(9.1%)到 40.6 g/g(12.3%)。因此,丙烯酸单体最佳添加量为9.1%。

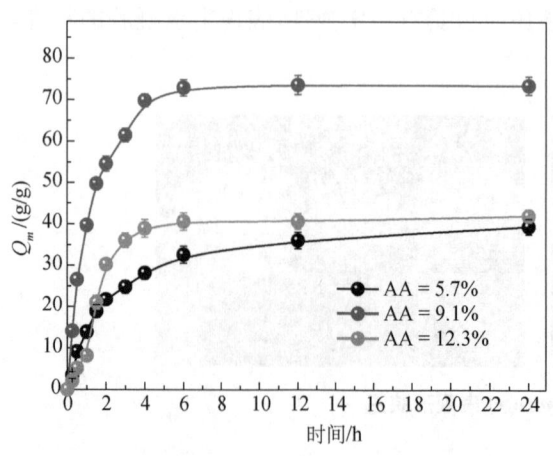

图7.2 丙烯酸单体添加量对 FW-Hydrogel 吸水性能的影响

(2) 引发剂投加量对 FW-Hydrogel 吸水性能的影响

过硫酸钾在此实验中起引发剂作用。引发剂是产生自由基聚合反应活性中心物质,它不仅是影响聚合反应速率的因素,也是影响聚合物相对分子质量的重要因素。过硫酸钾在一定可聚合温度下可发生热分解,生成自由基,能够引发丙烯酸单体和餐厨垃圾主成分间的聚合反应。过硫酸钾热分解反应如下:

$$K_2S_2O_8 \xrightarrow{热分解} 2KSO_4 \cdot$$

$$K_2S_2O_8 \xrightarrow[\Delta]{水溶液} 2K^+ + 2SO_4^{2-} \cdot$$

在反应温度 70℃,亚甲基双丙烯酰胺 0.3 g,丙烯酸 9.1% 的条件下,考察过硫酸钾添加量对 FW-Hydrogel 吸水性能的影响。以 50 mL 浆液为基底,投加量为 4~16 mmol/L。由图 7.3 可知,随着引发剂的增大,FW-Hydrogel 最大溶胀率也相应升高,16 mmol/L 过硫酸钾投加量下 Q_m 为 94.5 g/g。过硫酸钾投加量越大,反应体系中产生的 $SO_4^{2-} \cdot$ 自由基越多,引发更多的丙烯酸单体自聚和丙烯酸与餐厨垃圾主成分的接枝共聚反应。然而,过高的过硫酸钾添加量并没有引起 Q_m 的大幅增加,主要是因为 Q_m 受到丙烯酸单体添加量的限制。

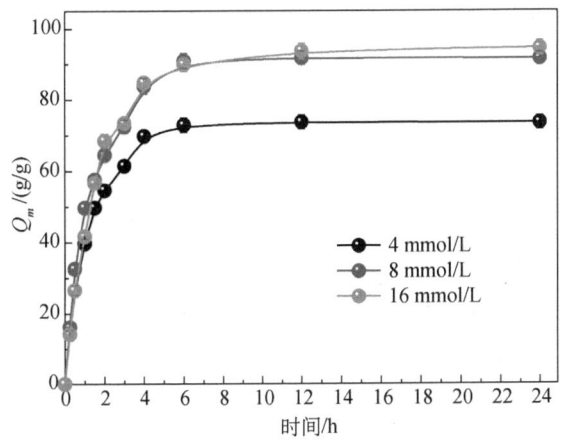

图 7.3 引发剂投加量对 FW-Hydrogel 吸水性能的影响

(3) 交联剂投加量对 FW-Hydrogel 吸水性能的影响

如图 7.4 所示为亚甲基双丙烯酰胺投加量对 FW-Hydrogel 最大溶胀率的影响。该聚合体系中的交联反应既可以发生在同一大分子内部(如淀粉、聚丙烯酸),也可发生在于不同的分子之间。此外,亚甲基双丙烯酰胺在初级自由基的引发下也可以增长成短链自由基,也能强化体系中的聚合交联反应。亚甲基双丙烯酰胺添加量从 0.1% 增加到 0.2% 时,Q_m 从 48.5 g/g 升至 80.0 g/g;而添加量从 0.2% 增加至 0.6% 时,Q_m 从 80.0 g/g 下降至 28.8 g/g。随着亚甲基双丙烯酰胺的增加,反应体系内聚合交联程度增大,聚丙烯酸自交联产物、丙烯酸与餐厨垃圾主成分聚合产物等物质增多,FW-Hydrogel 的 Q_m 不断增大;当聚合体系产率达到最大时,继续增加亚甲基双丙烯酰胺量则会导致 Q_m 的下降,这种变化趋势可能与交联剂剂量过大时,亚甲基双丙烯酰胺自聚倾向增加有关。

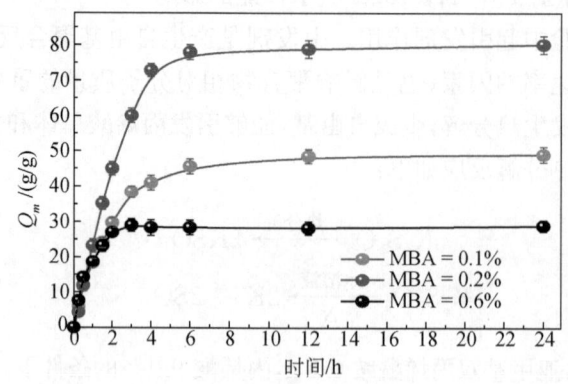

图 7.4 交联剂亚甲基双丙烯酰胺对 FW-Hydrogel 吸水性能的影响

(4) 聚合反应温度对 FW-Hydrogel 吸水性能的影响

温度是过硫酸钾引发剂产生自由基的必要条件。过硫酸钾在温度高于 70℃时才会热分解生成自由基,进而引发体系中聚合反应。由图 7.5 可知在 60~85℃,随反应温度升高,由于自由基生成速率加快,丙烯酸自身或与餐厨垃圾聚合交联速度加快,反应活性点增多,但过高的温度却给空间网络结构的有序交联带来阻碍,表现为 FW-Hydrogel 吸水性能下降。

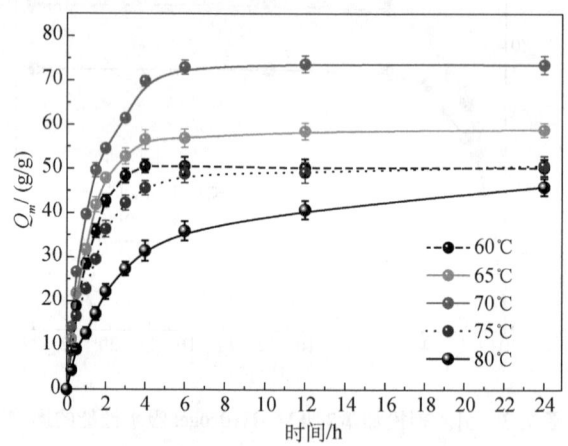

图 7.5 反应体系温度对 FW-Hydrogel 吸水性能的影响

3. 复合水凝胶土壤肥力提升性能

为实现水凝胶制备过程中的 pH 调控及其施用土壤中肥效的增强效果,添加尿素同步合成复合凝胶缓释肥,并考察其对土壤肥力提升的作用效果。

(1) 氮素浸出行为

复合水凝胶不仅是一种保水剂,同时也是氮肥缓释剂,其氮肥缓释性能如图 7.6 所示。相同氮素情况下,在经过 24 h 淋洗后,复合水凝胶中氮素损失率为 19.7%,远低于纯尿素的氮素损失率(52.3%),该现象说明所制备的水凝胶缓释肥样品可以有效地控制肥料养分的淋失,具有氮素保留和缓释的潜力。氮素流失,不仅是对营养成分的损失,也是对周边水体生态环境的一种威胁。在以沙土为主的干旱、半干旱地区,常施用化肥进行营养成分补充,但后期的灌溉和雨水冲刷作用很容易将土壤中肥料淋洗出来,造成营养成分流失。因此,控制化肥养分的流失显得尤其重要。复合水凝胶类似于一个微型水库和营养元素暂存库,为土壤和植物保留、提供水分和营养,相比于传统肥料,其优势显著。

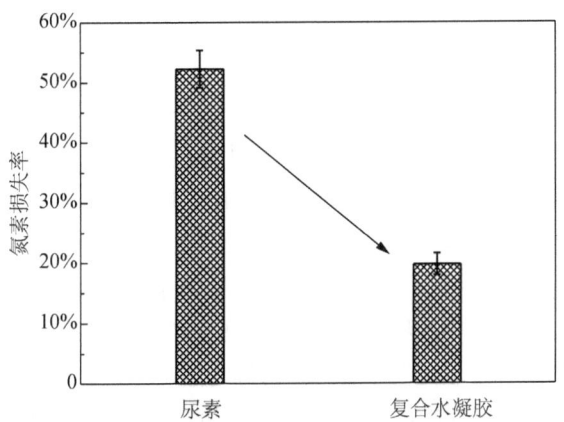

图 7.6　尿素和复合水凝胶氮素保留效果对比

(2) 土壤肥力变化

设置空白对照组(B1)、尿素添加组(B2)与 B2 等量氮素含量的复合水凝胶组(B3)三组实验,与等质量土壤样品混合后,置于恒温恒湿(30℃,60%湿度)环境中养护,定期加水保持试验土壤样品的含水率。取样测试土壤基本性质指标,结果见表 7.3。

表 7.3　不同氮肥施加对土壤性能的影响

指标	空白组	尿素组	复合水凝胶组
pH	7.69	7.59	7.58
有机质(g/kg)	13.7	14.1	25.9
阳离子交换量(cmol(+)/kg)	7.60	8.37	9.16
总氮(g/kg)	0.639	0.899	0.975
总磷(g/kg)	0.641	0.790	0.844
全钾(g/kg)	12.4	12.5	14.8
可交换钾(cmol/kg)	0.38	0.51	0.71
可交换钠(cmol/kg)	0.34	0.35	1.59
可交换钙(cmol/kg)	62.8	87.4	76.8
可交换镁(cmol/kg)	4.45	4.63	4.74

添加尿素和复合水凝胶后,除 pH 基本维持不变外,其他土壤指标都有一定程度上的增加。有机质在原土样中较低(13.7 g/kg),添加复合水凝胶后,其含量增加到 25.9 g/kg,表明复合水凝胶缓释剂施用后其中的有机质释放到土壤中,使得土壤颗粒中保有的有机物量

大幅增加。相对于空白组，尿素和复合水凝胶添加组的土壤总氮和总磷也有大幅提高。水解氮和有效磷作为植物生长的主要养分，其值的增加可保证土壤的有效肥力和生产力。

7.2 城市污泥好氧堆肥

7.2.1 好氧堆肥概述

堆肥化(composting)是在控制一定条件下，利用自然界广泛分布的细菌、放线菌、真菌等微生物，促使固废中的有机成分发生生物稳定作用，使可生物降解的有机物被转化为稳定腐殖质的生物化学过程。这个定义强调堆肥过程是在人工控制条件下进行的，不同于一般生活垃圾的自然腐烂与腐化；堆肥化的原料是生活垃圾中可降解的有机成分；堆肥化的实质是生物化学过程，堆肥产品对环境无害，即废物达到相对稳定状态。堆肥化是有机生活垃圾资源化、能源化的主要方式之一。堆肥化的产物称为堆肥(compost)，是一种深褐色、质地疏松、有泥土气味的物质，类似于腐殖质土壤，故也称为"腐殖土"，具有一定肥效，可作土壤改良剂和调节剂。传统的堆肥主要是自然堆肥，堆肥温度低，堆肥时间长（可长达3～6个月），卫生条件差、无害化程度低、处理规模小，但操作简单，适合农村一家一户用。现代堆肥处理是在传统的堆肥方式上发展起来的，加入了人为的控制过程，使堆肥进程大为加快，卫生无害化效果好，机械化程度高，在对生活垃圾处理的同时达到了生活垃圾有机质的生物质能回收利用，具有显著的资源化与无害化特点，适合工厂化生产。堆肥化能够将大量的有机固体废弃物资源化、能源化，变废为宝；可以减重减容，间接减少城市垃圾处理费用；堆肥产品可以用作农田肥料和土壤改良剂。

适合好氧堆肥处理的原料很多，来源于生产和生活的所有可生物降解的有机废物均可进行堆肥处理，这些有机废物往往含有大量有机质和氮、磷、钾等各类养分元素。①生活与市政有机废物：厨余、肉菜市场废物、各种生活垃圾、市政污泥、河道底泥、市政管网中淤泥等。这类有机物是很好的堆肥原料，用于制作堆肥，可为农业生产提供大量优质的有机肥料。②工业废物：糖业废物如蔗渣、滤泥、甜菜渣等，造纸废物如造纸污泥、树皮、黑液浓缩物或木质素粉等，印染污泥，食品加工废物如啤酒滤泥、葡萄酒厂废渣、番茄酱厂废渣，药厂废渣如中药渣、抗生素生产废渣等。③农业废物：种植、畜牧、水产、林业等产业废物，主要有作物秸秆、禽畜粪便、鱼塘（河流）底泥、林业加工的残枝、木屑。随着农业生产的发展，农业废物的数量和种类迅速增加，如鱼塘底泥和河流疏浚底泥的处理和利用都成为一个亟待解决的问题。而这些废物都可作为堆肥的原材料。

好氧堆肥是在有氧条件下，依靠好氧微生物的作用把有机垃圾腐殖化的过程，即利用堆料中好氧微生物的生命代谢作用——氧化、还原、合成等过程对有机生活垃圾进行生物降解和生物合成。堆肥化过程的实质是微生物在自身生长繁殖的同时对有机垃圾进行生化降解的过程。堆肥微生物主要来自两个途径：一是来自有机垃圾固有的微生物种群，一般生活垃圾中的细菌数量在 10^{14}～10^{16} 个/kg；二是来自人工加入的特殊菌种。

7.2.2 城市污泥好氧堆肥过程

1. 堆料气体中 O_2 和 CO_2 浓度变化

好氧堆肥的通风决定了供氧,而有机物的降解和硝化过程决定了耗氧,二者共同决定了堆体中的 O_2 含量。N_2O 的产生主要源于硝化路径和反硝化路径,在硝化路径中,羟胺(NH_2OH)氧化为 NO_2^-,产生中间体 NOH·自由基,NOH·自由基缩合或被 NO 还原形成 N_2O;在反硝化路径中,NO_2^- 首先在含铜亚硝酸盐还原酶(NirK)催化下被还原为 NO,NO 在氧化氮还原酶(Nor)作用下产生 N_2O。反硝化路径也可以由硝化细菌在缺氧条件下完成,称为硝化菌反硝化。N_2O 还可以在 N_2O 还原酶(NosZ)作用下被消耗,还原为 N_2。无论是硝化路径还是反硝化路径,氧作为主要电子受体和酶的抑制因子,都是影响硝化-反硝化过程 N_2O 产生的关键因素。在强制通风装置堆肥系统中,排气口气体中的氧含量和硝化速率相关。

通风强度为外部供氧条件,而堆肥装置内 O_2 浓度为堆料实际所处的氧环境,其对于堆料的有机物降解和氮转化过程有着更实际的意义,比如有些堆肥规范建议堆肥过程堆体内部 O_2 体积分数要大于5%以维持好氧环境。基于此,在通风强度堆肥试验中,对堆肥第 0~22 d 静态箱内堆肥气体进行每日取样,以监测堆料中实际 O_2 浓度及 CO_2 浓度变化,如图 7.7 所示(实验中的两个 0.42 L/(min·kg) 的通风量实验为重复实验,体现实验的重复性)。22 d 以后,O_2 浓度和 CO_2 浓度虽有小幅变化,但均接近空气,且不同通风强度差异不大。

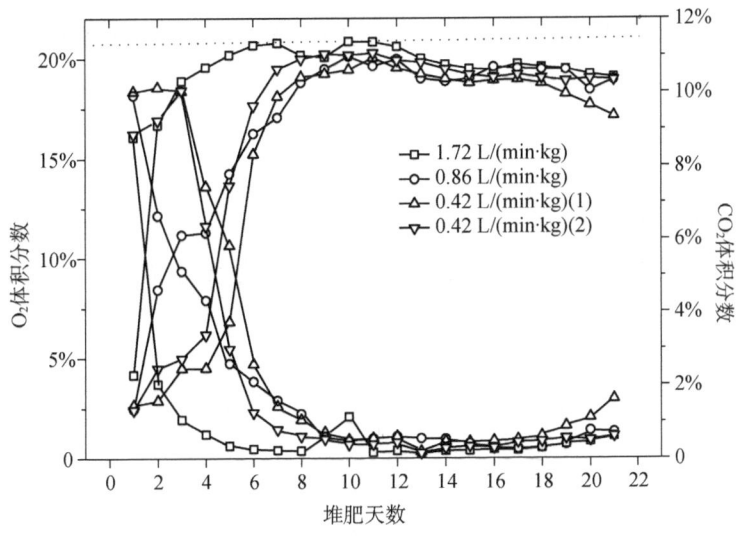

图 7.7 通风量实验中不同通风强度下堆料气体 O_2 和 CO_2 浓度变化

如图 7.7 所示,4 种不同的通风强度导致 O_2 和 CO_2 浓度变化差异,通风强度越大,O_2 和 CO_2 浓度接近空气背景值的速度越快。第 5 天以后,各处理均已达到好氧堆肥 O_2 体积分数大于5%的要求,第 9 天以后,各通风强度的 O_2 浓度均已接近空气背景值20.9%,且彼此差异不大,说明堆肥氧消耗速度(OUR)极小,堆肥已进入腐熟期。值得注意的是,第 12 d 以后,O_2 和 CO_2 浓度分别出现了缓慢下降和缓慢上升的过程,可能来自堆体内较难降解有机物的 O_2 消耗。

为评价间歇通风(四个处理的间歇通风设置分别为 30 s/9.5 min, 30 s/9.5 min, 1 min/9 min, 2 min/8 min)期间, 堆体内部的 O_2 浓度是否有显著变化, 即堆肥是否在间歇通风阶段存在厌氧-好氧交替的效果, 选取最低通风量 0.42 L/(min·kg)处理, 分别在堆肥第 1~4 d 对监测各间歇通风的通风阶段和随后的停止通风阶段 O_2 浓度变化, 如图 7.8 所示。通风前后, 堆体内 O_2 浓度变化极小, 说明即使在极小通风量 0.42 L/(min·kg)的高温期, 在 10 min 的通风循环内也未出现厌氧-好氧交替的环境。

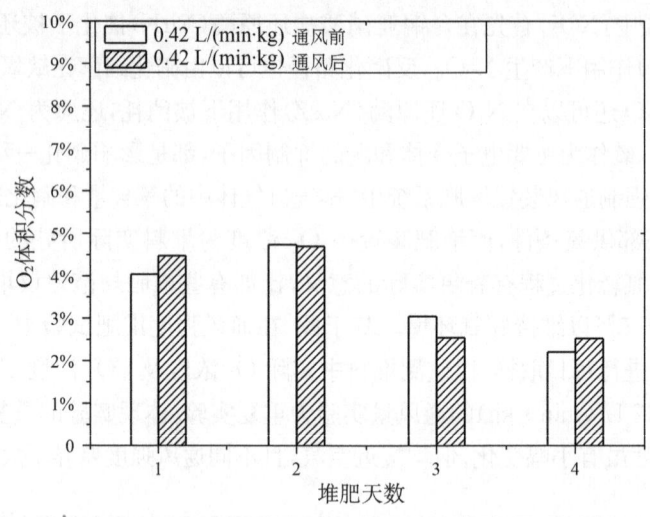

图 7.8 通风量实验中 0.42 L/(min·kg)间歇通风过程通风前和通风后堆体 O_2 浓度对比

2. 堆体温度变化

堆体温度是评价堆肥效果和观察堆肥过程最重要的参数。实验中, 堆肥温度曲线均呈现升温期—降温期—腐熟期的特征(图 7.9), 高温期(>50℃)均较短, 这在小反应器堆肥实验中很普遍。仅在最高通风量[1.72 L/(min·kg)]时, 堆体高温期温度超过 50℃, 但其降

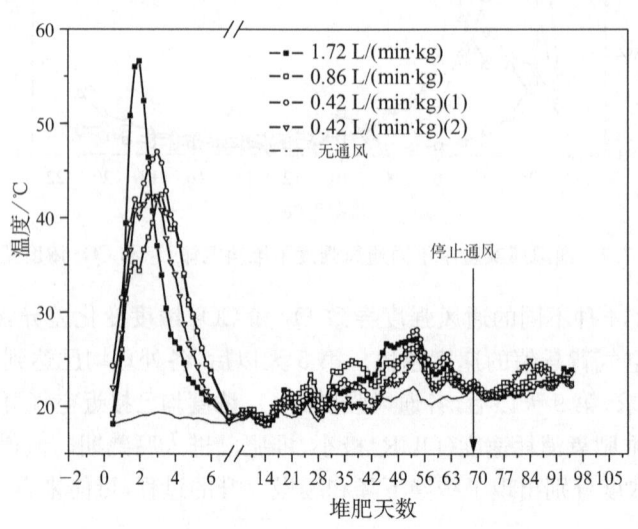

图 7.9 不同通风量的城市污泥堆肥温度曲线

温很迅速,说明高通风量带来有机物的快速降解,同时也带来热量散失,其他 3 个通风量的最高温度依次为 42.5℃,47.0℃,42.3℃,4 个通风过程均在第 8 天左右接近室温,与图 7.7 中堆料气体 O_2 和 CO_2 接近空气背景值的时间接近(第 9 天),说明此后,堆料无论从氧消耗速率还是从堆温角度看,均已进入腐熟期。

3. 堆料水溶性有机碳变化

堆料浸出液中的有机碳(DOC)反映了堆料中可被生物直接利用的有机质成分。图 7.10 给出了实验中堆料 0~30 d 的 DOC 变化,30 d 后 DOC 含量已降低至较低浓度而未予继续测定。从图中可看出,各通风量的 DOC 浓度变化规律类似,在高温期(0~5 d)迅速升高到 13~15 g/kg,随后缓慢下降,至堆肥第 30 d 已下降到 5 g/kg 以下,第 30 d 后,各通风量的 DOC 含量因维持在较低水平(<5 g/kg)且较稳定。其中,0.86 L/(min·kg)通风量的 DOC 浓度下降速度最快,最终维持在 2.2 g/kg 以下,为各通风过程中最低含量,从有机质下降的角度,该通风量的堆肥效果最好,而通风量最高的 1.72 L/(min·kg)和最低的 0.42 L/(min·kg)的通风过程 DOC 浓度差异不大。上述结果说明,在实验的不同通风量条件下,高通风量并未带来高的有机质降解速率。

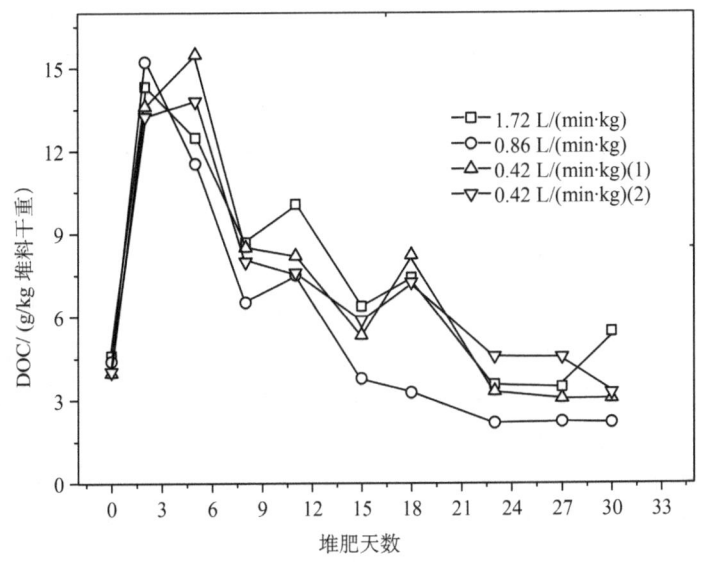

图 7.10 不同通风量条件下堆料 DOC 浓度变化

4. 堆料 pH 变化

pH 对于微生物硝化和反硝化过程有着较大的影响,硝化与反硝化过程所涉及的酶活性均和 pH 直接相关。在实验中,4 个通风过程在第 5 d 同时达到最高值(pH=8.7~8.9)。通风量为 0.86 L/(min·kg)的堆料 pH 下降速度最快,从第 5 d 的最高值 pH=8.8 下降到第 68 d 的 pH=4.8,同期最高通风量为 1.72 L/(min·kg)的堆料 pH 从 8.9 下降到 5.8,而低通风量为 0.42 L/(min·kg)(2)的堆料 pH 在第 5~43 d 一直维持在 pH=8.4~9.0 的碱性环境,在第 68 d 后下降到 pH=6.3。总体而言,通风阶段并不是通风量越高,堆料 pH 下降越快。此外,停止通风后,除了 0.86 L/(min·kg)通风处理的堆料,其他通风量堆料均出现 pH 明显上升的现象。0.86 L/(min·kg)通风量处理的堆料停止通风时 pH 降低至 4.8,而在停止通风后继续降低到极低值 4.0(图 7.11)。低 pH 环境,以及后期在以难降解的木质素、纤维素为主要有机质的环境条件,不利于细菌的生存,可能使得嗜酸的真菌(如酵母菌和霉菌)获得竞争优势,成为主要微生物类群。

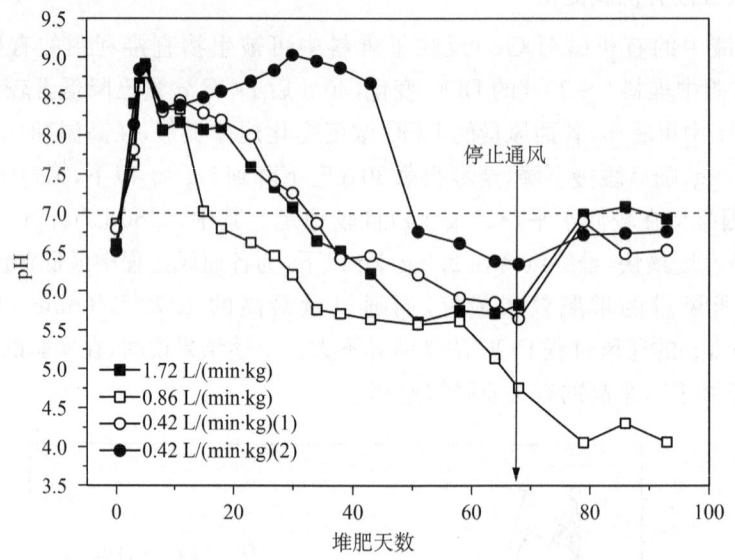

图 7.11 不同通风量城市污泥堆肥实验堆料 pH 变化曲线

5. 堆料浸出液中氮素变化

堆料中的氨氮、亚硝酸盐和硝酸盐是无机氮转化的直接底物和产物,其浓度变化可以反映硝化和反硝化进程。如图 7.12 所示为三种无机氮随堆肥时间的变化曲线,在 4 个通风量处理的通风阶段,无机氮的变化趋势趋同:氨氮在高温期氨化阶段增加至峰值,随后在硝化阶段缓慢下降;亚硝酸盐作为中间产物仅在堆肥中期积累;硝酸盐含量在硝化阶段缓慢上升。

氨氮含量的下降主要源于硝化。在实验中,NH_3-N 含量的下降和其 pH 的下降耦合,说明堆肥过程中二者的相关关系。0.86 L/(min·kg)通风量堆料的 NH_3-N 浓度下降速度最快,NH_3-N 浓度从第 8 d 的 3 068 mg/kg 下降到第 15 d 的 1 487 mg/kg,其 pH 亦下降最快,说明硝化过程迅速;相反,0.42 L/(min·kg)(2)的堆料 NH_3-N 浓度在第 3~58 d 一直维持在 1 500 mg/kg 以上,其 pH 在 45 d 前也维持在 8.5 左右,说明硝化过程较缓慢。

作为硝化过程的不稳定中间产物,NO_2^--N 浓度累积被认为是亚硝酸盐氧化菌(NOB)不能及时将氨氧化菌(AOB)的产物 NO_2^- 转化至 NO_3^-,从而导致 NO_2^- 积累所致的判定方法。在实验中,1.72 L/(min·kg)、0.86 L/(min·kg)、0.42 L/(min·kg)(1)的堆料亚硝酸盐积累分别出现在第 18 d、第 11 d 和第 18 d,与 NO_3^--N 的增长几乎同步,NO_2^--N 积累分别持续了 15 d、7 d、15 d,0.42 L/(min·kg)(2)堆料硝化速度缓慢,并未出现明显的 NO_2^- 积累,其NO_3^-浓度至第43 d才开始增长。第68 d通风结束后，1.72 L/(min·kg)、0.86 L/(min·kg)和0.42 L/(min·kg)通风量的堆料NO_3^-浓度并未如预期降低，反而升高，而1.72 L/(min·kg)和0.42 L/(min·kg)通风量的堆料氨氮也伴随着升高，pH变化曲线印证了这一变化，说明在这一阶段，出现了氨氮含量和硝酸盐含量同步升高的现象。

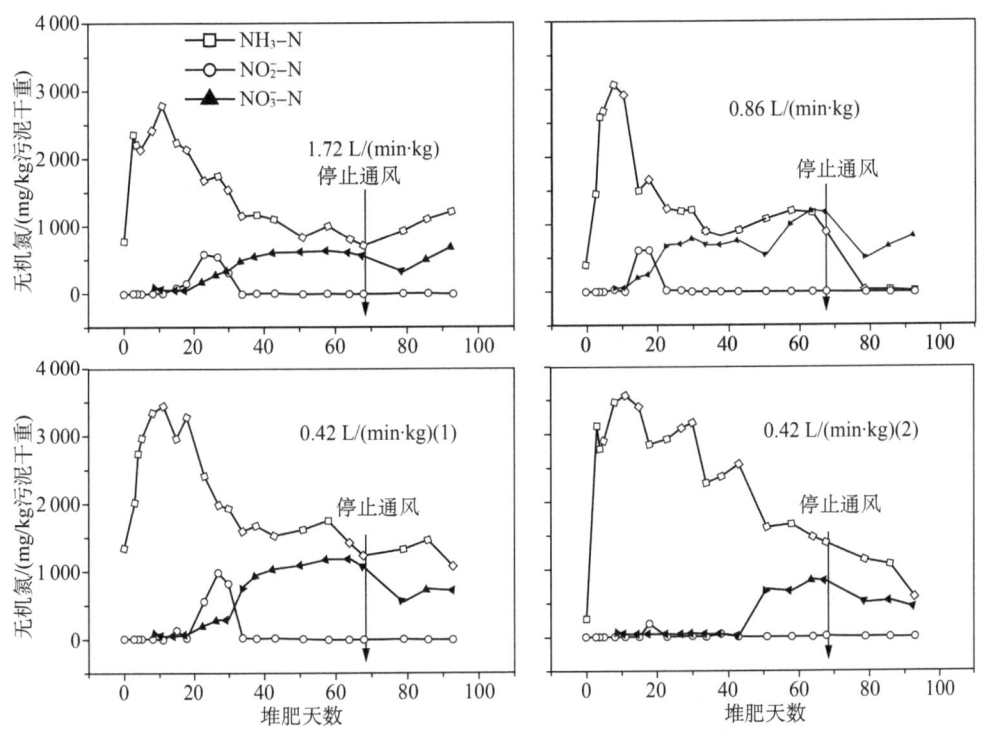

图 7.12 城市污泥堆肥通风量实验堆料无机氮的变化

6. 堆肥过程 N_2O 的释放特征

通风阶段 N_2O 释放高峰均在堆肥降温期后。N_2O 的释放主要存在于高温期，一般被归因为反硝化作用，也有研究认为高温期氨氧化细菌（AOB）仍能进行硝化反应，因此可能是硝化作用导致。如图7.13所示，在高温期和随后的降温期并未观察到 N_2O 释放，可能因为初始 NO_2^--N 和 NO_3^--N 浓度极低而无法进行反硝化作用，而硝化过程也并未开始。N_2O 的日释放量在 0～90 mg N_2O-N/kg（污泥干重），硝化进程最快的 0.86 L/(min·kg) 通风量堆料释放早且释放期长，从第13 d的34.8 mg/kg到第25 d的峰值89.6 mg/kg，而后缓慢下降，其全过程都存在 N_2O 的释放；1.72 L/(min·kg) 通风量堆料和 0.42 L/(min·kg)(1) 通风量堆料其前期释放规律类似，在第19 d出现 N_2O 释放，分别在第25 d和28 d出现释放峰值 55.6 mg/kg、58.2 mg/kg；0.42 L/(min·kg)(2) 通风量堆料释放峰滞后，出现在第25 d，在第49 d达到峰值 58.6 mg/kg。将 N_2O 的释放曲线和无机氮的变化曲线进行比较，可以看出 N_2O 的释放和硝化进程有着很强的相关性，说明 N_2O 的释放可能主要来自硝化。在第68 d关闭通风后，N_2O 释放出现第二个峰值，根据之前的pH和无机氮的分析，此阶段反硝化作用为主，故推断该实验停止通风后 N_2O 的释放高峰可能主要来自反硝化作用。

由于 0.86 L/(min·kg) 通风量堆料处理末期(第 80~90 d)NH_3-N 含量极低,硝化作用受到抑制,且细菌反硝化作用会受到低 pH(pH=4.0~4.3)的抑制,因此,真菌的异养好氧反硝化是这一阶段 N_2O 的主要释放源。

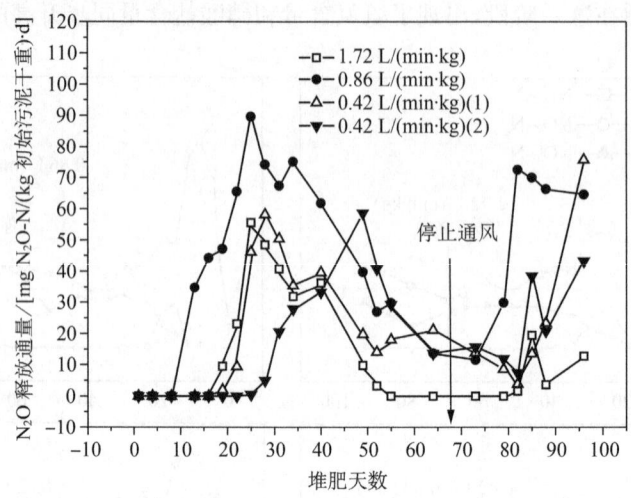

图 7.13　不同通风量城市污泥堆肥过程 N_2O 释放通量曲线

7.3　污泥与餐厨垃圾联合厌氧发酵

7.3.1　联合厌氧发酵效果

1. 联合厌氧发酵产氢效果

联合厌氧发酵产氢结果如图 7.14 所示。在污泥中加入适量的餐厨垃圾会使氢气浓度及产氢量得到提高,但其变化是随着餐厨垃圾比例的增加而降低:当餐厨垃圾添加量占样品总质量的 10% 时得到的氢气浓度与累积产氢量最大,最大氢气浓度为 13.07%,最大累积产氢量达 41.88 mL;当餐厨垃圾添加量占样品总质量的 20% 时,仅获得 22.87 mL 的累积产氢量,最大氢气浓度仅 4.2%;当餐厨垃圾比例提高到 30%~60% 时,最大累积产氢仅为 3~5 mL;当餐厨垃圾添加比例继续提高后,发酵体系则无氢气产生。

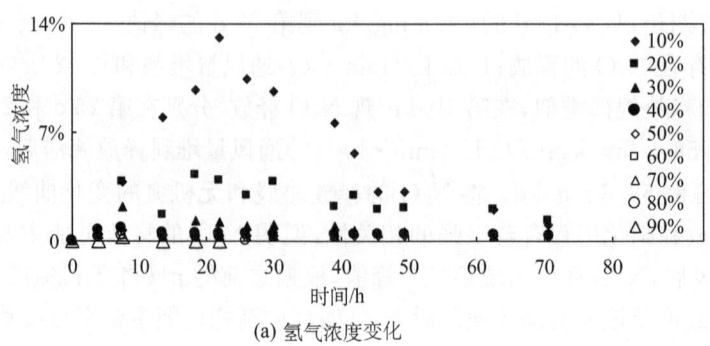

(a) 氢气浓度变化

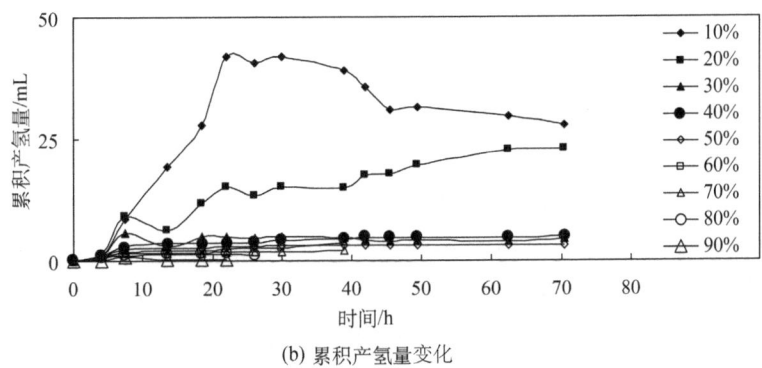

(b) 累积产氢量变化

图 7.14　不同添加比例餐厨垃圾对污泥厌氧发酵产氢的影响

2. 联合厌氧发酵产甲烷效果

在体系产氢过程中检测到甲烷的存在,其浓度变化情况如图 7.15 所示。餐厨垃圾添加比例为 10%～40% 的体系均不同程度地产生甲烷,且随着餐厨垃圾添加比例的增大而减小。餐厨垃圾添加比例 10% 的体系中产生的甲烷浓度最高,达 5.74%,观察期内(70.5 h)最大累积产甲烷量为 19.58 mL;当餐厨垃圾添加比例达 40% 时,最大甲烷浓度仅 0.66%,最大累积产甲烷量仅 2.22 mL;当餐厨垃圾比例继续增加时,则在观察期内未检测到甲烷。

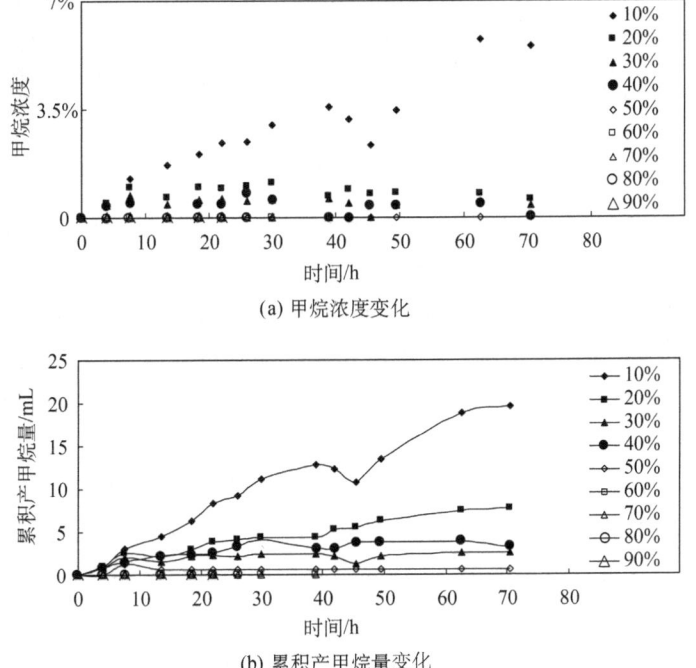

(a) 甲烷浓度变化

(b) 累积产甲烷量变化

图 7.15　不同添加比例餐厨垃圾对污泥厌氧发酵产甲烷的影响

7.3.2 联合厌氧发酵机理

污泥-餐厨垃圾发酵体系并非餐厨垃圾添加量越多,产氢量越大;也并非甲烷产量越少,对甲烷菌的抑制作用越强,产氢量就越高。当餐厨垃圾比例低,即污泥含量高时,污泥中的蛋白质及蛋白质水解酸化产物 NH_3-N 能对 pH 起到一定的缓冲作用;当添加的餐厨垃圾比例高时,由于餐厨垃圾基质中主要的成分为糖类物质,水解酸化产物主要为短链脂肪酸,从而使体系 pH 快速下降,因此餐厨垃圾比例越高,体系酸化程度越高。如图 7.16 所示为污泥-餐厨垃圾体系厌氧发酵前后体系 pH 的变化情况。各体系初始 pH 都在 6.0 左右,参与厌氧发酵后,体系 pH 均有不同程度的下降,下降程度随着餐厨垃圾添加比例的增加而增大;当添加比例为 10% 时,发酵末端产物 pH 为 5.30,甲烷菌受到一定的抑制,而且 pH 介于 5.0~6.0 间时,产氢量较高;当添加比例达到 20% 时,发酵末端产物 pH 为 4.57,低于 5.0,不仅甲烷菌受到抑制,而且产氢也受到抑制;随着添加比例继续增大,发酵末端产物 pH 更低,当添加比例 >40% 时,发酵末端产物 pH 低于 4.00,过低的 pH 使得厌氧发酵体系受到强烈抑制,即产氢产甲烷菌受到完全抑制。

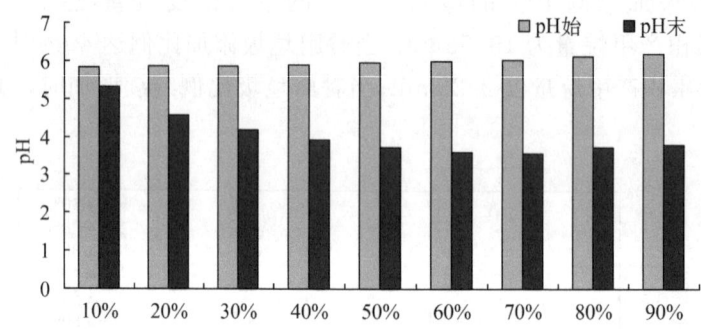

图 7.16　不同餐厨垃圾添加比例的污泥-餐厨垃圾体系厌氧发酵前后 pH 的变化

在污泥和餐厨垃圾联合厌氧发酵产氢过程中,污泥起到的作用是提供丰富的菌群,而餐厨垃圾起到的作用是降低 pH(对耗氢菌,主要是甲烷菌的抑制作用)以及提供丰富的溶解性有机质。污泥和餐厨垃圾在基质上有很好的互补性;污泥中虽然富含有机物,但这些有机物质绝大多数是不溶的。餐厨垃圾的有机物质相比污泥则更加丰富,其总有机碳(TOC)含量约为污泥的 6 倍,蛋白质含量与污泥相当或略高,但糖类物质含量却远远高于污泥,约为污泥的 7~14 倍;餐厨垃圾中的可溶有机物质含量很高,可溶性有机碳(SOC)浓度为 40 000~60 000 mg/L,约占 TOC 的 20%,可溶蛋白质含量也为总蛋白质含量的 10%,可溶糖浓度为 30 000~60 000 mg/L,为总糖含量的 60%。可见,餐厨垃圾不仅有机质含量很高,且含有丰富的糖类物质,而且大部分为可溶糖;而污泥中有机质大部分为蛋白质,且多为不可溶。餐厨垃圾与污泥混合,通过调节适当的比例,可以达到适合的碳氮比,从而利于发酵产氢。

污泥和餐厨垃圾直接混合进行厌氧发酵,产氢量并不高。发酵产物中,乙酸和丁酸生成是氢积累的代谢途径,但是乙醇、丙酸及乳酸等的生成都是耗氢的代谢途径。污泥中微生物种类繁多,代谢类型多样,如丁酸梭状芽孢杆菌属和拟杆菌属利于产氢,而产甲烷菌,如索氏甲烷丝菌和巴氏甲烷八叠球菌、产乙酸菌和硫酸盐还原细菌等则消耗氢气。这种产氢菌与耗氢菌并存,使得产氢菌产氢的同时,耗氢菌又迅速将其消耗掉。因此,对污泥进行预处理,抑制耗氢菌是使得大量氢气积累的关键。

7.3.3 厌氧发酵沼渣处理技术

厌氧发酵沼渣是有机废物经过厌氧发酵产沼气后留下来的渣滓和废液,它由固体和液体两部分组成,固体部分成分比较复杂,不仅包括漂浮在表面的浮渣,还包含沉淀在沼气池底部的泥状物。沼渣沼液广泛用于农田作为有机肥料,主要是因为它们含有丰富粗蛋白、粗纤维、粗脂肪和粗灰分等。

随着城市化进程加快,有机垃圾的产量与日俱增,大量的有机垃圾经过厌氧发酵产生了大量的沼渣。在城市有机垃圾厌氧发酵厂中,沼渣含水率很高,一般通过加入絮凝剂进行絮凝脱水后再考虑进一步的处理,由于沼渣产生量大,絮凝后的处理手段成为了一个亟待解决的问题。

1. 臭氧氧化沼渣技术

臭氧的分子式为 O_3,是氧的一种同素异形体,分子结构如图 7.17 所示,具有刺激性特殊气味,在标准气压和温度下,水中的溶解度比氧气约大 13 倍。臭氧极不稳定,在常温下即可自行分解。臭氧是一个具有较强氧化能力的偶极分子,既可以作为亲核试剂,又可以作为亲电试剂参与反应,在标准状态下臭氧的氧化还原电位为 2.07 V,是极强的氧化剂,在水中分解后可以产生氧化能力极强的单原子氧(O)、羟基(OH)等。

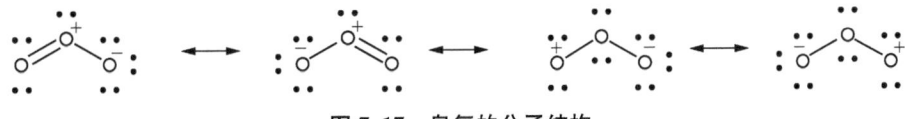

图 7.17 臭氧的分子结构

非均相催化臭氧氧化技术是在臭氧氧化的基础上,向反应体系引入固体催化剂,该催化剂能够和水中溶解的臭氧反应,加快臭氧分解,并引发自由基链式反应,生成大量氧化活性高的自由基。臭氧氧化催化剂常用过渡金属氧化物为活性组分。氧化铁(Fe_2O_3)、氧化锰(MnO_2)、氧化铝(Al_2O_3)和氧化铈(CeO_2)等常被用于催化臭氧氧化。MnO_2 可以有效促进臭氧分解产生活性自由基,提高氧化效果。

称取 25 g 厌氧发酵沼渣(湿基)置于 500 mL 浸提容器中,加入 500 mL 的去离子水进行种子发芽实验,作为对照组在室温下静置浸提 1 h;实验组在室温下进行臭氧曝气,流量控制在 3 L/min,曝气时间为 5 min,随后静置 1 h 获得浸提液;在微生物培养皿内垫上一张滤纸,均匀放入 10 粒露头青萝卜种子,加入一定量的浸出液和蒸馏水,盖上盖子,在 25℃黑暗的培养箱中培养 48 h,测定发芽率和根长,计算发芽指数。该指数若小于 100%,则表示测试样品具有植物毒性,该值越小毒性越强;该指数若大于 100%,则表示测试样品对种子的发芽和根生长有促进作用,该值越大促进作用越强。每个样品准备 3 个平行样,以去离子水或蒸馏水做同样的空白实验。

一共设置 21 个组别,分别为 1 组空白组、10 组对照组和 10 组实验组,每组具体设置见表 7.4。

表 7.4 种子发芽实验组别设置

组别	处理方法	清水添加量(mL)	浸出液添加量(mL)
1	静置、臭氧曝气	4.5	0.5
2		4.0	1.0
3		3.5	1.5
4		3.0	2.0
5		2.5	2.5
6		2.0	3.0
7		1.5	3.5
8		1.0	4.0
9		0.5	4.5
10		0.0	5.0

测定臭氧曝气前后厌氧发酵沼渣中的腐殖酸含碳量,由表7.5可知,经过臭氧曝气之后,总有机碳(Total Organic Carbon,TOC)含量有所下降,主要减少的是富里酸(FA)。

表 7.5 臭氧曝气前后厌氧发酵沼渣中腐殖酸含量　　单位:mg/g

	TOC	HA	FA
曝气前	72.36	22.39	49.97
曝气后	54.62	24.80	29.82

由此得到各个组别的腐殖酸含量与发芽指数,具体见表7.6。

表 7.6 各组别种子发芽指数

处理方法	组别	平均根长/cm	处理发芽率	发芽指数	TOC/(mg/L)
静置	1	1.734 4	86.67%	92.74%	361.8
	2	1.437 1	96.67%	85.71%	723.6
	3	1.629 3	90.00%	90.47%	1 085.5
	4	1.620 0	96.67%	96.61%	1 447.2
	5	1.757 1	86.67%	93.95%	1 809.1
	6	1.230 6	90.00%	89.50%	2 170.8
	7	1.544 7	83.33%	104.02%	2 532.7
	8	1.533 3	95.00%	117.71%	2 894.4
	9	1.708 3	96.67%	133.44%	3 256.7
	10	1.604 2	93.33%	120.99%	3 618

(续表)

处理方法	组别	平均根长/cm	处理发芽率	发芽指数	TOC/(mg/L)
臭氧曝气	1	1.538 1	93.33%	116.33%	273.1
	2	1.454 7	100.00%	117.88%	546.2
	3	1.597 9	96.67%	125.17%	819.3
	4	1.209 6	93.33%	91.49%	1 092
	5	1.531 8	96.67%	119.99%	1 366
	6	1.438 6	100.00%	115.82%	1 639
	7	1.138 2	100.00%	91.63%	1 912
	8	1.474 8	86.67%	102.90%	2 185
	9	1.525 3	90.00%	110.52%	2 458
	10	1.358 1	96.67%	105.69%	2 731

由表7.6可知,在臭氧曝气实验组中,10个组的种子发芽指数均在90%以上,并且其中有8组的种子发芽指数在100%以上,分别为116.33%、117.88%、125.17%、119.99%、115.82%、102.90%、110.52%和105.69%。与对照组相比,实验组的种子发芽表现优于对照组。由此可以初步推断,通过臭氧曝气,可以在一定程度上促进厌氧发酵沼渣的腐殖化程度以促进种子的发芽。据实际实验各组别中腐殖酸含量及发芽指数可以发现,促进种子的发芽TOC含量不能超过4 000 mg/L。

2. 微生物沼渣稳定化技术

在污(废)水、有机固体废物和废气等的生物处理过程中,以及自然界的江、河、湖、海及土壤中,存在许多能够降解天然物质和有机污染物性能良好的菌种。微生物工作者为了开发微生物资源,从各种运行性能良好的活性污泥、生物膜、堆肥、废气处理装置及自然界中筛选出优良微生物菌种,制成微生物制剂,以备使用。微生物驯化就是驯化微生物的行为。在细菌培养基中循序渐进地加入靶向环境的材料或基质,让细菌逐渐适应并依赖靶向环境的材料或基质,从而达到改善或改变环境中的有效成分。微生物驯化包括天然驯化和人工驯化。

天然驯化是在某污染地点附近(酸、碱盐或者重金属污染),原生微生物是多种多样的,但是随着污染物对微生物的生长抑制和毒害作用,大部分微生物被抑制生长或者杀灭,只有部分能适应或者产生变异的微生物留下来,成为优势菌群。人工驯化则是在培养过程中,逐步加入某种物质,让细菌循序渐进地适应这个繁殖环境,从而驯化出对此种物质耐受或者能降解的微生物群体和种类。

取一定量土壤于锥形瓶中并加入蒸馏水振荡,静置后弃去下层固体获得土壤浸提液。将少量湿垃圾厌氧发酵沼渣置于土壤浸提液中,置于25℃恒温培养箱中,利用土壤中的原生微生物人工驯化用于稳定湿垃圾厌氧发酵沼渣的微生物,获得菌液。

称取3 g厌氧发酵沼渣(湿基)置于300 mL浸提容器中,加入15 mL的菌液和135 mL的去离子水,置于37℃、190 r/min的恒温培养箱培养24 h,随后静置1 h获得浸提液。一共设置11个实验组别,分别为1组空白组和10组实验组,每组具体设置见表7.7,各个组的发芽指数具体见表7.8。

表7.7 种子发芽实验组别设置 单位:mL

组别	处理方法	清水添加量	浸出液添加量
1	微生物稳定	4.5	0.5
2		4.0	1.0
3		3.5	1.5
4		3.0	2.0
5		2.5	2.5
6		2.0	3.0
7		1.5	3.5
8		1.0	4.0
9		0.5	4.5
10		0.0	5.0

表7.8 各组别种子发芽指数

处理方法	组别	平均根长/cm	处理发芽率	发芽指数
臭氧曝气	1	2.9080	70.00%	192.95%
	2	2.3662	66.67%	149.52%
	3	2.0210	66.67%	127.71%
	4	1.5065	60.00%	85.68%
	5	1.6367	60.00%	93.08%
	6	2.2514	76.67%	163.61%
	7	1.7837	66.67%	112.72%
	8	2.1375	73.33%	148.58%
	9	1.5111	63.33%	90.71%
	10	1.6768	73.33%	116.55%

由表7.7可知,其中有7组的种子发芽指数在100%以上,分别为192.95%、149.52%、127.71%、163.61%、112.72%、148.58%、116.55%,并且在稀释倍数大、浸提液浓度较低时,种子的发芽指数更大,发芽表现也更好。上述结果说明通过微生物驯化,可以得到促进湿垃圾厌氧发酵沼渣稳定化的微生物。与臭氧稳定化技术相比,微生物技术更加绿色无害。

3. 沼渣脱水焚烧技术

由于发酵沼渣含水率高,需要先进行脱水处理,以降低含水率,提高沼渣热值以及焚烧炉燃烧效率。CaO、炉渣和飞灰等具有较好的脱水效果,可用于沼渣的脱水预处理。

1) 不同添加剂调理下的沼渣常温脱水

湿垃圾厌氧发酵沼渣取自上海浦东新区某湿垃圾厌氧发酵厂。脱水药剂选择氧化钙、羧甲基纤维素钠、海藻酸钠和铁-硫($Fe(0)-S_2O_8^{2-}$)合剂。氧化钙,化学式为CaO,俗名生石灰,白色粉末,具有吸湿性。羧甲基纤维素钠,简称CMC-Na,是一种阴离子型高分子化合物,外观为白色纤维状或颗粒状粉末,无臭、无味,且具有吸湿性。海藻酸钠是一种从海藻中提炼的天然多糖,外观为白色或淡黄色粉末,无臭、无味,且具有吸湿性。铁-硫合剂是铁粉与过硫酸钾的混合物,过硫酸盐在常温下比较稳定,对有机物的降解效果不明显,但在光、热、过渡金属离子(如Fe^{2+}、Cu^{2+}、Ag^+和Mn^{2+})存在等条件下,过硫酸盐可活化分解产生$SO_4^-\cdot$和$\cdot OH$,其氧化还原电位分别为2.6 V和2.8 V,具有较高的氧化能力,可氧化降解大多数有机污染物,甚至能将其完全降解为CO_2和无机酸。为避免药剂直接反应,在具体实验中,依次向沼渣中加入铁粉和过硫酸钾,铁-硫合剂的配比按照如下反应式中摩尔比对应的质量比进行配比:

$$Fe^0 + 2S_2O_8^{2-} \longrightarrow 2SO_4^- \cdot + Fe^{2+} + 2SO_4^{2-}$$

每种脱水药剂下按照添加比例分为5组,每组沼渣含量为500 g,药剂添加量见表7.9。在室温(25℃)条件下静置处理14 d,从第4 d起,每隔2 d采用热烘干法对处理沼渣的含水率进行测定,含水率计算公式如下:

$$w = \frac{m_0 - m_t}{m_t} \times 100\%$$

式中 w——含水率,以百分比计;
m_0——烘干前沼渣质量(g);
m_t——烘干后沼渣质量(g)。

表7.9 脱水药剂添加量组别表

药剂种类	组别	添加量
CaO 羧甲基纤维素钠 海藻酸钠 铁-硫($Fe(0)-S_2O_8^{2-}$)合剂	1	5 g (1%)
	2	10 g (2%)
	3	15 g (3%)
	4	20 g (4%)
	5	25 g (5%)

沼渣燃烧热值采用自动量热仪进行测定,每次测定时取约1 g样品进行测试。实验开始之前,对原沼渣的相关特性进行测试,采用热烘干法测试原沼渣含水率,得到原沼渣含水率为78.40%;取约1 g烘干沼渣,使用自动量热仪测定其燃烧热值,得到低位燃烧热值为12 493 kJ/kg。

(1) 各添加剂的脱水效果

沼渣的原始含水率为70%~80%,CaO、炉渣和飞灰对湿垃圾发酵沼渣的脱水具有不同程度的促进作用,如图7.18所示。在处理第7 d,根据添加量不同可以分别脱去58%~

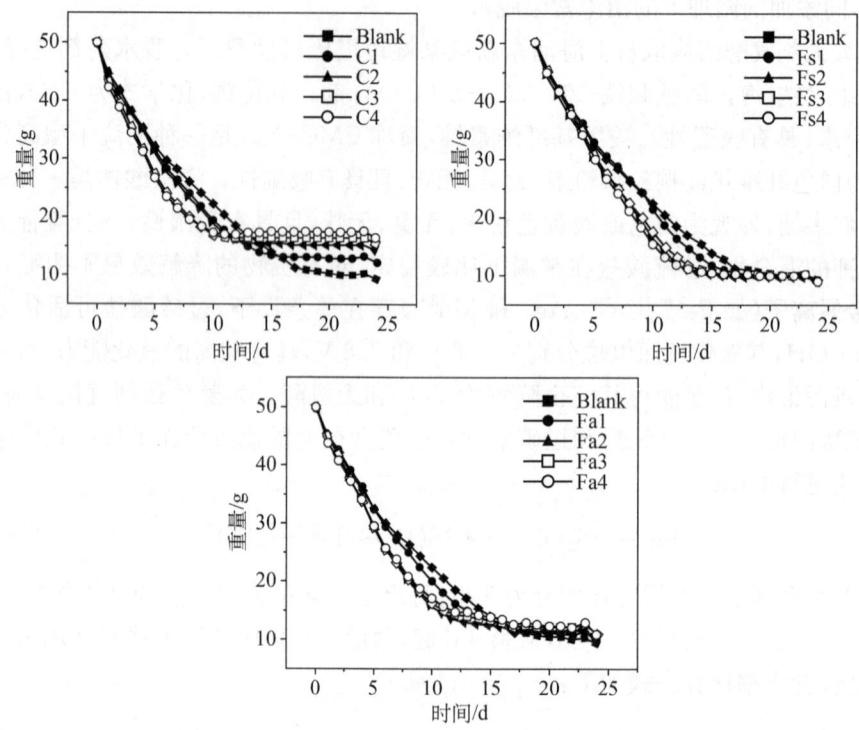

图 7.18 CaO(C)、炉渣(Fs)、飞灰(Fa)分别处理沼渣质量变化图

70%、53%～64%、56%～65%沼渣中的水分;随着处理时间的延长,净重下降变得缓慢。CaO 添加量越大终点净重越大,说明处理后期其开始吸收空气中的 CO_2,从处理前期重量变化及表观特征可以确定 CaO 具有不错的脱水效果;炉渣具有不错的脱水效果,可以加快处理前期的脱水速率;飞灰添加量越大终点净重越大,但不及 CaO 明显,说明处理后期飞灰也会吸收一定空气中的 CO_2。

(2) 各添加剂处理后沼渣的燃烧热值测定

如图 7.19 所示,添加剂会降低处理沼渣的单位燃烧热值。自然干燥的空白组沼渣的燃烧热值为 6 306 kJ/kg,在加入添加剂之后,处理后沼渣的单位热值出现了明显的下降,即添加剂会降低燃烧热值。其中 CaO 影响程度最大,添加 5% CaO 的沼渣单位热值为 3 429 kJ/kg,下降了 46%;添加 5%炉渣的沼渣单位热值为 4 910 kJ/kg,下降了 22%,其影响最小;添加 5%飞灰的沼渣单位热值为 4 475 kJ/kg,下降了 29%。综上,在以上选用的添加剂中,炉渣具有脱水效果好、燃烧热影响小的特点。

2) 不同添加剂添加量对脱水效果的影响

对不同添加剂添加量不同时的沼渣常温脱水进行深入研究,除了之前选用的 CaO、炉渣、飞灰以外,增加铁-硫合剂、海藻酸钠和羧甲基纤维素钠,探索脱水剂和絮凝剂对沼渣常温脱水的效果。

(1) CaO 添加量对发酵沼渣脱水效果的影响

不同 CaO 添加量对发酵沼渣脱水的处理效果,如图 7.20 所示。

CaO 对沼渣脱水的处理效果较好。在 CaO 的添加量为 1%～5%时,沼渣的含水率随时

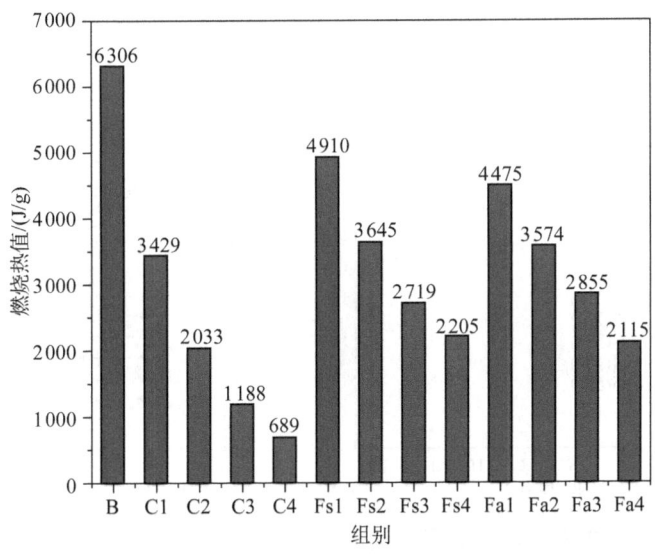

图 7.19 处理后沼渣燃烧热

间逐渐下降。第 4 d 时,含水率在 66.04%～70.20%,而到第 14 d 时,含水率下降至 43.25%～62.27%。其中 CaO 的添加量为 2% 时,在第 14 d 时沼渣含水率下降最为明显,下降至 43.25%。CaO 通过和沼渣接触,与沼渣中的水反应生成 $Ca(OH)_2$,$Ca(OH)_2$ 再与空气中 CO_2 反应向空气中释放水分,但由于同时会吸收 CO_2,也会导致总体质量增加。由于含水率的测定采用热烘干法,因此随着 CaO 添加量的增加,重量损失下降缓慢,可能与吸收了空气中 CO_2 有关。从整体效果来看,当 CaO 的添加量为 2% 时,沼渣的脱水效果最好。

(2) 炉渣添加量对发酵沼渣脱水效果的影响

炉渣对沼渣同样具有很好的脱水效果(图 7.21)。在炉渣的添加量为 1%～5% 时,沼渣的含水率随时间逐渐下降。第 4 d 时,含水率在 61.34%～69.43%,而到第 14 d 时,含水率下降至 37.96%～56.97%。

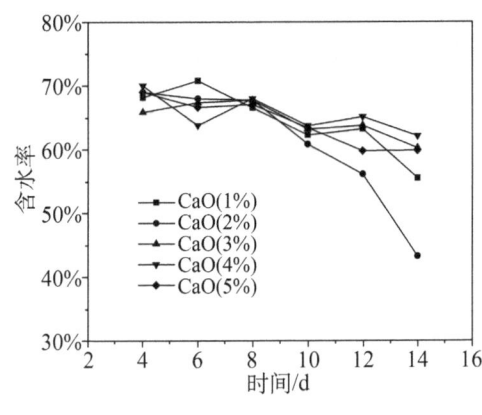

图 7.20 CaO 对沼渣的脱水效果

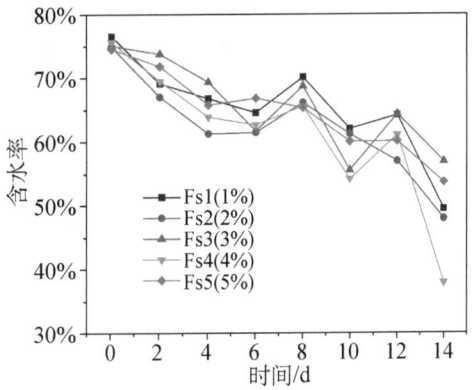

图 7.21 炉渣对沼渣的脱水效果

(3) 飞灰添加量对发酵沼渣脱水效果的影响

飞灰对沼渣的脱水效果较差(图 7.22)。在飞灰的添加量为 1%～5% 时,沼渣的含水率随时间逐渐下降。第 4 d 时,含水率在 69.72%~72.93%,而到第 14 d 时,含水率下降至 58.84%~64.75%。

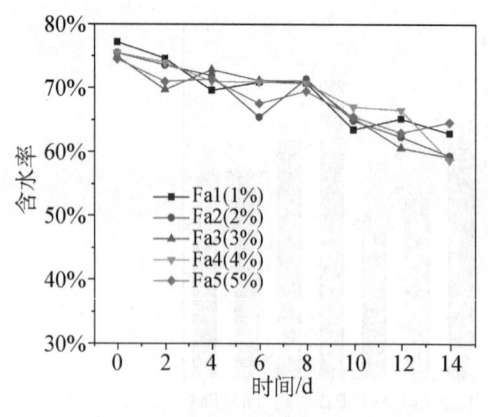

图 7.22　飞灰对沼渣的脱水效果　　图 7.23　铁-硫合剂对沼渣的脱水效果

(4) 铁-硫合剂添加量对发酵沼渣脱水效果的影响

铁-硫合剂对沼渣脱水的处理效果较好(图 7.23)。在铁-硫合剂的添加量为 1%~5% 时,沼渣的含水率随时间逐渐下降。第 4 d 时,含水率为 65.39%~71.08%,而到第 14 d 时,含水率下降至 53.89%~60.96%。其中铁-硫合剂的添加量为 5% 时,在第 14 d 时沼渣含水率下降至 53.89%。加入铁-硫合剂之后,在进行高级氧化的同时,反应本身还会放热,加快水分的脱除。与 CaO 相比,虽然铁-硫合剂的脱水效果整体略不如 CaO,但更为稳定,并且不存在吸收空气中 CO_2 的问题。

(5) 海藻酸钠添加量对发酵沼渣脱水效果的影响

海藻酸钠(Sa)对沼渣脱水的处理效果与 CMC-Na 类似,如图 7.24 所示。当 Sa 的添加量为 1%~5% 时,沼渣含水率下降缓慢。第 4 d 时,含水率为 75.23%~78.43%,而到第 14 d 时,含水率为 62.83%~81.95%。其中 Sa 添加量为 3% 时,甚至出现了含水率反弹上升的情况。CMC-Na 和 Sa 虽然都具有吸湿性,但其更多的是用作黏合剂或增稠剂,所以这两种添加剂将水分从沼渣中脱出时,不能很好地和环境进行水分转移,将水分释放到大气中,导致其脱水效果不好。

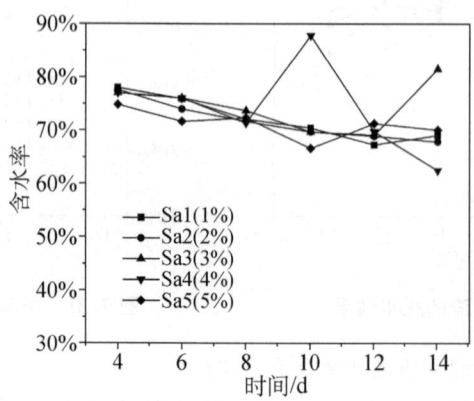

图 7.24　海藻酸钠对沼渣的脱水效果

(6) 羧甲基纤维素钠

CMC-Na 对沼渣脱水的处理效果较差(图 7.25)。当 CMC-Na 的添加量为 2%～5% 时,沼渣含水率下降缓慢。第 4 d 时,含水率为 72.77%～74.53%,而到第 14 d 时,含水率为 65.58%～71.10%。当 CMC-Na 的添加量为 1% 时,沼渣含水率的波动较大,整体呈现下降趋势,从第 4 d 的 77.09% 下降至第 14 d 的 54.55%。

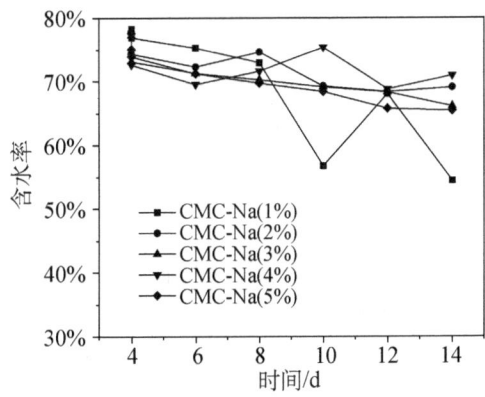

图 7.25 羧甲基纤维素钠对沼渣的脱水效果

习　题

1. 简述目前城市有机废物主流处理处置技术及其优缺点。
2. 思考如何提高有机废物处理与资源化过程中碳、氮、磷、硫营养元素的保留率。
3. 提出 2～3 种有机垃圾制备化工产品的途径,并分析其可行性。
4. 简述厌氧消化沼渣水分的形态及其主要的去除方式。
5. 从资源化的角度出发,分析沼渣的主要成分和资源化路径。

第8章 电子废弃物及废旧汽车处理与资源化技术

8.1 电子废弃物分类

电子废弃物,也可称为废弃电器电子产品,可被定义为已丧失使用价值或因使用价值无法满足使用者要求而被丢弃的家用电器或电子产品及其元器件、耗材、零部件。现代电子产品含有多达 60 种不同的化学元素,包括铜、锡等低价金属,特殊金属(如钴、铟、锑)以及金、银、钯等贵金属。虽然电子元件中存在的一些化学物质是有害的,但仍具有一定经济价值。1 t 电子废弃物中可回收的黄金比 1 t 金矿中的黄金多 100 倍;每吨废旧手机(不含电池)中含有超过 270 g 黄金,然而在实际的原生金矿开采中,若每吨金精矿中含金量不低于 100 g,就可被认证为一级品。本书以家用废弃电器为例介绍其资源化技术。

依据不同的分类方法,家用废弃电器产品可以划分成不同类别。按照其中可回收物料的价值大致可分为三类:第一类是电脑、冰箱、电视机等有相当高价值的废物;第二类是小型电器,如无线电通信设备、电话机、燃烧灶、脱排油烟机等价值稍低的废物;第三类为其他价值很低的电子废弃物。

按照功能区分,家用废弃电器可分为通信与文娱类、厨房类、盥洗类、环境调节与清洁类、医疗保健类和其他电器及附属品六大类,按此划分的常见废弃家用电器名录见表 8.1。

表 8.1 常见家用电子废弃电器名录

类型	名录
通信与文娱类	电视机、电脑、手机、对讲机、照相机、摄像头、话筒、打印机、微型投影仪、MP3、MP4、电动玩具、电子钟等
厨房类	冰箱、电饭煲、电磁炉、微波炉、烤箱、电热水壶、榨汁机等
盥洗类	洗衣机、电热水器、换气扇、电动牙刷、电吹风、剃须刀等
环境调节与清洁类	空调、电热毯、空气净化器、加湿器、小电扇、吸尘器、扫地机器人等
医疗保健类	按摩仪、电子起搏器、电热毯、灭蚊器等
其他电器及附属品	移动电源、遥控器、鼠标、台灯等

更多地,按照体积大小对家用废弃电器产品进行类别区分。一般将体积宽大、不易运送且较常固定在同一位置的家用废弃电器称为大型家电,大型家电中具有影音娱乐功能的称

为"黑色家电",如电视机、影碟机、家用游戏机、家庭音响、家用电话、跑步机等;其他的大件家电则称为"白色家电",如空调、冰箱、洗衣机、电炉、微波炉、电热水器等。体积相对较小、便于移动、年限较短的家用废弃电器称为小型家电,如手机、对讲机、摄像头、话筒、投影仪、收音机、MP3、MP4、无线耳机、电动玩具、电子钟表、电动牙刷、剃须刀、电子温度计、灭蚊器、移动电源、鼠标、小台灯等。

更详细地,可以将尺寸在 80 cm 以上的家用废弃电器产品归类为大型家电,尺寸在 30~80 cm 的称为中型家电,尺寸小于 30 cm 的称为小型家电。

按照回收物质类型分类,废弃电器拆解后可分为电路板、金属部件、塑料、玻璃和其他。电路板是电子设备中的集成电路板,主要为电视机和电脑硬件电路板。金属部件主要是金属壳座、紧固件、支架等,其中以 Fe 类物质为主。塑料则包括显示器壳座、音响设备外壳等。玻璃主要来自阴极射线管(CRT)、荧光屏、荧光灯管,其中含有 Pb、Hg 等严格控制的有毒有害物质。此外拆解的物质还含有需要进行特殊处理的组分,如冰箱中的制冷剂、液晶显示器中的有机物等。

8.2 电子废弃物的收运

8.2.1 电子废弃物规范回收相关法律规范

我国现行与家用电子废弃物污染防治相关政策法规主要为《关于控制危险废物越境转移及其处置巴塞尔公约》《中华人民共和国固体废物污染环境防治法》《中华人民共和国循环经济促进法》《中华人民共和国清洁生产促进法》《废弃电器电子产品回收处理管理条例》《电子废物污染环境防治管理办法》《废弃电器电子产品处理资格许可管理办法》《国家危险废物名录》《国务院关于加强再生资源回收利用管理工作的通知》《国务院关于加强发展循环经济的若干意见》《国务院关于印发循环经济发展战略及近期行动计划的通知》《国务院办公厅关于建立完整的先进的废旧商品回收体系的意见》和其他的部门规范性文件。

对于相关方责任,国家鼓励电器电子产品生产者自行或者委托销售者、维修机构、售后服务机构、废弃电器电子产品回收经营者回收废弃电器电子产品;电器电子产品销售者、维修机构、售后服务机构应当在其营业场所显著位置标注废弃电器电子产品回收处理提示性信息;回收的废弃电器电子产品应当由有废弃电器电子产品处理资格的处理企业处理;禁止采用国家明令淘汰的技术和工艺处理废弃电器电子产品;处理企业应当建立废弃电器电子产品处理的日常环境监测制度;处理企业应当建立废弃电器电子产品的数据信息管理系统,向所在地的设区的市级人民政府环境保护主管部门报送废弃电器电子产品处理的基本数据和有关情况。

监督管理方面,国务院资源综合利用、质量监督、环境保护、工业信息产业等主管部门,依照规定的职责制定废弃电器电子产品处理的相关政策和技术规范;省级人民政府环境保护主管部门会同同级资源综合利用、商务、工业信息产业主管部门编制本地区废弃电器电子产品处理发展规划,报国务院环境保护主管部门备案;地方人民政府应当将废弃电器电子产品回收处理基础设施建设纳入城乡规划;禁止未取得废弃电器电子产品处理资格的单位和个人处理废弃电器电子产品。

处理产业方面,废弃电器电子产品集中处理场应当具有完善的污染物集中处理设施,确保符合国家或者地方制定的污染物排放标准和固体废物污染环境防治技术标准,并应当遵守有关规定;废弃电器电子产品集中处理场应当符合国家和当地工业区设置规划,与当地土地利用规划和城乡规划相协调,并应当加快实现产业升级。此外,《废弃电器电子产品回收处理管理条例》还对废弃家电回收处理过程中的法律责任作了相关规定。在具体执行层面,则需依据生态环境部和其他部门的相关文件,如《废弃电器电子产品处理污染控制技术规范》《废弃电器电子产品处理发展规划编制指南》《关于完善废旧家电回收处理体系推动家电更新消费的实施方案》等。

《吸油烟机等九类废弃电器电子产品处理环境管理与污染防治指南》适用于新增的吸油烟机、电热水器、燃气热水器、打印机、复印机、传真机、监视器、移动通信手持机、电话单机九类产品处理企业的环境管理与污染防治工作,其他类别产品(具有类似拆解产物和处理工艺的)也可参照该标准执行。在该指南及其他文件中已提及除了保留对于"四机一脑"的补贴外,新增的废弃家用电器电子产品的处理处置不再提供补贴,鼓励各处理企业依托已有的设备和生产线进行资源化。

我国现行家用电子废弃物污染防治主要标准规范见表8.2,包括污染物排放(控制)标准(《固体废物鉴别标准 通则》《含多氯联苯废物污染控制标准》),环境管理规范(环境保护工程技术规范)[《废弃电器电子产品处理污染控制技术规范》《废弃电器电子产品拆解处理资源产出率评价方法》等]。

表8.2 我国现行家用电子废弃物污染防治主要标准规范

标准类别	标准名称	标准编号
污染物排放(控制)标准	固体废物鉴别标准 通则	GB 34330—2017
	含多氯联苯废物污染控制标准	GB 131015—2017
环境管理规范(环境保护工程技术规范)	固体废物处理处置工程技术导则	HJ 2035—2013
	含多氯联苯废物焚烧处置工程技术规范	HJ 2037—2013
	废弃机电产品集中拆解利用处置区环境保护技术规范(试行)	HJ/T 181—2005
	废弃电器电子产品处理污染控制技术规范	HJ 527—2010
	废旧电路板中有色金属回收技术规范 铜、锌、铅、锡、金、银、钯的回收	YS/T 1293—2018
	废弃电器电子产品拆解处理资源产出率评价方法	GB/T 38098—2019
	废弃电器电子产品处理要求 第1部分:小型IT设备和通信产品	GB/T 38099.1—2019
	废弃电器电子产品处理要求 第2部分:含制冷剂的电器	GB/T 38099.2—2019
	再生资源回收体系建设规范	GB/T 37515—2019

整体而言,我国废弃家电回收处理相关的政策法规等仍处于完善状态,且当前法律过于原

则性并缺乏配套的法规,针对废弃小型家电的专用法规更是几乎为零。建立废弃家电回收利用和处置的法规标准体系,是确保其回收、利用和处置市场有序运行的重要支撑,也是政府监管的重要依据。随着经济的不断发展,商品种类越来越多,商品的技术含量也越来越高,废弃家电的升级换代速度非常快,这就要求生活垃圾的源头收集法律法规体系和相关标准满足不断变化的废弃物的收集需求。必须完善废弃家电源头分类相关政策及法律法规,尽量提高可再生资源回收率,同时增强对企业和个人在低值可回收垃圾分类过程中的约束力。

8.2.2 废弃家电回收网络模型

针对传统的废弃家电回收模式,路边回收小贩和相关交易信息不透明是回收过程的短板,资源回收渠道的多层次性是造成资源回收效率低下的主要因素之一。

随着移动互联网和智能手机的发展,"互联网+"应运而生,通过改进废弃物回收的管理模式,可以加强企业的集约化管理。同时资源回收网络平台的建设可以规避非正式的回收者,使回收渠道更加直接,回收价格更加透明,回收载体更加丰富。

废弃物资源化利用相关企业致力于利用互联网,建立便捷高效的再生资源回收交易服务平台。有研究者提出了分为感知层、网络层和应用层三个层次的城市电子废弃物回收物流"互联网+"信息平台框架,用于感知数据,为废弃家电物流数据的传输提供应用服务。网络层通过各种现有网络传输感知层获取的信息,实现平台成员之间的信息实时共享;根据平台成员的不同角色,应用层可细分为回收物流管理信息平台、电子商务信息管理平台、社区回收点信息管理平台、用户实时资源信息管理平台、产品回收跟踪信息管理平台等。通过统一的数据接口,各信息平台与供应商信息平台、制造商信息平台、电子废弃物回收网络信息平台和成员原始信息平台实时共享数据,其具体操作流程如图 8.1 所示。

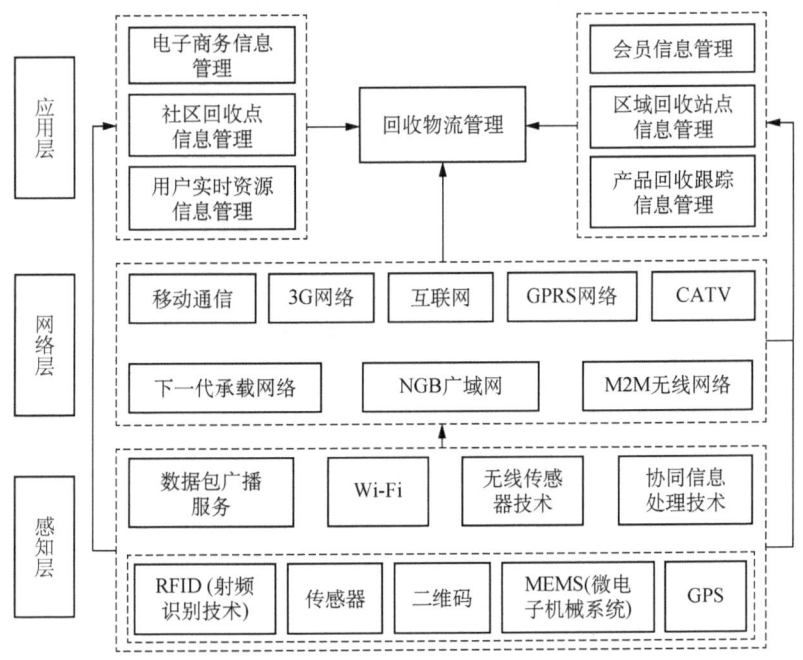

图 8.1 城市电子废弃物回收物流"互联网+"信息平台

废弃物回收企业还可以通过个人和企业提供的废弃物供应信息积极寻求交易,从而提高交易的可能性和效率。此交易平台还可以提升人们的环保理念和资源回收意识,通过整合社会资源,提升废弃物再生资源的自我价值,实现其带来的经济效益、生态效益和社会效益。

8.3 电子废弃物处理处置技术

电子废弃物代表着一种资源越来越丰富、价值越来越高的新型城市材料流,为了整个社会、环境和公共健康的安全,必须对这种含有金属、塑料、复合材料和其他有害物质的异质混合物进行无害化、资源化处理。

使用常规方法从电子废弃物中冶炼稀贵金属的流程如图8.2所示,废弃家电的破碎通常采用机械方法进行,如链式破碎机、冲击式破碎机、冲击锤式破碎机等。火法和湿法是目前处理电子废弃物的两种常见工艺,两种方法各有优缺点,可单独使用,也可一起使用。其中湿法冶金因为其选择性高、操作温度低、试剂可回用、投资少等优点在工业上得到了应用。此外电化学、真空冶金、超临界等处理处置电子废弃物方法是当前研究的前沿方向。电子废弃物中可回收金属含量及其价值和单位金属回收相对于原生矿开采所节约的能源和减少的碳排放则分别见表8.3和表8.4,数据波动大,仅供参考。所以将电子废弃物作为"城市矿山"的一部分进行金属等资源回收有利于节省能源、降低碳排放,有利于推动"无废城市"的建设。

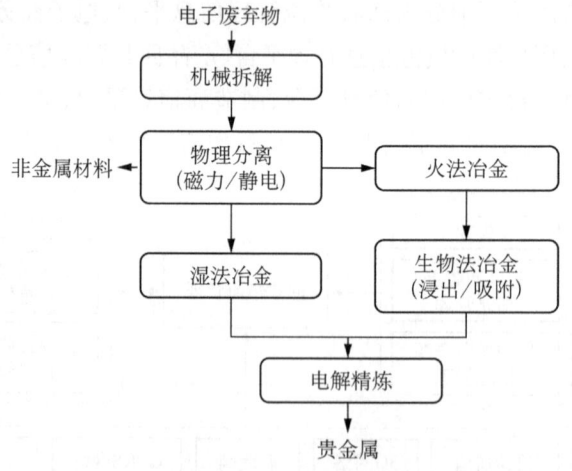

图 8.2 电子废弃物中冶炼稀贵金属的常规流程

表 8.3 电子废弃物中可回收金属含量及其价值

金属名称	每吨废弃电子产品电路板中可提取的金属含量(kg/t)			不同金属市场价值范围及平均值(万元/t)		
	笔记本电脑	台式电脑	手机	最低值	最高值	平均值
银	1.1	0.57	3.8	345.06	431.33	388.19
金	0.63	0.24	1.5	28 914.9	33 483.8	31 199.3

(续表)

金属名称	每吨废弃电子产品电路板中可提取的金属含量(kg/t)			不同金属市场价值范围及平均值(万元/t)		
	笔记本电脑	台式电脑	手机	最低值	最高值	平均值
钯	0.2	0.15	0.3	20 772.5	28 037.5	24 405
铝	18	18	15	1.35	1.81	1.58
铜	190	200	330	4.05	5.04	4.55
锡	16	18	35	12.99	15.38	14.18
铁	37	13	38	0.04	0.13	0.08
铅	9.8	23	13	1.3	1.87	1.59
锌	16	2.7	5	1.59	2.51	2.05
钴	0.08	0.048	0.3	31.3	66.42	48.86
镓	0.01	0.011	0.1	375.59	399.93	387.76
铊	5.8	0.007	2.6	85.97	129.72	107.85

表8.4 单位金属回收相对于原生矿开采所节约的能源和减少的碳排放

金属名称	初级采矿的能源消耗/(MJ/kg)	金属回收所节约的能源比率	金属回收相对于原始开采所节约的能源		电网传输损失率	国家边际二氧化碳减排系数/(kgCO$_2$/kWh)	减少的二氧化碳排放量/kg
			能量消耗(MJ/kg)	利用电能表示的能耗(kWh/kg)			
银	1 500	96%	1 350	378	5.471%	0.5~0.9	280
金	310 000	98%	279 000	78 120			57 867
钯	180 000	92%~98%	162 000	45 360			33 600
铂	190 000	95%	171 000	47 880			35 467
铝	190~230	90%~97%	171	47.88			5.471
铜	30~90	84%~88%	27	7.56			5.6
镁	270~350	97%	243	68.04			50.4

8.3.1 机械处理方法

机械处理方法是根据材料物理性质的不同进行分选的手段,主要利用拆解、破碎、筛分等方法。处理后的产品还须经过冶炼、填埋或焚烧等后续处理。

1. 拆解

电子废弃物的拆解主要是针对有用部件回收利用或者是为后续的处理过程做准备。拆解是一个系统的方法,可以从一个产品上拆除一个或一组部件(部分拆解),也可以将一个产品拆解成各个部件(全拆解)。拆解一般用于分离电子废弃物中可再利用或具有危险性的组件。

拆解方面最引人注目的是机器人的使用,关于电子废弃物的自动拆解国外已有很大的研究进展。不过,完全自动化或半自动化拆解应用在电子废弃物的回收上还无法做到。目前只针对键盘、显示器、印刷电路板有一些小规模的自动拆解方案,对于整个计算机还没有自动或半自动的拆解方案。目前大多仍采用人工拆解。

拆解与新产品的设计应结合起来,就是说在产品的设计阶段将可回收再利用的性能融入产品当中,以利于将来的拆解及采用机械方法进行回收利用。例如在产品的结构设计中,各零部件的连接方式要便于装配和拆卸;所有可重复使用的部分应便于清洗、检验和分类;采用简单化、标准化的零部件,有利于重复使用及回收。近年来发展了主动拆解技术(ADSM),也就是使用记忆合金。利用具有形状记忆合金(SMA)和形状记忆聚合物(SMP)的特殊材料,来制作那些将不同元器件结合起来的扣件,如螺丝和夹子。这种扣件在加热到预定温度时可以自行脱落,从而达到自动拆卸。

2. 破碎

通过破碎的方法将有价物质从最终的产品中解离出来是关键的一步,可以促使各种材料单体解离,解离的程度和尺寸显著影响着分选过程和回收产品的质量。

破碎设备按破碎方式可以分为冲击破碎、剪切破碎、挤压破碎、锤磨破碎等。目前用于电子废弃物机械破碎的设备有旋转式破碎机、锤式破碎机、剪切式破碎机、锤磨机等。现在废电路板的破碎开始使用低温破碎技术。

典型回收工艺采用两级破碎,分别使用剪切破碎机和特制的具有剪断和冲击作用磨碎机,将废板粉碎成 $0.1\sim0.3$ mm 的碎块。特制的磨碎机中使用复合研磨转子,并选用特种陶瓷作为研磨材料。整个工艺流程包括无损去除构件、去除焊料、粉碎及分离工艺。而后,经过二级破碎,粉末经重选和静电分选被分成两类:富含铜的粉末和玻璃纤维树脂粉末,前者可作为冶炼有用金属的重要资源,后者可用作聚合物的添加剂。拆解的元器件在检测可靠性后可进行再利用。

对于机械分离技术而言,能充分地单体解离是高效率分选的前提。破碎程度的选择不仅影响破碎设备的能源消耗,还将影响后续的分选效率,所以说破碎是关键的一步。由于拆除元器件后的废电路板主要由强化树脂板和附着其上的铜线等金属组成,硬度较高、韧性较强,采用具有剪、切作用的破碎设备可达到比较好的解离效果,如旋转式破碎机。瑞典开发了一种旋转式破碎机,在中间转筒周围安装一套能够自由旋转的压碎环,依靠压碎环与设备内壁之间的剪切作用破碎物料。使用这种破碎机可以减小解离后金属的缠绕作用。而锤磨机破碎的缺点之一是解离的金属容易缠绕成球状。使用剪切式破碎机也可以获得好的解离效果,主要依靠旋转切刀和固定切刀之间的剪切力破碎物料,解离的金属也不易缠绕。

日本 NEC 公司的回收工艺采用两级破碎。瑞士 Result 技术公司开发了一种在超音速下的涂层线路板等多层复合制件破碎机。它利用各种层压材料的冲击和离心特性不同,将多层复合材料彼此分开。不同材料的变形情况不同,脆性材料碎成粉末,金属则形成多层球状物。现在废电路板的破碎也开始使用低温破碎技术。德国戴姆勒-奔驰研究中心在破碎阶段用旋转切刀将废板切成 2 cm×2 cm 的碎块,磁选后再用液氮冷却,然后送入锤磨机碾压成细小颗粒,从而达到好的解离效果。一般破碎到 0.6 mm 时金属基本上可以达到 100% 的解离,但破碎方式和级数的选择还要视后续工艺而定。不同的分选方法对进料有不同的要求,破碎后颗粒的形状和大小,会影响分选的效率和效果。另外,废电路板的破碎过程中会产生大量含玻璃纤维和树脂的粉尘,阻燃剂中含有的溴主要集中在 0.6 mm 以下的颗粒中,而且连续破碎时还会发热,散发出有毒气体。因此,破碎时必须注意除尘和排风。

Jakob 等提出预先机械粉碎后经液氮低温脆化,然后研磨得到小的颗粒的专利技术。该技术通过一个简单的过程回收高纯度的金属,而且残留物中金属物含量尽可能低,低温脆化的颗粒被选择性分批在研磨室中磨碎,而研磨过的物质通过研磨腔底部的一个隔筛分出细颗粒部分,粗的金属颗粒部分被分批排出研磨腔,出料处的铁被磁选去除。细颗粒再被分成许多窄范围的尺寸级别,分级标准按颗粒粒径与粒径范围之比为 1:1.16 划分。每个粒径范围内的颗粒单独通过电晕滚筒分离器分成金属颗粒和残余物颗粒,最后归类为不同的金属。预处理的步骤:拆分电路板上含有污染物的组件(如电池、水银开关以及含有多氯联苯的电容器等);机械预处理粉碎获得粒径在 30 mm 以下的颗粒;用液化气(如液氮)低温脆化处理,得到低温脆化颗粒;在研磨室中磨碎低温脆化颗粒得到碎片。经过这样的预处理流程后,回收的金属纯度得到了提高,但液氮冷却操作费用过高,其经济效益取决于金属回收效率的高低;0.1 mm 以下粒径的颗粒需要通过静电沉积器分离。

3. 筛分

筛分可以为后续的分选工艺如重力分选提供窄级别的物料进料或是对分选出的产品进行分级,而且可以将金属颗粒和部分塑料陶瓷等非金属颗粒分开,提高金属的含量。

电子废弃物的金属回收中主要使用的筛分设备有振动筛和圆筒筛等,它们广泛地应用在汽车破碎后颗粒物的分选和其他的电子废弃物的回收中。筛分可以较好地防止筛孔堵塞,但是还没有得到广泛应用。

4. 形状分离

形状分离技术可以提纯形状相同的颗粒,提高粉末材料的功能性和颗粒集合体加工性能,在以处理粉体为主的矿业领域有较广泛的应用,近年来在电子废弃物的机械分离中也有了一些应用。

形状分离设备根据原理的不同可分为四类:倾斜类或旋转类,这类设备又分为无运动部件类(斜管式形状分选机等)和有运动部件类(斜振动板式形状分选机等);颗粒通过筛孔的时间差类(筛分形状分选机等);颗粒的黏度差类(黏着形状分选机等);颗粒在液体中的沉降速度差类(阻力形状分选机等)。

5. 重选

电子废弃物中有多种不同物质,密度也多种多样。表 8.5 所列为电子废弃物中一些物质的密度,可以看出,使用重选方法分离电子废弃物中的金属与非金属是可行的。

表 8.5　电子废弃物中一些物质的密度

物质种类	具体物质	密度范围/(g/cm^3)
金属	金、铂、钨	19～21
	铅、银、钼	10.2～11.3
	镁、铝、钛	1.7～4.5
	其他	6～9
塑料	低密度聚乙烯	0.9～1.0
	高密度聚乙烯	
	丙烯腈-丁二烯-苯乙烯	1.0～1.1
	聚氯乙烯	1.1～1.5

近年来重选法已广泛地用于电子废弃物的分选过程中,多数是从电子废弃物的轻物料(如塑料)中分选重物料(如金属)。重选法回收电子废弃物的技术有风力分选技术、摇床分选技术和淘汰分选技术等。

6. 磁选

电子废弃物中有多种金属,利用这些金属比磁化率的差异性可以从电子废弃物中将铁磁性金属和非铁磁性金属分离,这种方法简单方便,不会产生额外污染,在电子废弃物的资源化利用中比较常见。

电子废弃物的磁选处理中对磁选设备的研究较少,多使用已有的选矿设备,如低强度鼓筒磁选机、高强度磁选机和磁流体分选机等。

7. 电选

电子废弃物中的金属和塑料之间电导率的差别比较大(表 8.6),可以采用电选的方法实现分离;塑料和塑料之间的体积电阻系数也有所不同(表 8.7),采用摩擦电选使塑料分类成为可能。

表 8.6　电子废弃物中某些材料的电导率

材料	电导率 σ/($\times 10^6$, S/m)	材料	电导率 σ/($\times 10^6$, S/m)
金	41.0	铝	35.0
银	68.0	铜	59.0
镍	12.5	锌	17.4
锡	8.8	铅	5.0
玻璃纤维强化树脂	0		

表8.7 电子废弃物中某些材料的体积电阻系数

材料	体积电阻系数/Ωm	材料	体积电阻系数/Ωm
聚氯乙烯	1.16~1.38	尼龙和聚酰胺	1.14
聚乙烯	0.91~0.96	聚对苯二甲酸乙二酯和聚对苯二甲酸丁二酯	1.31~1.39
丙烯腈-丁二烯-苯乙烯	1.04		
聚苯乙烯	1.04	聚碳酸酯	1.22
聚丙烯	0.90	人造橡胶	0.85~1.25

8. 电子废弃物典型机械分离回收处理工艺

典型机械分离回收处理过程包括:称重;拆解(去除某些特定的物质如电池、阴极射线管、汞球管等);破碎分离出的物料;筛分;摇床分选、磁选分离细物料和钢铁(大约40%的物料得到了有效的分离);涡电流分选机从铜和塑料的混合物中分离铝。电子废物典型处理工艺流程如图8.3所示,分选出的混合金属再经过熔炼、铸锭、电解后生产铜和贵金属阳极泥,贵金属阳极泥再经熔炼、铸锭变成粗金属,然后精炼,获得纯金属。

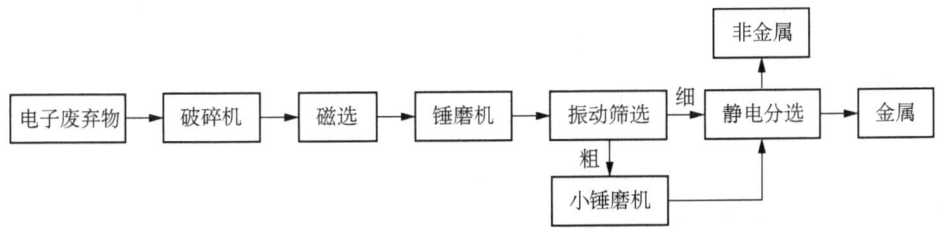

图8.3 电子废弃物典型机械处理工艺

8.3.2 火法冶金技术

火法冶金技术具有简单、方便和回收率高的特点,优点是可以处理所有形式的电子废弃物,对废弃物物理成分的要求没有化学处理那么严格,铜及金、银、钯等贵金属也具有较高的回收率。但是它也存在明显的缺点:有机物在焚烧过程中产生有害气体造成二次污染,其他金属回收率低,处理设备昂贵等。火法冶金从电子废弃物中提取贵金属的一般工艺流程如图8.4所示。

从电子废物中回收金、银、钯的处理流程为破碎、制样、燃烧、物理分选、熔化或冶炼样品。若进一步回收灰渣,用化学或电解的方法进一步精炼粒化的金属,金、银、钯的回收率可超过90%。

20世纪90年代后,由于电子废弃物中贵金属的含量逐渐减少,且火法冶金对环境的影响较大,火法冶金技术发展比较缓慢。

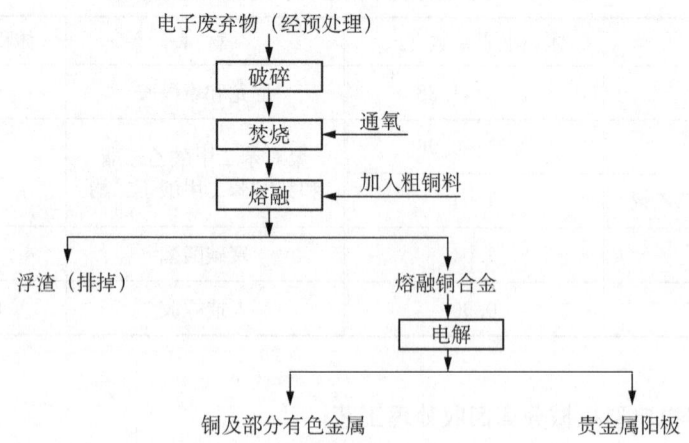

图8.4 火法冶金提取贵金属的一般工艺

8.3.3 热解法

热解法回收电子废弃物中的有机组分是一种比较适宜的方法。在热解过程中,大分子有机组分在高温下降解为挥发性组分,如油状烃化合物和气体等,可用作燃料或化工原料;而金属、无机填料等物质通常不会发生变化。但是,由于电子废弃物中的塑料多含有溴化阻燃剂等在热解过程中会产生挥发性卤化物的成分,这些挥发性卤化物在电子废弃物热解后的气体或油状产物中是不可忽视的组分,会对环境产生危害。因此,电子废弃物的热解处理法实现商业化的一个关键问题就是热解产物的脱卤。

采用热解的方法可以从废弃电路板(无电子元件)中回收金属。在一定的温度下加热(300～450℃),使得树脂分解,产生的气体通过气体吸附、吸收净化装置处理可以回收其中金属。树脂分解后的电路板经齿辊破碎机破碎,金属与非金属解离,再经过气流分选实现金属与非金属的分离。

8.3.4 废弃电路板的处理

1. 电路板的组成分析

通过X射线荧光法、原子吸收光谱法、质谱测定法和热重分析法、红外光谱法、核磁共振法、高效液相色谱法等分析方法,可以定性、定量地测定出电路板组分及其含量。瑞典Ronnskar冶炼厂分析了个人计算机使用的印制电路板(PCB),其典型组分见表8.8。不同电子设备的电路板元素的组成和含量会有差别。例如,电视机中电路板上贵金属的含量比计算机少,铁、铅和镍的含量多,但所含元素的种类基本相同。另外,电路板上几乎配备了各种类型的电子元件。以计算机为例,德国Angerer等1993年的研究报告列出了三种品牌计算机中PCB的电子元件种类及数量,见表8.9。

表 8.8 计算机中 PCB 的组成元素分析

成 分	Ag	Al	Pb	As	Au	S	Ba	Be	—
含 量	3 300 g/t	4.7%	1.9%	<0.01%	80 g/t	0.10%	200 g/t	1.1 g/t	—
成 分	Bi	Br	C	Cd	Cl	Cr	Cu	F	—
含 量	0.17%	0.54%	9.6%	0.015%	1.74%	0.05%	26.8%	0.094%	—
成 分	Fe	Ga	Mn	Mo	Ni	Zn	Sb	Se	—
含 量	5.3%	35 g/t	0.47%	0.003%	0.47%	1.5%	0.06%	41 g/t	—
成 分	Sr	Sn	Te	Ti	Sc	I	Hg	Zr	SiO_2
含 量	10 g/t	1.0%	1 g/t	3.4%	55 g/t	200 g/t	1 g/t	30 g/t	15%

表 8.9 计算机中 PCB 及其电子元件

型号	生产年份	PCB数量	PCB 中的电子元件数量(块)								
			变压器	电池	LED	电位计	集成电路	二极管	电容器	电阻器	晶体管
1	1988	7	2	1	3	7	78	52	184	138	15
2	1985	14	2	—	9	15	209	33	297	344	41
3	1980	3	2	—	—	2	81	248	114	86	18

2. 电路板的回收利用

电路板的机械处理方法最早始于 20 世纪 70 年代末美国矿产局(USBM)采用物理方法处理军用电子废弃物的尝试,20 世纪 90 年代以后,在西欧和美国得以广泛实施,同时在日本、新加坡和中国台湾开始研究并进行了工业规模的回收利用。

电路板的回收利用基本分为电子元器件的再利用和金属、塑料等组分的分选回收。瑞典 SRAB 是世界上最大的回收公司,一直致力于开发电子废弃物的机械处理技术和设备,该公司电子废弃物处理的基本流程如图 8.5 所示,涵盖了目前电路板机械处理的基本方法。

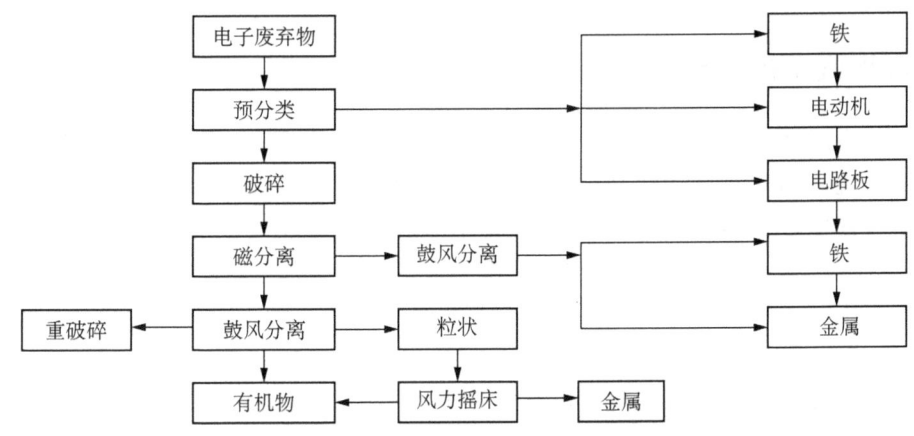

图 8.5 电子废弃物处理的基本流程

日本 NEC 公司开发了一套自动拆卸废 PCB 中电子元件的装置,它利用红外加热和两级去除的方式(分别利用垂直和水平方向的冲击力作用)使穿孔元件和表面元件脱落,而不会造成任何损伤,然后再结合加热、冲击力和表面剥蚀技术,使电路板上的焊料脱焊,用作精炼铅和锡的原料。德国 FAPS 也一直在研究废 PCB 的自动拆卸技术。采用与电路板自动装配方式相反的原则进行拆卸,先将废电路板放入加热的液体中融化焊料,再用一种 SCARA 机械装置根据构件的形状分拣出可用的构件。

日本 NEC 公司开发了废电路板的两级破碎法(图 8.6),利用特制破碎设备将废板破碎成 0.1~0.3 mm 的粉末,这时铜就很好地解离,再经过两级分选就可以得到纯度为 82% 的铜粉,其中超过 94% 的铜得到了回收。树脂和玻璃纤维混合粉末尺寸为 100~300 μm,可用作油漆、涂料和建筑材料的添加剂。

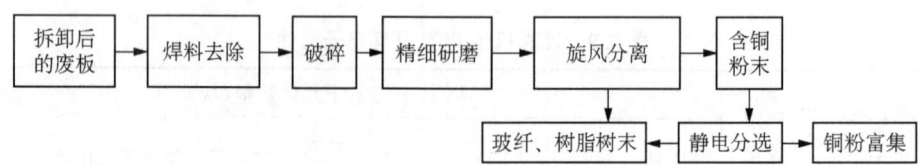

图 8.6　NEC 公司开发的废电路板处理工艺

德国戴姆勒-奔驰(Daimler-Benz)研究中心开发了四段式处理工艺(图 8.7):预破碎、液氮冷冻后粉碎、筛分、静电分选。该法有三个特点:①液氮冷却有利于破碎;②破碎时会产生大量的热,在整个粉碎过程中持续通入−196℃的液氮可以防止塑料燃烧(氧化),从而避免形成有害气体;③以前的工艺在分离小于 1 mm 的细粒时就达到极限,而该电分选设备可以分离尺寸小于 0.1 mm 的颗粒,甚至可以从粉尘中回收贵重金属。

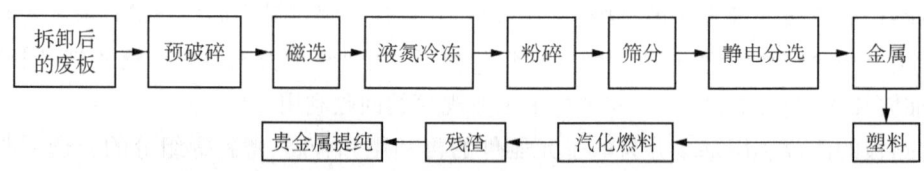

图 8.7　德国戴姆勒-奔驰研究中心开发的废电路板处理工艺

8.4　废旧汽车拆解与再制造利用技术

欧洲是废旧汽车产量最高的地区之一,欧盟于 2000 年率先建立废旧汽车专用法律法规。根据法规,每个欧盟成员国必须确保所有在其国境内产生的废旧汽车都由授权的企业进行规范化处理;此外,欧盟汽车制造商设定了一系列的废旧汽车再利用/回收/再循环率。在美国,几乎占每辆汽车质量 75% 的部件都能被重新利用,零部件再制造利用率为 50%。全美大约有 12 000 家汽车零部件回收商,能够将有再利用价值的发动机、电机和其他零件拆卸翻新,重新出售。日本自 2000 年起,由日本自动车工业协会等九家机构发起,成立了日本废旧汽车回收促进中心,推行生产者负责制的废旧汽车回收处理制度。2005 年开始施行的《汽车回收利用法》则对汽车制造企业提出要求,即在设计制造汽车时要尽可能多地采用可以回收再利用的材质和结构。

从 2004 年起,我国先后发布了一系列关于废旧汽车拆解回收的政策、法规性文件,指导汽车生产企业提高废旧汽车的可回收利用率。自 2016 年 1 月 1 日起,我国对小型汽车的有关排放和回收提出了具体要求,引导汽车生产企业把绿色理念引入本行业,实现汽车全生命周期的绿色设计,积极推进汽车拆解、回收绿色发展进程。2020 年,中华人民共和国商务部颁布了《报废机动车回收管理办法实施细则》,对汽车回收拆解企业的资质认定作出了详细说明,并规定了具体的回收拆解行为规范和回收利用行为规范,要求拆解企业建立报废机动车零部件销售台账,如实记录报废机动车"五大总成"数量、型号、流向等信息,并录入"全国汽车流通信息管理应用服务"系统。

汽车有三大类型:客车、货车和轿车。汽车由大量的金属和非金属材料(塑料、橡胶、玻璃、油漆等)组成,其中约 80% 为钢和铁,2%~4% 是有色金属,一辆废旧汽车中钢铁和有色金属零部件的 90% 是有可能被回收利用的,很多零部件可通过再制造恢复其使用价值。粗略估算,一辆小型汽车拆解出的零部件进一步细分后,可得到约 36 kg 橡胶、70 kg 塑料、740 kg 废铁、约 12 kg 铜线、50 kg 废铝。废旧汽车的金属材料组成见表 8.10。

表 8.10 废旧汽车的金属材料组成

项目	轿车	卡车	公共汽车
生铁	~3%	~3%	~4%
钢材	~77%	~76%	~77%
有色金属	~5%	~5%	~3%
其他	~15%	~16%	~17%

由表 8.10 可见,钢铁材料占废汽车总重量的 80% 左右,有色金属占 3%~5%。汽车中使用的有色金属主要是铝、铜、镁合金和少量的锌、铅及轴承合金。铝的含量最多,主要以铝合金的形式应用。

废旧汽车的回收再生利用,首先要将其拆解,钢铁、有色金属、玻璃、轮胎等橡胶制品和塑料、海绵等有机材料,一般进行专门的回收利用。

8.4.1 材料回收的工艺流程

废钢铁回收生产线主体是破碎机,辅助设备是输送、分选、清洗装置。先由破碎机用锤击方法将废钢铁破碎成小块,再经分选、清洗,把有色金属和非金属的塑料、油漆等杂物分离出去,得到的洁净废钢铁是优质炼钢原料。从废旧汽车中回收金属材料的莱茵哈特法工艺流程,如图 8.8 所示。

废旧汽车主要组成为金属材料,因此旧汽车的回收利用主要是针对其中的金属材料的,其回收利用率的高低直接影响到一辆汽车回收价值的大小。国内汽车回收的典型流程如图 8.9 所示。

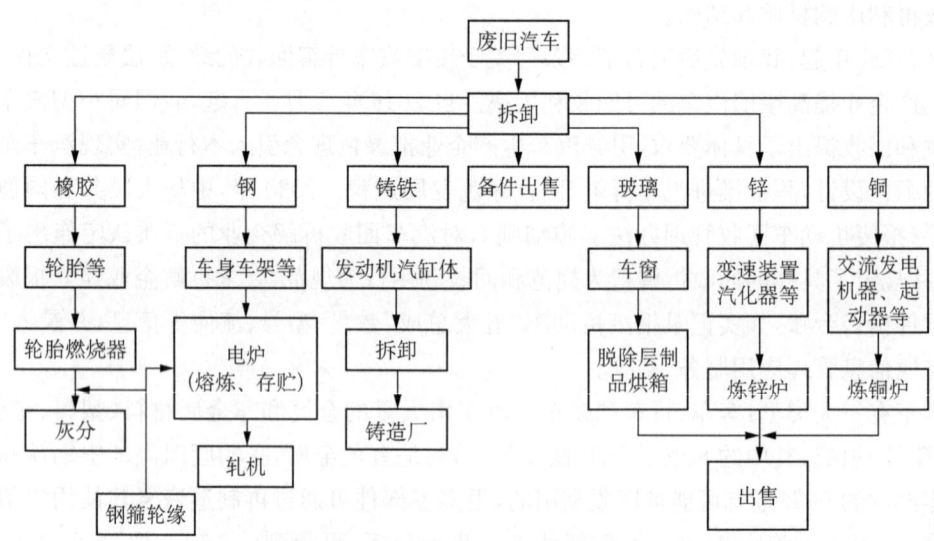

图 8.8　莱茵哈特法工艺流程

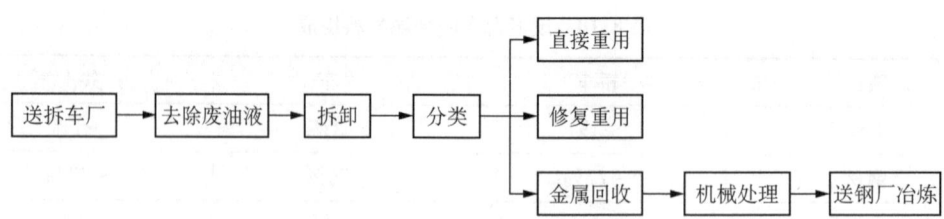

图 8.9　国内汽车回收的典型流程

8.4.2　部分零配件的再生

废旧汽车中许多零配件是可以再生利用的。这些零配件的再生利用可以减少再加工的成本，同时也会降低维修、制造的成本。为了保证再生利用的零配件质量，建立相应的质量保证体系十分重要。可以考虑将再生零配件分成不可再生零配件、直接再生零配件、有条件再生零配件三类分别处理。关于零配件的梯级利用，其实质也是零配件利用的方法问题。当零配件不能在原车上使用时，可以在要求较低的车辆上使用或转为它用，发挥其使用价值。由于汽车是一个复杂的综合技术产品，零配件的梯级利用较难。目前，汽车工业已在新车设计时研究零配件的梯级利用。

8.4.3　金属材料回收

废旧汽车经拆卸、分类后要作为材料回收必须先经机械处理，然后将钢材送钢厂冶炼、铸铁送铸造厂、有色金属送相应的冶炼炉。当前机械处理的方法有剪切、打包、压扁和粉碎等。

对于金属材料的机械处理有三种可供选择的方案。

方案一：采用废旧汽车处理专用生产线整车处理，即送料→压扁→剪断→小型粉碎机粉碎→风选→磁选→出料或送料→大型粉碎机粉碎→风选或水选→出料。

方案二：汽车壳体和大梁用门式废钢剪断机预压剪断；变速箱、发动机壳体等用铸铁件破碎机破碎。

方案三:对汽车壳体采用金属打包机打包;汽车大梁采用废钢剪断机剪断;对变速箱、发动机缸体用铸铁破碎机破碎。

方案一的特点是可以将整车一次性处理,可将黑色金属、有色金属和非金属材料分类回收,所回收的金属纯度高,是优质的炼钢原料,适合于大型企业报废大量废旧汽车处理使用。此方案的生产效率很高,适合于大量处理废旧汽车的专用厂。方案二的主要特点在于对钢件的处理投资较多,处理后废钢质量好,所选用的机器寿命长,生产效率高,适合于中型企业使用。方案三的特点是投资少,处理灵活,占地面积小,适合于私人或较小企业使用。

1. 废旧汽车中金属铝的回收

汽车中的有色金属主要是铝、铜、镁合金和少量的锌、铅及轴承合金。国际上,汽车回收已经取得一些成果,85%~90%的铝可以回收利用,节省资源,减少排放,使浪费减至最低。

废旧汽车的铝料常与其他有色金属、钢铁件以及非金属夹杂,为便于废旧铝料熔炼及保证再生合金化学成分符合技术要求,提高金属回收率,必须先进行废旧铝料预处理,然后再进行再生利用。

1) 预处理

拆解:去除与铝料连接的钢铁件及其他有色金属件,经清洗、破碎、磁选、烘干等制成废铝备料。

分类:废旧铝料应分类分级堆放,以便为后续工作提供方便,如纯铝、变形铝合金、铸造铝合金、混合料等。

打包:对于轻薄松散的片状废旧铝件如锁紧管、速度齿轮轴套以及铝屑等,用金屑打包液压机打包。钢芯铝绞线分离钢芯,铝线绕成卷。

2) 再生利用

(1) 配料

根据废铝料的质量状况,按照再生产品的技术要求,选用、搭配并计算出各类料的用量,配料应考虑金属的氧化烧损程度。废铝料的物理规格及表面洁净度直接影响再生成品质量及金属实收率,熔点较高及易氧化烧损的金属最好配制成中间合金加入。

(2) 制备变形铝合金

选用一级或二级废旧铝料中的金屑铝或变形铝合金废料,可生产 3003、3105、3004、3005、5050 等变形铝合金,其中主要是生产 3105 合金,另外也可生产 6063 合金。为保证合金材料的化学成分符合技术要求及提高后续压力加工的便捷性,最好配加部分铝锭。

(3) 再生铸造铝合金

废旧铝料只有一小部分再生成为变形铝合金,约 1/4 再生成炼钢用的脱氧剂,而大部分则生成铸造用的铝合金,主要是压铸用铝合金。压铸铝合金 A380、ADCl0、Y112 等都可用废旧再生铝料生产。

废旧铝料熔炼设备多为火焰反射炉,一般为室状(卧式),分一室或二室,容量一般为 2~10 t。另外,也可采用工频感应电炉,电力资源充足的地方最好用电炉。

铝合金一般为多元合金,常含有硅、铜、锰,有的含钛、铬、稀土等。熔点较高或易氧化烧损的金属配制成熔点较低的中间合金,可避免熔体过热而增加烧损及吸气量,并且金属成分分散能更均匀。中间合金主要有 Al-10％Mg,Al-10％Mn,Al-10％Cu,Al-5％Ti,Al-5％Cr,Al-10％Re 等。紫铜可直接入炉,电解铜块最好与其他金属配制成 1∶1 的中间合金。再生铸造铝合金的工艺流程示意如图 8.10 所示。

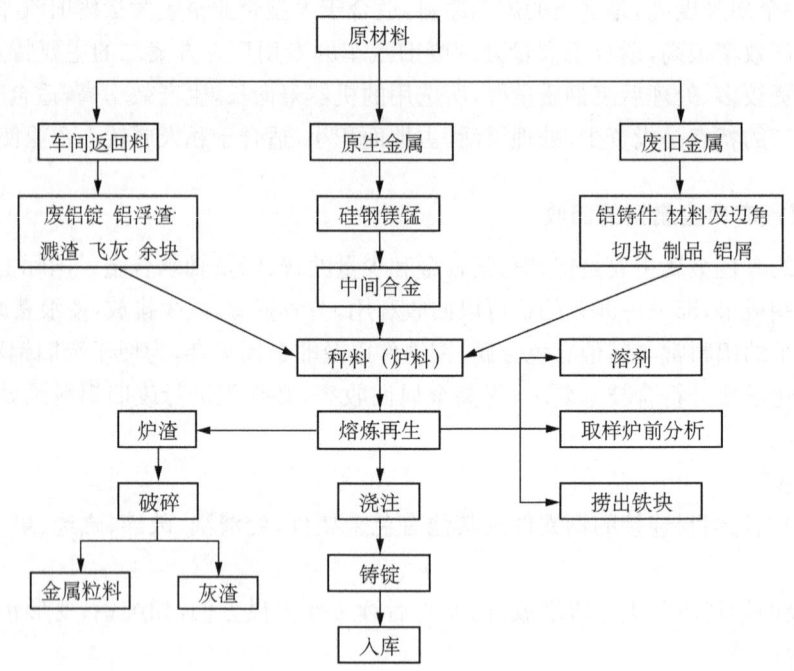

图 8.10 再生铸造铝合金的工艺流程

精炼熔剂的加入量视炉渣量而定,形成的炉渣以粉状为佳,湿度应该合适。熔剂成分一般为 $50\%Na_3AlF_6+25\%KCl+25\%NaCl$,也可用氯化锌。

(4) 炼钢脱氧用的杂铝锭

对含铁、锌、铅等杂质过高的废铝料,只能再生成铝锭作炼钢脱氧用。从混合炉渣中回收出来的铝料含铁硅较高,有的废旧铝料的铁含量超过 1％,锌含量超过 2％,有的被氧化锈蚀严重,这些料可以用来熔化成炼钢脱氧用杂铝锭。

(5) 炉渣灰再生成硫酸铝或碱式氯化铝

炉渣灰中还含有一定量的金屑铝及三氧化二铝,经湿法浸出、过滤、浓缩、蒸发后再生成化工产品,可用于配制灭火药剂、印染工业的媒染剂等。

2. 废旧汽车镁合金的再生工艺

镁合金的再生工艺流程与铝合金类似,首先进行重熔,然后进行熔体净化和铸造。但因为镁合金极易燃烧,所以废料的重熔再生工序要复杂得多。下面介绍两种有代表性的镁合金废料重熔方法。

(1) 盐炉熔化法

盐炉既是熔炼炉又是静置炉,不采用熔剂保护,而是在惰性气体下熔炼和精炼。

(2) 双炉法

用双炉系统重熔再生镁废料,一个炉子为熔炼炉,另一个是精炼/铸造炉,用导管将熔体低压转注,最终直接将熔体注入压铸机,铸出铸件。

铜合金的回收利用方法与铝镁合金的再生利用方法类似。

8.4.4 废旧汽车的热解与焚烧处理

采用人工拆卸方法处理废旧汽车,虽然简单,但劳动强度很大,成本也不低。另外,废旧汽车中所含的油漆、塑料、橡胶等制品含有重金属和有毒有害有机物。这些废物大部分与金属制品黏附在一起,很难分离。因此,可采用焚烧批量处理。

废旧汽车经冲压后送入焚烧炉或热解炉内,控制适当温度和空气量,使废旧汽车中的有机物能够充分焚烧或热解而离开金属表面,同时也要保证金属尽可能不被氧化。如果是采用焚烧,则尾气必须得到有效处理,如果采用热解,其产生的燃气经处理可加以利用。

8.4.5 废旧汽车电子器件处理处置

随着电子信息技术的飞速发展,汽车使用的电子元器件数量也显著增加。现代汽车中的电器电子产品种类不同、功能不同、成分各异,随同汽车整体废弃而结束其功能使命的电器电子产品中含有大量可继续使用的电子部件及电子元器件,品位较高的铜、铝、铁、金、银等金属与贵金属材料,以及玻璃与塑料等非金属材料,具有显著的资源利用再生价值。

发动机是汽车的"心脏",也是汽车制造的核心部件,在汽车制造中占有重要的地位,由于这类产品的寿命较长,当随同汽车废弃时,其使用功能大多完好无损可直接再利用。根据国外相关机构的研究,一台平均 5 kg 的发动机再制造与制造一台全新的发动机相比,可以减少 9 kg 的二氧化碳排放,节约 12% 的铜,节约 18% 的铝。按照 1 年 50 万台再制造电机核算,可减少 4 500 t 二氧化碳排放,其生态效果相当于种植 360 公顷森林,节约消耗铜 300 t,节约消耗铝 450 t。

电子控制元件是现代汽车中最有价值的电子设备之一。它们能够读取来自汽车内嵌传感器的信号,并控制许多子系统的行为,如发动机、空调系统、信息娱乐系统、安全设备等。根据宝马的统计,汽车电子控制元件的成本已经超过汽车成本 30%。一些豪华轿车有 48 台微型计算机,电子元件占其成本的 50% 以上。但由于配套技术和盈利模式的缺乏,我国废旧汽车电子控制元件回收行业尚未形成。使用最多的方法是汽车电子控制元件与车体及整车一起报废后进行材料回收。一小部分卖给维修服务公司,这些公司只能依靠肉眼观察和经验来判断这些部件是否可以重复使用。由于某些部件的损坏无法用肉眼观察来判断,如果这些损坏的部件被重复使用,可能会导致故障和造成事故。因此,废旧汽车电子控制元件回收处理亟待解决并规范。此外,汽车电控板等电子废弃物中所含的金属,尤其是贵金属,其品位是天然矿藏的几十倍甚至几百倍,回收成本一般低于开采自然矿床。如废弃线路板中仅铜的含量即高达 20%,另外还含有铝、铁等金属及微量的金、银、铂等稀贵金属,这使得电子废弃物具有比普通城市垃圾更高的价值。因此,废旧汽车电子器件资源化利用势在必行。

8.4.6 新能源汽车动力电池资源化技术

新能源电动汽车作为一种新的绿色出行交通工具,因其污染小而被广泛推广应用。但是在新能源汽车运行的过程中,会存在锂电池老化或者损坏的情况,需要对其进行处理处置。在锂电池的回收过程中应综合考虑环境效益、经济因素以及对人体健康的影响。因此,需要迫切发展清洁高效、可持续性强的技术来对废旧锂电池进行资源化回收。目前,废旧锂电池的回收方法主要可以分为以下三类:物理回收法、化学回收法和生物回收法。物理回收法包括火法、机械破碎浮选法、机械研磨法等;化学回收法主要包括沉淀法、萃取法、盐析法、电化学法和机械研磨法。

物理回收法中,废旧锂电池经过放电后在液氮温度下进行拆解破碎,随后通过多级筛分,将粉末与集流体分离。分离后的废粉直接在高温下进行烧结,其中负极材料和导电剂等都被用作燃料来提供能量。这类回收方法的原理主要是根据电池中组分的物理特性,例如密度、溶解性、热稳定性来对电池各组分进行分离,具有工艺流程简单,易工业化,设备相对简单的优点,但是分离所得产物纯度低,还需后续的化学除杂处理才能进一步得到所需的目标产物,且回收消耗能量大,产生大量废气和废渣,对环境污染较大。

化学回收法是指在对废旧锂离子电池进行拆解破碎后,用氢氧化钠、硫酸、硝酸、双氧水等化学试剂将锂电池正极中的钴、锂、铝等金属离子浸出,然后通过沉淀、萃取等方法来净化、分离,提取钴、锂等金属元素。这种方法回收产物纯度高,贵金属回收率高,但是回收工艺复杂,所用试剂都为无机强酸、强碱,回收成本高,对环境不友好。

生物回收法主要是指利用微生物菌类的代谢来实现对钴、锂等元素的选择性浸出。利用化能无机营养菌、嗜酸氧化亚铁菌从废旧锂离子电池中浸出金属元素,这种方法成本低,污染小,且微生物可重复利用,但是存在锂电池回收的相关技术才刚刚起步,且存在菌种培养耗时长、浸出条件控制等问题。

现在的废旧锂电池的回收技术存在回收过程繁琐、回收条件较为苛刻、化学试剂消耗和二次污染严重等问题。此外,回收后的材料往往需要金属萃取和再合成才能制备得到三元电极材料。因此,目前的趋势在于开发针对废旧锂电池电极材料进行直接修复的技术,不仅可以缩短上述工艺过程,还可以节能、高效地对电极材料进行直接修复,对于推动锂电池产业的低碳经济发展,实现废旧锂电池高效资源化利用具有重要意义。

习 题

1. 请依据可查询的数据,对我国每年尺寸在 30 cm 以下废弃小型家电产量进行预测。
2. 当前我国电子废弃物规范回收法律体系仍有哪些可待完善的内容?请详细说明理由。
3. 简述电子废弃物主要的资源化处理技术和各自的优缺点。
4. 简述如何构建废弃小型家电从源头分类收集—转运—处置全过程体系模式。
5. 结合现有的废旧汽车拆解回收工艺,简述分析如何实现废旧汽车中金属材料的高效回收及资源化利用。
6. 简述回收电力电池的再生和处理技术。

第 9 章　固体废物资源化利用智能信息化与碳达峰碳中和技术应用

9.1　人工智能原理和算法

9.1.1　人工智能

1956 年,John McCarthy 和 Claude Shannon 等提出了人工智能的概念,希望机器拥有人类所有的感知,能处理复杂任务。人工智能包含机器学习和深度学习。机器学习是一门多领域交叉学科,涉及概率论、统计学、凸分析和算法复杂度理论等多门学科。机器学习是人工智能的核心,是使计算机具有智能的有效途径,现已广泛应用于各个领域。深度学习是机器学习研究中的一个新的领域,可通过挖掘样本数据潜在规律,有效处理非线性、时间序列和多目标污染物等问题。

9.1.2　深度学习分类和发展历程

深度学习方法可以分为监督学习、半监督学习和无监督学习三种。监督深度中使用数据集已被标记即系统有一组输入和相应的输出(x_t, y_t),其中卷积神经网络(CNN)和长短期记忆(LSTM)是监督学习的典型算法;而半监督深度学习的训练过程部分依赖于标记数据集,生成对抗网络(GANs)是半监督深度学习的一个很好的例子;最后,无监督深度学习的环境没有数据标签,该技术主要应用于聚类、降维和生成技术。

深度学习的概念始于 1958 年,Rosenblatt 提出了"感知机"的概念,表明若它试图学习的东西可被感知,感知机就会收敛。1969 年,Minsky 等证明了感知机具有一定局限性,致使随后深度学习迎来了漫长的冬天。然而,在 1985 年,反向传播神经网络(BP-NN)解决了单层感知机无法解决的问题,使得深度学习重新焕发生机。

CNN 是一种典型的深度学习算法,在图像识别中扮演着重要角色。在图形处理单元(GPU)的帮助下,计算机可计算数百万个参数。此后,陆续提出的多种深度学习框架如 AlexNet 和 GoogleNet,在各个领域都表现出优异的性能,例如当前图像识别已超越人类识别水平;另一个典型的例子是 AlphaGo 应用深度学习算法击败世界围棋冠军李世石。当前的深度学习算法,如生成对抗网络具备高效的学习能力,它成为数据处理研究热门算法之一。

9.1.3 典型深度学习算法

1. 人工神经网络

人工神经网络(Artificial Neural Network，ANN)通过使用大量非线性并行处理器，模拟大脑神经元之间的突触行为，进而实现学习功能。人工神经网络不是关注详细的物理或化学过程，而是从输入和输出数据之间挖掘潜在规律。如图9.1(a)所示为人工神经网络结构，它由输入层、隐藏层和输出层组成。输入层的神经元形成输入特征，而隐藏层的神经元模拟突触行为传递信息。如图9.1(b)所示，隐藏层中的一个神经元接收来自输入层的不同权重的神经元，例如 w_0、w_1 和 w_2。隐藏层中的神经元在 Sigmoid 等激活函数作用下，获取信息 $\sigma(\sum w_i x_i + b)$ 作为下一个神经元的输入层数据。

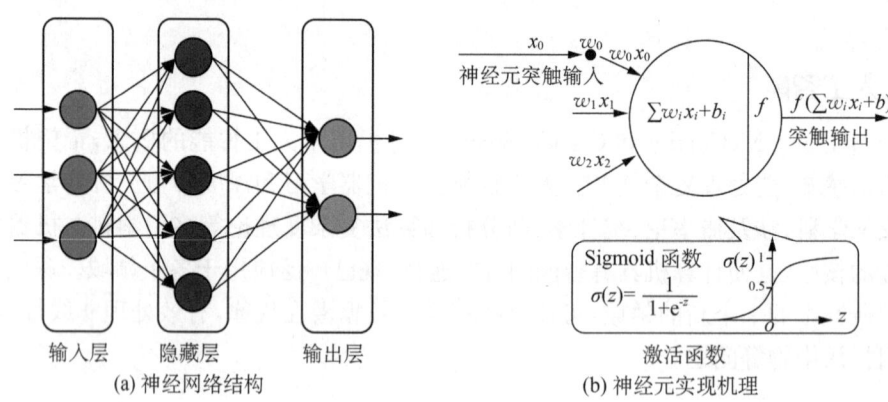

图 9.1 人工神经网络

如上所述，人工神经网络由一系列不同层的神经元组成，神经元相互连接，其数学表达式如下：

$$y_i = \sigma(\sum w_i x_i + b) \tag{9-1}$$

Sigmoid 数学表达式如下：

$$\sigma(z) = \frac{1}{1+e^{-z}} \tag{9-2}$$

此外，Sigmoid 的值范围从 0 到 1。

迭代 t 处的任意权重 w^l 根据式(9-3)从其先前状态 $t-1$ 值更新：

$$w_{ij}^l(t) = w_{ij}^l(t-1) + \Delta w_{ij}^l(t) \tag{9-3}$$

对于 $\Delta w_{ij\,t}^l$，计算可以通过式(9-4)计算：

$$\Delta w_{ij}^l(t) = r y_{ij}^{l-1}(t-1) + \mu \Delta w_{ij}^{l(\text{previous})} \tag{9-4}$$

式中，r 是学习率；μ 是动量系数；y_{ij}^{l-1} 是 $l-1_{\text{th}}$ 的输入层间。

2. 卷积神经网络

随着神经网络层数的增加,传统 ANN 模型存在过拟合、局部最优、梯度消失和梯度爆炸问题。Krizhevskey 等人指出,多层隐藏层可提升 ANN 模型的学习能力,逐层预训练,可有效解决训练深度神经网络的困境。卷积神经网络(Convolutional Neural Network,CNN)最早由 Fukushima 提出,在图像分类、目标检测和语言建模等方面取得了辉煌的成就。Krizhevskey 等人使用 CNN 模型,赢得 ImageNet 大规模视觉识别挑战赛。该事件极大推动了现代 CNN 的发展。如图 9.2 所示为经典的 CNN 结构 CaffeNet,其由卷积层、池化层和全连接层组成。

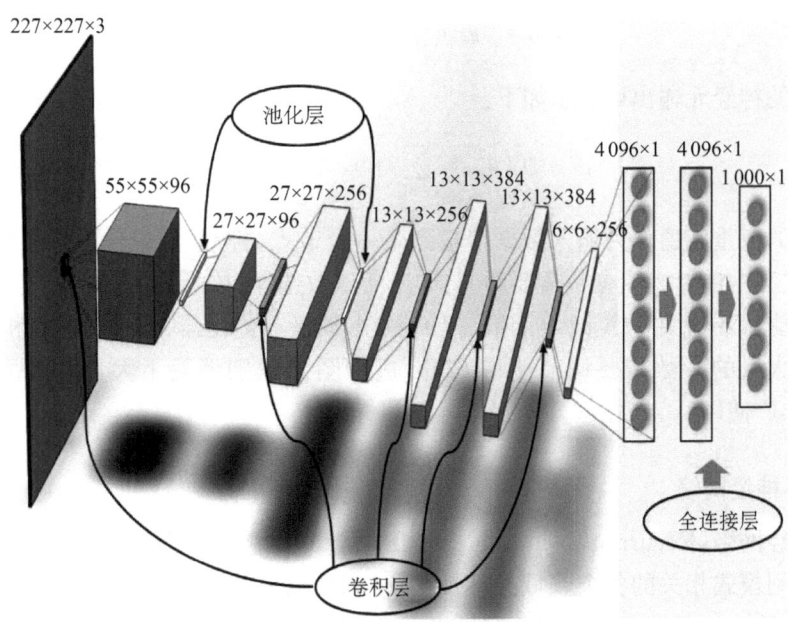

图 9.2 CaffetNet 卷积网络框架

CNN 是一种前馈神经网络,使用卷积层和池化层,自动从数据中提取特征。如图 9.3(a)所示,卷积层可按照式(9-5)计算:

$$\mathrm{conv}v_i^f[j] = F * \left(\sum_{k=0}^{K_{i-1}} w_{ki}^f S_j[j+k] + b_{ki}^f \right) \tag{9-5}$$

式中,$\mathrm{conv}v_i^f[j]$ 是第 l 层第 j 个神经元的输出;F 是非线性函数;w_{ki}^f 和 b_{ki}^f 分别为第 l 层第 j 个神经元权重和偏差;S_j 表示输入映射。

对于池化层计算,如图 9-3(b)所示,数学表达式如下:

$$\mathrm{Pooling\ layer} = \begin{cases} \mathrm{Max}(\mathrm{conv}v_i^f) \\ \mathrm{Average}(\mathrm{conv}v_i^f) \end{cases} \tag{9-6}$$

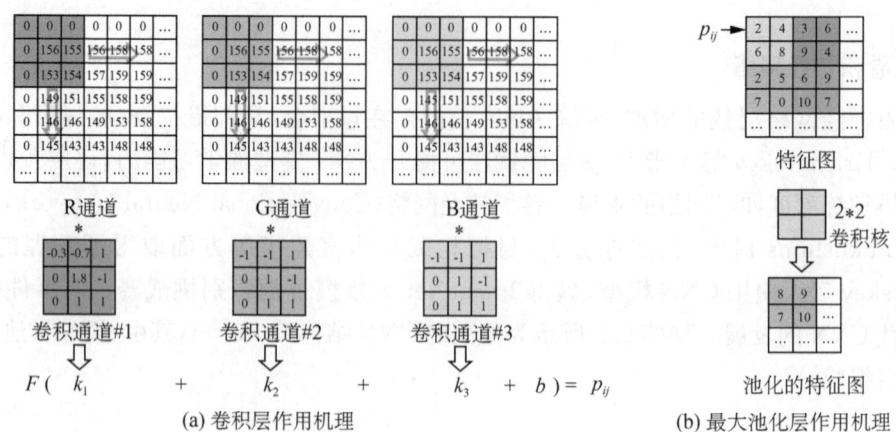

图 9.3 卷积层和池化层作用机理

池化层的神经元输出可表示如下：

$$s_j^{l+1} = f\left(u_j^l + \sum_{i \in M_j} \text{con}(v_{ij}^{l-1}, x_i^{l-1})\right) \tag{9-7}$$

神经元的权重和值作为输入数据传输到下一个节点(神经元)或作为输出结果。此外，CNN 训练过程中涉及大量参数需要调节：如激活函数选择、核函数的大小设置、填充大小设定、过滤器选择，还需要考虑 tanh 函数、损失函数、动量等优化器、均方根误差和自适应动量估计。由于大量的参数需要调节使得 CNN 进行图像识别消耗了大量的人力物力，限制 CNN 算法推广使用。

3. 循环神经网络

循环神经网络(Recurrent Neural Network，RNN)增强了机器翻译、语音识别和 PM2.5 预测等与时间模式相关的各个领域最新性能。RNN 循环反馈机制可维护神经元内部状态记忆，该记忆隐含地包含有关序列所有过去元素的历史信息。图 9.4(a)说明了隐藏单元在不同稀疏时间步长的输出可看作是多层网络中不同神经元的输出。

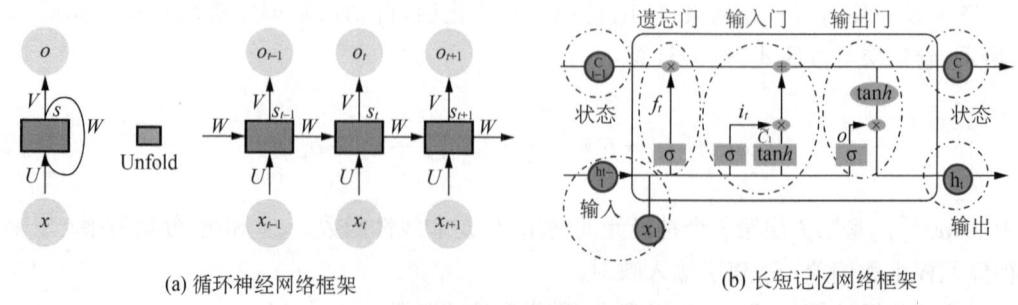

图 9.4 循环神经网络

时间序列数据不完整严重限制了数据的分析和挖掘能力，而 RNN 正在成为处理不规则时间序列数据的有效的工具之一。传统的机器学习，试图在单变量和多变量不规则数据中建立线性关系。然而，这些方法在处理缺失值百分比很高的离散数据时表现不佳。RNN 为数据插补提供了更复杂的策略，它不仅考虑了单变量和多变量不规则数据中观测值之间的关系，而且还结合了许多变量之间的相关性。尽管 RNN 是一个强大的动态模型，但也存在梯度消失、爆炸问题和缺乏长期记忆能力的问题。为了解决 RNN 的局限性，Hochreiter 等首先介绍了长短记忆网络(LSTM)。经典 LSTM 单元的结构由遗忘门、输入门和输出门组成[图9.4(b)]。这些门可以从序列数据中学习有用的信息，并决定打开或关闭对常量错误的访问，可以实现垃圾产量预测。

对应数学公式表达如下所示：

遗忘门：
$$f_t = \sigma(W_f * [h_{t-1}, x_t] + b_f) \tag{9-8}$$

输入门：
$$i_t = \sigma(W_i * [h_{t-1}, x_t] + b_i) \tag{9-9}$$

$$\widetilde{C}_t = \tanh(W_C * [h_{t-1}, x_t] + b_C) \tag{9-10}$$

神经单元：
$$C_t = f_t * C_{t-1} + i_t * \widetilde{C} \tag{9-11}$$

输出门：
$$O_t = \sigma(W_O * [h_{t-1}, x_t] + b_O) \tag{9-12}$$

$$h_t = O_t * \tan(C_t) \tag{9-13}$$

如上所述，每个 RNN 单元同时获取当前和先前的输入数据，输出结果可看作是深层多层网络中的不同节点。隐藏层中的信息流被分类为离散时间。不同时间 t 的参数 x、s 和 o 分别表示为 x_t、s_t 和 o_t，隐藏中的神经元在同一步骤中共享参数值(W, U, V)。RNN 数学表达为式(9-14)和式(9-15)，式(9-16)是每次迭代的误差总和。

$$h_t = W f(h_{t-1}) + W^{(hx)} x_t \tag{9-14}$$

$$y_t = W^{(s)} f(h_t) \tag{9-15}$$

$$\frac{\partial E}{\partial W} = \sum_{t=1}^{T} \frac{\partial E}{\partial W} \tag{9-16}$$

Alex 解释了 RNN 和 LSTM 的基本原理，并总结了训练标准 RNN 带来的挑战，该研究进一步解释了 RNN 和 LSTM 工作机制。

4. 注意力机制

迄今为止，注意力机制已经成为深度学习领域最重要的技术之一，因为它可以有效提高深度学习算法训练过程中的工作效率。注意机制基于人类生物系统，不会一次提取所有信息。例如，人类可快速关注图像某部分，而不是专注于整个场景。根据注意力机制的产生方式，可分为基于显著性注意力机制(Saliency-based attention)和焦点注意力机制(Focus attention)。基于显著性注意力机制的定义是自下而上的无意识注意，它是由外部刺激驱动的；而焦点注意力机制是自上而下的有意识的注意力，它依赖于特定的任务。深度学习领域的注意力算法大部分是焦点注意力机制。2014年，Bahdanau等提出了一种机器翻译的注意力模型，该模型与双向RNN结合以达到最大化翻译性能。

图9.5给出了Bahdanau等引入的带有RNN的注意力模型的结构。在前向RNN中，数据是按顺序输入的，因此第j个隐藏层状态只能携带第j个神经元本身以及之前的一些信息。在逆向RNN中，数据是逆序输入的，则包含第j个神经元及之后的信息。如果把这两个隐藏层状态结合起来，就包含了第j个输入的前后信息。该模型让人们对深度学习领域中注意力算法产生了极大的兴趣。许多研究人员在与文本分类、动作识别、语音识别，甚至城市固体废物量产量预测相关的领域中，将注意力模型与其他神经网络结合使用。

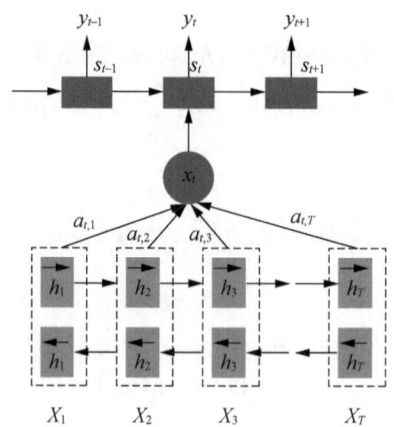

图9.5 注意力机制和循环神经网络结合

如图9.6所示，注意力机制由阶段Ⅰ、阶段Ⅱ和阶段Ⅲ三部分组成。阶段Ⅰ计算各个编码器隐藏层$Q_1 \sim Q_t$与解码器隐藏层状态$S_t - 1$之间的相似度，可用表9.1公式计算。

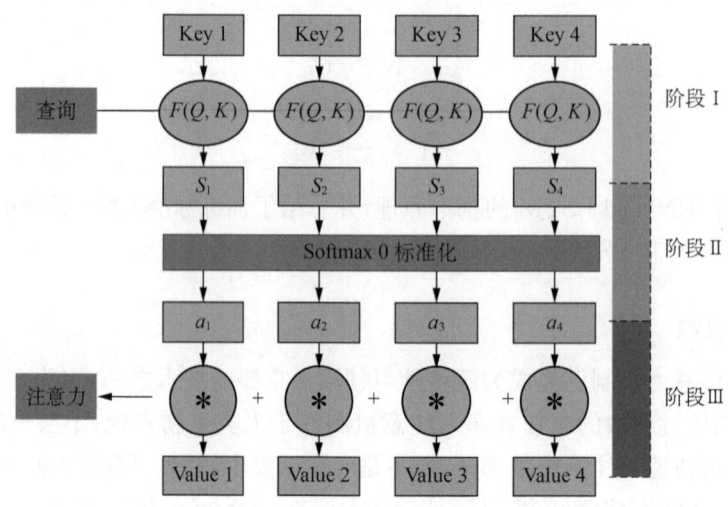

图9.6 注意力机制机理

表 9.1　键与序列相似度计算

方法	表达式
Dot-product	$F(Q, K_i) = Q \times K_i$
Additive	$F(Q, K_i) = v^T \text{act}(W_1 + W_2 Q + b)$
Cosine similarity	$F(Q, K_i) = \dfrac{Q \times K_i}{\|Q\| \times \|K_i\|}$
General	$F(Q, K_i) = MLP(Q \times K_i)$
Concat	$F(Q, K_i) = v^T \text{act}(W[K; Q] + b)$
Location-based	$F(Q, K_i) = F(Q)$

阶段Ⅱ目的是进行 Softmax 归一化操作得到每个隐藏层向量权重 a_i，见式(9-17)。

$$a_i = \text{Softmax}(F_i) = \frac{e^{F_i}}{\sum_{j=1}^{L_x} e^{F_j}} \tag{9-17}$$

阶段Ⅲ对输出计算数值加权求和，得到此次解码所对应的输入序列，见式(9-18)。

$$\text{Attention}(Q, K_i, v_i) = \sum_{i=1}^{L_x} a_i * v_i \tag{9-18}$$

5. 生成对抗网络

2014 年，Goodfellow 提出了生成对抗网络(Generative Adversarial Networks，GANs)算法。当前生成对抗网络算法被认为是深度学习领域有史以来最好的算法。它已广泛应用于图像处理、语音和音频处理、医学信息处理和其他应用。

图 9.7 为生成对抗网络框架图，它源于博弈论中的零和博弈。生成对抗网络可以归类为无监督学习。生成对抗网络的本质是生成器和识别器两个神经网络之间的竞争，直到损失达到纳什均衡。然而，生成对抗网络具有一定的局限性，例如模式崩溃、不收敛和不稳定。

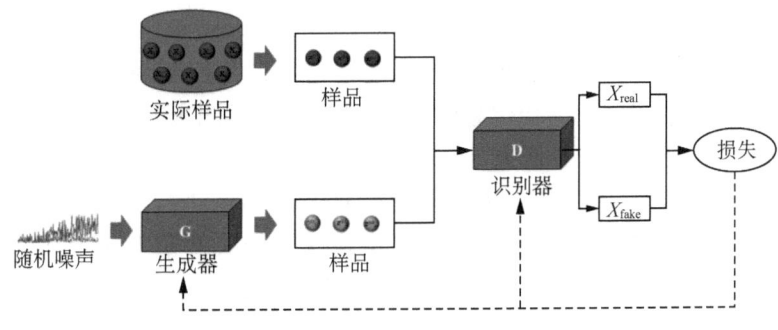

图 9.7　生成对抗网络框架

GANs 的训练是生成模型和判别模型之间的极小极大零和博弈，可用数学式表示如下：

$$\min_G \max_D V(D, G) = E_{x \sim P_{\text{data}}(x)}[\log(D(x))] + E_{z \sim P_{\text{data}}(z)}[\log(1-D(x))]$$

(9-19)

9.2 人工智能应用于固体废物管控

固体废物的管控贯穿于固体废物从产生到被处置的各个环节，一般包括前端收集、中端转运和末端处置三个环节。本节主要介绍人工智能技术在固体废物前端收集和中端转运中的运用。

9.2.1 人工智能应用于固体废物产量预测

根据国家统计局发布的各年统计年鉴数据，近年来，我国生活垃圾处置量和清运量均处于上升态势，增幅分别为 25% 和 29%。

随着社会的发展，人口数量的增多，生活垃圾的产生量也在逐年增加，所以相应的生活垃圾收集、转运以及处置的设施也需要增加，这给生活垃圾的管理造成了一定的困难，对固体废物的有效管理已成为环境、经济和社会的强制性要求。

生活垃圾数量预测在固体废物管理中具有重要意义，它是垃圾管理体系的基础和依据，只有对于生活垃圾的产生量有一个较为精确的预测，才能针对性地制订相应的管理策略。

1. 生活垃圾数量预测方法

目前，生活垃圾数量主流的预测方法有多元回归分析法、时间序列法、灰色系统模型法以及系统动力学法等。多元回归分析是指两个或两个以上自变量与一个因变量的变动分析，多元线性回归是指利用因变量与自变量之间存在的较好的线性相关性进行预测的方法。在生活垃圾数量的预测当中，多元线性回归被广泛地使用，其核心是选取生活垃圾产生量的影响因素，建立生活垃圾产生量与这些因素的线性回归模型。

五类因素对生活垃圾的产生存在影响，分别为内在因素、政策因素、自然因素、个体因素、社会人口学因素，如图 9.8 所示。通过进行关联度分析发现生产总值（GDP）、常住人口、人均年收入与生活垃圾产生量的相关度都达到 0.9 以上，上述分析结果为多元线性回归中的指标选取提供了一定的参考。

时间序列分析是一种动态数据处理的统计方法，其原理是研究利用按时间排列的、随时间变化且相互关联的数据序列的变化趋势，并以此评估和预测未来的数据。Navarro-Esbri 等用时间序列分析和预测的工具研究 MSW 的生成，提出了一种基于非线性动力学的预测技术，并将其性能与季节自回归和移动平均值（sARIMA）方法进行了比较，以处理短期和中期预测。对于西班牙和希腊的三个城市进行预测，在相对误差小于 10% 的情况下，可以进行至少两周的预测，并且在 2~3 年的预测当中，平均相对误差低于 5%，具有良好的效果。

灰色系统模型法是一种用于处理不完全信息和不确定性的系统分析方法。核心思想是将系统分为已知信息（白色信息）和未知信息（黑色信息）两部分，使用数学和统计方法来分析未知信息，以便更好地理解和预测系统的行为。灰色系统模型法是灰色系统理论的核心

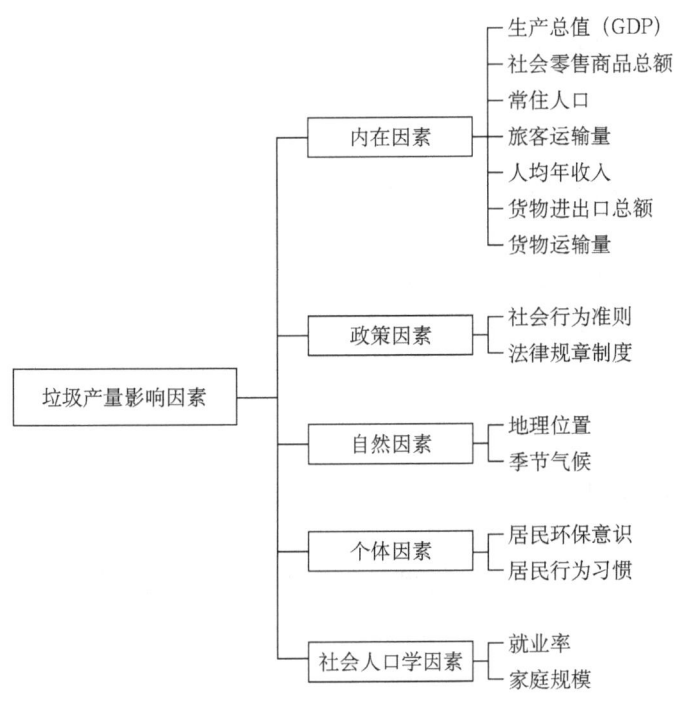

图 9.8 垃圾产生量的影响因素

内容之一,其特征要求样本少,计算简单,比多元回归分析以及时间序列分析等预测方法都有一定的优势。

除了传统的预测方法以外,目前部分学者应用人工智能的方法对生活垃圾数量进行预测。人工智能的方法相比于传统方法来说,可以处理更多的输入信息,考虑的面更广,所以可以达到的预测效果上限更高。

2. 人工智能应用于生活垃圾产量预测

由于垃圾的产生要考虑到社会和经济的各个方面,在进行较为长期的预测时,还要考虑到政策变化带来的影响,传统的预测方法主要是基于经济、社会的一些要素进行模拟和预测,但是这些要素是变化的,特别是在一定时间段内由于政策等因素的变化,会导致相关要素产生较大的波动,这种情况下传统方法的局限性会较大,精度有待提高。目前部分学者应用人工智能相关技术对生活垃圾产量进行预测,得到了优于传统方法的预测结果。

Maryam Abbasi 和 Ali El Hanandeh 预测了支持向量机(SVM)、自适应神经模糊推理系统(ANFIS)、人工神经网络(ANN)以及 k-近邻算法(kNN)四种智能系统算法对澳大利亚昆士兰州洛根市议会地区每个月的垃圾产量。实验证明 kNN、ANFIS 和 SVM 模型具有良好的预测性能,其中 ANFIS 的预测结果最准确。Soni 等测试了人工神经网络(ANN)、自适应神经模糊推理系统(ANFIS)、离散小波理论人工神经网络(DWT-ANN)、离散小波理论自适应神经模糊推理系统(DWT-ANFIS)、遗传算法人工神经网络(GA-ANN)和遗传算法自适应神经模糊推理系统(GA-ANFIS)预测垃圾产量的能力,通过对印度新德里市的垃圾产量的预测,比较其均方根误差(RMSE)、确定系数(R^2)和一致性指数(IA)值发现,GA-

ANN 模型的 RMSE 值最低、IA 值最高，R^2 值最高，是上述模型中预测最准确的。除了上述几种预测方法以外，还可利用深度学习算法对垃圾产量进行预测。

9.2.2 人工智能应用于固体废物收运管理

生活垃圾收运系统是生活垃圾管理的重要组成部分，收运费用占垃圾处理处置费用的 40%～50%，所以对垃圾收运系统的研究具有重要意义。我国固体废物收运系统的研究开始较晚，正处于快速发展阶段，但与发达国家仍有一定差距。发达国家的固体废物收运系统基本都以垃圾分类收运为核心。目前我国大中型城市的垃圾收运模式大多如图 9.9 所示，固体废物的收运基本上是以混合收运为主。垃圾混合运输到收集点或转运站，最后统一进行处理。一些城市如北京、上海等已经初步实现了垃圾的分类转运，上海已经实现了收运系统的初步信息化。

但是对于大部分城市来说，固体废物收运系统仍存在较大问题。一方面是垃圾分类情况较差，增加了垃圾处理和资源化利用的难度；另一方面是收运系统的智能化程度较低，需要花费较大的人力成本，而且在收运过程中出现的问题难以实时进行反馈。一些特殊的固体废物，如危险废物等，在收运过程中存在渗漏、反应等风险。

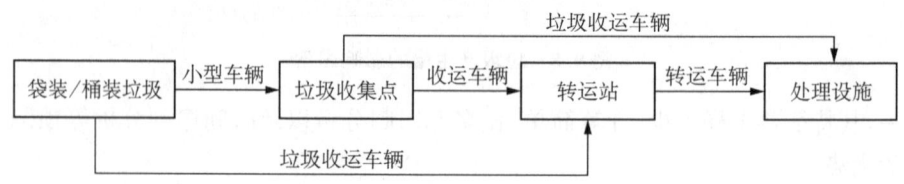

图 9.9　我国大中型城市垃圾收运模式

1. 人工智能应用于垃圾分类收集

在垃圾分类收集阶段，人工智能可以帮助我们实现垃圾的分类。基于计算机视觉的废弃物种类识别主要是利用图像分析技术对目标进行检测和分类，识别过程主要包括图像预处理、特征提取和分类三个步骤。

不管是机器学习方法还是深度学习方法，都只能处理具有一定外观特性的固体废物，如常见的易拉罐、废纸、塑料瓶等。然而在实际应用过程情况往往更加复杂，不同的固体废物相互掺混，导致难以辨别，而且很多固体废物外观并不具有特异性，这对垃圾分类工作提出了挑战。

目前有部分学者将 X 射线吸收光谱与人工智能相结合，应对较复杂情况下的垃圾识别进行了研究。利用 X 射线光谱探测器，将收集到的不同能量的 X 射线光子的能量，转化为相应的可测量电脉冲信号。不同的电脉冲信号分别被加以记录计数，得到该物体的 X 射线吸收光谱。然后，提取 X 射线吸收光谱特征，利用 BP 神经网络等方式训练得到识别模型，再将提取特征代入模型中进行识别。有研究表明，应用 X 射线吸收光谱以及人工神经网络的方式对生活垃圾中的 15 种不同的塑料以及猪的组织进行鉴别，准确率达到 90% 以上。

除了 X 射线吸收光谱的方法以外，还有近红外光谱方法等，使用近场红外吸收光谱结合

BP神经网络以及PNN神经网络的方法对混合废塑料进行鉴别,其预测及鉴别的准确率分别为73.33%和97.67%,体现出了PNN神经网络的优势。

2. 人工智能应用于固体废物转运

(1) 转运线路的优化

固体废物的转运是整个城市固体废物管理体系的重要一环,固体废物收运系统建设的目的就是减少和控制点源、面源污染,进而降低固体废物进入环境中造成的二次污染危害,其关键在于如何更好、更高效地进行固体废物的收运。如何优化收运设备的空间布置,缩短固废运输的时间、提高运输效率成为当前的研究热点。

人工智能的方法越来越多地被应用到垃圾收运系统的升级当中。一般是人工智能结合地理信息系统(GIS)的方式,GIS为线路的优化和设计提供了快捷的地理信息获取方法、科学的地理信息表达方式以及强大的空间检索分析功能,可以通过蚁群算法实现垃圾收运线路最短化。

(2) 固体废物性质实时监测及防篡改技术

固体废物在转运过程中可能会发生化学反应,导致其物理化学性质发生改变,收运容器也有可能发生变形,出现泄漏的情况。所以在固体废物转运过程中,通过图像识别、红外成像等方式可以对固体废物在运输过程中的情况进行大致判定,并及时反馈给管理人员,从而避免安全事故的发生。

从固体废物产生到最终进入处理单元处置的转运环节中,通过人工智能技术识别并收集各主要控制节点的数据,如垃圾收集站数据、垃圾转运站数据等。针对全过程的主要控制节点,通过区块链智能合约技术,将每一环节所产生的数据记录在区块链的账本中,调试优化每个环节数据之间的相互关联性,并生成具有唯一性的身份证。采用哈希算法将不同环节请求上传入链的信息数据进行串联处理,从而监控固体废物在运输各个节点的情况,建立实时、可追溯的垃圾转运体系。

9.3 环境卫生工程信息化技术

环境卫生是指城市空间环境的卫生,主要包括城市街巷、道路、公共场所等区域的环境整洁,城市垃圾、粪便等生活废弃物收集、清运、运输、中转、处置、综合利用等。目前,随着城市管理水平的不断提高,环境卫生工程基本已经步入了规范化、常态化管理的轨道。但是,环境卫生工作过程中,人员、车辆、设备等各要素的统筹调度复杂,环境卫生信息化建设亟待提高。

环境卫生信息化系统可及时了解掌握垃圾收集清运、道路作业、末端处置等环卫管理全过程中的重要数据,这些数据包括垃圾产生量、清运量、处理量;道路作业面积、车次、作业规范、作业质量;垃圾处理过程中的废水、废气的浓度、数量;环卫作业中所需投入的人、财、物的量,以及填埋场和焚烧厂运行数据等,为环卫作业各不同部门之间提供结算平台,也可以为相关部门提供实时在线的监管平台。

9.3.1 环境卫生工程信息化技术概述

基于当前大型信息化系统典型的技术架构,国内环境卫生工程信息化系统几乎都采用了基于5个层次、2个体系、1个标准的业务架构(图9.10)。

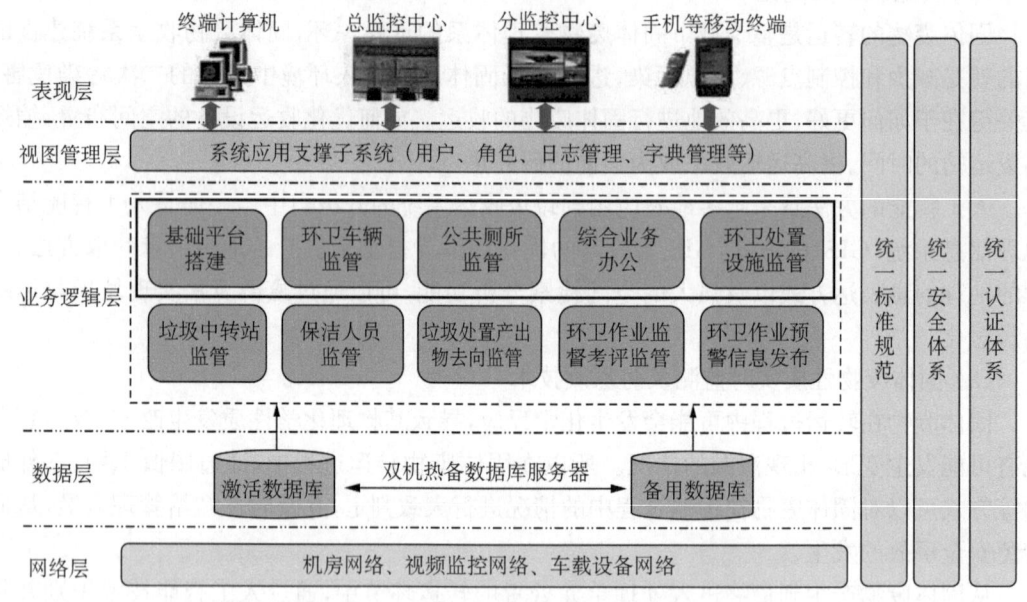

图9.10 大型信息化系统典型的技术架构

1. 网络层

网络层作为基础设施层,是支撑整个系统运行的信息基础设施平台,应采用市场主流产品和业界成熟技术,并充分考虑系统的扩展能力、容错能力和纠错能力,确保整个网络基础设施运行稳定、可靠。

2. 数据层

数据层是信息系统建设的重点。通过对项目信息资源的整合,为用户提供业务数据支撑和分析指导,数据层主要包括基础数据库、GIS数据库、视频数据库和业务数据库等。

3. 业务逻辑层

业务逻辑层是"平台化"机制开发的基础,包括运行环境、系统定制和系统管理等主要功能。基于插件化的应用框架,保证系统高效、低成本开发与扩展;提供统一的身份认证和统一与分散相结合的授权机制,保证系统安全运行;提供多种适应变化性机制,适应系统大范围应用。

4. 视图管理层

视图管理层是指支撑应用系统的基础平台,为应用系统提供权限认证、安全管理、资源管理、事务管理、数据管理等基础服务。该层还包含针对业务应用集成提供应用接入配置管理、数据采集/分析/优化服务运行配置管理;提供用户、角色、组织机构、授权等基础系统管理;提供日志管理、数据及服务字典管理、数据库维护管理等辅助功能。

5. 表现层

表现层利用可视化框架对业务逻辑层处理后的数据进行利用,同时针对不同的业务场景,向用户提供个性化的信息视图。该层具体包括监控中心、终端计算机和移动终端等。

6. 统一标准规范

标准规范贯穿于信息化项目建设全过程。规范的信息化建设项目应该遵循国家电子政务等相关标准,重点制定总体标准规范、技术标准规范、业务标准规范、管理标准规范和运营标准规范,确保整个系统的成熟性、拓展性和适应性,规避系统建设的风险。

7. 统一安全体系

统一安全体系是信息化项目建设的重要组成部分,与标准规范的建设策略相类似,信息安全也应贯穿项目建设的始终。安全体系主要由安全计算环境、安全区域边界、安全通信网络、安全管理等组成。

8. 统一认证体系

统一认证体系是对使用信息化系统的用户、角色、权限等的统一认证管理。环境卫生工程信息化系统的数据网络包含前端采集、数据传输、数据存储、数据展示以及安全保障等。

前端采集包含各种环卫车辆的行驶作业信息、保洁人员定位信息、监督考核人员定位信息、处置设施处理工艺过程中各种参数信息的采集。数据传输大部分采用网络运营商的无线网络,包括 GPRS、3G、4G 等,对于视频信息等大数据量数据,则可以采用专用光纤。

数据存储则根据数据量多少以及对连续运行时间的要求,可以采用双机热备、磁盘阵列等技术,保证系统连续稳定运行。数据展示则一般采用监控中心大屏幕和电脑终端相结合的模式,既能实现集中指挥调度,又能监控每个岗位上完成的日常工作。安全保障体系则基本通过交换机、防火墙、负载均衡设备等硬件系统来实现。

随着信息化技术的不断发展,为了解决固体废物从产生到处置全流程中日益增多的问题,越来越多的信息化技术开始应用于环境卫生工程。总体来说,对于固体废物的监测、收集、转运和管理,信息化技术的应用可以分为空间技术、识别技术、数据采集技术和数据通信技术四类,见表9.2。

表9.2 不同信息化技术在固体废物管理中的应用

信息化技术类别	信息化技术	应用
空间技术	地理信息系统(GIS)	收转运线路优化,区域固体废物收运规划
	全球定位系统(GPS)	固体废物定位,有害废物实时监控
	遥感(RS)	固废填埋场安全识别及修复

(续表)

信息化技术类别	信息化技术	应用
识别技术	条形码	废物装箱识别,可追溯,有害废物监管
	射频识别(RFID)	废物信息识别,可追溯,防篡改,有害废物监管
数据采集技术	传感器	固体废物含水率、臭气监测,风险防控
	图像	固体废物分类、分选,风险监管
数据通信技术	GPRS	远程通信
	Wi-Fi	短程通信
	蓝牙	短程通信

在新的运营体系建设过程中,应重点依托空间技术、识别技术、数据采集技术以及数据通信技术等信息化、智慧化技术,构建"智慧环卫"平台。通过信息化技术的加入,环卫物流中转不仅实现对环卫工人、作业设备的实时监控,动态反映所辖区域的环卫处置效果、收运动态,还能自动进行作业任务分配、运输路线优化和组织突发事件处理,可显著降低运营成本、提高企业管理效率和运营决策、提升企业应急管理预案。

9.3.2 环境卫生工程中的信息化技术应用

1. 信息化技术在生活垃圾收转运过程中的应用

无人环卫物流体系在大量建设使用中,其中 L4 级以上无人环卫车、人工智能分类算法、视频 AI 识别、物联网传感器、数字孪生、运输仿真平台均被大量应用。以日本为例,从整个垃圾生成到回收利用已基本实现全无人化操作,并且已初步建成了智能化运输处置运营体系,全程可监控、可查询,数据可统计、可分析。欧美其他各国也在传感器及模拟仿真平台上加大投入力度,智能化、无人化、一体化将是环卫行业的发展方向。

(1) 智慧环境物流运营体系建设

结合区域城市生活垃圾分类环境物流运营体系,建立基于信息化技术的智慧环卫运营体系,包括基地网络基础性建设,建设基地车辆智能驾驶、智能桥吊精准对位作业、智能车辆(船舶)信息通信、智能泊位自动装卸作业及散落垃圾目标检测、智能基地数字孪生平台及大数据集成数据中台等系统,进而实现环卫物流基地的无人驾驶、远程桥吊作业联动。

(2) 生活垃圾环卫中转平台建设

通过 GIS、遥感、航拍等技术,将实景环境卫生转运基地转化为虚拟数字基地,构建环卫中转基地的三维场景数字模型。虚拟数字基地平台包括三维基地场景矢量地图和模型构建,面向生活垃圾全程分类中转环节的数字孪生工业模型构建以及三维环境物流运营体系展示设计。

2. 信息化技术在有害垃圾收转运过程中的应用

有害垃圾具有剧毒性、腐蚀性和反应性的特征,其危害具有长期性和潜伏性,如果收集、贮存、运输、利用和处置不当,会对人体健康和环境带来严重危害。相应系统的应用能够实现对有害垃圾收转运全链条的实时监控,实现有害垃圾的实时定位、可溯源、防篡改等功能。

(1) 有害垃圾收集转运实时定位系统

采用GPS定位系统,对有害垃圾收转车辆及周转箱进行实时监控,实现有害垃圾的实时定位、可追溯。

(2) 有害垃圾防篡改系统

采用RFID技术,耦合可以加密的区块链技术,实现有害垃圾从收集到处置的信息一致性、准确性、不可随意篡改性。该系统有效防止有害垃圾流入外部环境,实现其闭环、安全处理处置。

(3) 违规处置报警系统

对有害垃圾收运车辆作业过程中的停留时间、作业区域、作业路线等进行实时监控,在车辆越界、越线或超时停留时,监控系统自动进行预警,防止有害垃圾被中途被掉包或任意丢弃。

(4) 危险事故预警系统

安装监测探头及传感器等信息采集装置,对于易爆、有毒的有害物质,进行爆炸、泄漏事故预警。

3. 信息化技术在环卫车辆作业监管中的应用

(1) 实时监测子系统

本系统适用于清扫车、洗扫车、洒水车、垃圾清运车等环卫作业车辆,实现对其实时位置、作业状态、作业轨迹、作业里程、违规情况的监管。

(2) 作业过程监控子系统

实现对车辆GIS位置、速度、方向、点火状况、最近上传数据的时间等信息的监管,以及查看车辆某段时间内的行驶轨迹,并回放运行轨迹,追溯当时的运行情况。

(3) 作业状态监管子系统

对车辆作业过程中的发动机启动、喷雾降尘、扫帚盘旋转、警示标志放置、乱倒乱卸等情况进行实时监管。

(4) 油耗管理子系统

跟踪车辆的实时油耗,智能判断加油情况以及异常油耗降低行为,并生成油耗报表曲线以及一些异常情况下的报表;判断车辆的耗油情况以及偷油等异常行为,以此提高监管力度。

(5) 违规预警子系统

对车辆作业过程中的速度、停留时间、作业区域、作业路线等进行实时监控,当车辆超速、超时、越界、越线时,自动进行预警。

(6) 作业质量监管子系统

通过实时照片、实时视频等手段,对车辆作业质量进行监管。

(7) 实时调度子系统

通过短信、语音、对讲等方式,实现对所有在线车辆的实时调度管理。

4. 信息化技术在环卫设施环境监测中的应用

环卫设施环境监测系统能够实现对环卫处理设施(填埋场、焚烧厂、堆肥厂、粪便处理厂、中转站等)的场界空气质量监测、渗滤液处理结果监测、工艺参数采集等,并负责接入这些设施的视频监控设备。

空气质量监测指标包括硫化氢、氨气、甲烷、粉尘以及气象五参数(气温、气压、风速、风向、湿度);渗滤液处理结果监测指标包括COD、氨氮、水质五参数(pH、浊度、电导率、溶解氧、温度);工艺参数包括填埋气浓度、压力、温度、流量、处理量等。

环卫设施环境监测系统实时采集这些数据,并传输到监控中心,在监控中心实时显示这些数据,当有超标数据时,系统自动报警,对这些数据进行趋势分析;实现与定期监测数据的比较;对甲烷产生量和渗滤液产生量进行实时统计等。

5. 信息化技术在环境质量监测中的应用

环境质量监测系统的主要目的是对道路环境质量和市容环境质量的监督、检查、考核、评价,并按照客观公正的原则,对检查结果进行排名,以督促相关主管部门提高道路作业质量。该系统主要功能为按照规则抽取被检查道路,根据要求进行人员排班,系统自动发送检查任务到检查人员手机端;检查人员检查结果实时上传,日常监测问题的采集上传,日常整改工作的回复、检查结果的核查;检查结果的评分,检查区域的排名及检查情况的统计分析等。

9.4 碳达峰碳中和相关概念和碳排放量核算方法

9.4.1 碳达峰碳中和相关概念

1. 碳排放

碳排放指二氧化碳排放。二氧化碳和甲烷、氧化亚氮、含氟气体等统称为温室气体,它们吸收地表反射的太阳辐射,使大气变暖,产生类似"温室"的效应。20世纪90年代之前,占全球人口20%的发达国家排放了70%的温室气体,是当之无愧的"排放主体"。随着经济的持续发展和全球气候变化,世界各国都面临着碳减排的挑战。科技创新是实现碳中和的核心驱动力,推动和依靠绿色技术创新作为共同的战略选择来实现碳中和目标已成为主要发达国家的共识。自2020年以来,发达国家通过制订面向碳中和的科技战略与计划,加快布局绿色低碳技术创新。例如美国发布《清洁能源革命与环境正义计划》和《变革性清洁能源解决方案》;英国以《绿色工业革命的十点计划》为基础推出《净零创新组合计划》;日本政府陆续颁布《革新环境技术创新战略》和《2050碳中和绿色增长战略》等。

中国二氧化碳排放量力争于2030年前达到峰值,争取在2060年前实现碳中和。30、60目标为中国碳减排工作明确了时间表与路线图。为了实现碳中和目标,需要以"减排"和"增汇"为两条主线,聚焦"零碳能源体系构建""低碳产业转型"和"生态固碳增汇/碳捕获和利用与封存(CCUS)"三个维度：一方面需要积极开展科技创新、产业转型和升级，大力开展能源转型和清洁能源利用，减少源头碳排放；另一方面，利用森林植被、海洋等大量有效吸收二氧化碳，从而达到固碳作用。

2. 城市碳管理

根据2005年和2012年中国286个地级及以上城市二氧化碳排放及GDP经济发展数据(来源于生态环境部环境规划院碳达峰碳中和研究中心中国城市二氧化碳排放数据集和中经网统计数据库)，大部分城市如上海、北京、天津等的经济发展与碳排放关系协调一致，城市经济发展仍然严重依赖二氧化碳排放。深圳表现出较高GDP和较低碳排量，具有碳减排优势，而鄂尔多斯、邯郸、长治等表现出较低GDP和较高碳排量，面临着资源短缺和环境污染等方面的困境。因此，城镇化对二氧化碳排放表现出显著的正向影响，城市成为开展碳减排工作的核心载体，城市碳管理对实现碳中和目标至关重要。

城市碳管理是以城市这个开放、复杂的系统为对象，以城市碳信息流为基础，统筹空间、规模、产业三大结构，统筹规划、建设、管理三大环节，统筹改革、科技、文化三大动力，统筹生产、生活、生态三大布局，统筹政府、社会、市民三大主体，运用计划、组织、指挥、协调、控制等机制，采用法律、行政、经济、技术、公众参与等手段，减少碳排放，并适应气候变化，实现可持续发展的城市管理形式。考虑到城市碳管理主体对象的复杂性、战略目标的长期性、管理手段的多样性、涉及领域的广泛性和时间跨度的连续性等特点，城市碳管理体系应遵循PDCA循环形成一个科学高效的管理循环模式，使得碳管理的体系运转不断有效、各项工作不断扎实、综合管理水平不断提高。

城市固体废物处理作为城市生产生活的重要组成部分，有必要深入研究其发展机制和形成机理，从顶层设计出发形成科学的固体废物处理处置碳管理模式。每个城市的定位、类型与功能不同，没有固定的发展模式，其固体废物处理处置碳减排管理必然采取与城市经济发展相适应的模式。所以应进一步加强对碳排放数据的跟踪更新，完善研究方法与分析框架，深入开展不同发展条件的城市、不同城市空间单元碳过程、不同城市主体的碳行为、不同固体废物资源化技术的碳减排潜力等规律和机理研究，在科学的碳循环分析结论基础上，革新固体废物资源化技术，为中国城市碳管理决策提供科学支撑。

9.4.2 碳排放量核算方法

自20世纪末以来，联合国政府间气候变化专门委员会(IPCC)等机构通过大量调研形成了系统的碳排放核算标准。针对国家层面的核算，IPCC于1995年至2019年间发布了一系列《IPCC国家温室气体清单编制指南》，成为世界各国编制温室气体清单的方法和规则。

针对城市和企业层面的核算，世界资源研究院(WRI)和世界环境与发展委员会(WECD)等170余个组织于2004年发布了《温室气体议定书》(GHG Protocol)，提供了几乎所有温室气体度量标准和项目的计算框架。针对企业组织和项目层面的核算，国际标准化组织(ISO)于2006年在GHG Protocol基础上制定了《ISO 14064管理标准体系》，规定了统一的温室气体资料和数据的管理、汇报和验证模式。针对产品和服务生命周期的GHG排放,英国标准协会(BSI)于 2008 年发布《商品和服务在生命周期内的温室气体排放评价规范(PAS 2050:2008)》。

目前,碳排放量核算方法主要有实测法、物料衡算法、排放因子法、生命周期法和投入产出法五种。五种方法各有优劣,应根据不同的碳源选取合适的核算方法。

1. 实测法

实测法主要通过一定的监测手段或国家有关部门认定的连续计量设施,测量排放气体的流速、流量和浓度,用环保部门认可的测量数据来计算气体的排放总量。实测法的基础数据主要来源于环境监测站,监测数据是通过科学、合理地采集和分析样品而获得的,而且样品应具有典型性和代表性。计算公式:CO_2 排放量=单位换算因子×介质(空气)流量×介质(空气)中 CO_2 浓度。实测法可以针对典型企业进行大规模实际测量,记录燃料、设备及运行工况等数据,从而确定不同行业的二氧化碳排放量。

实测法的优点是中间环节少,结果准确。缺点是消耗人力和物力较大,成本较高,而且要求检测样品具有代表性。该方法适用于小区域、简单生产排放链的碳排放源,或小区域、有能力获取一手监测数据的自然排放源。

2. 物料衡算法

物料衡算法的基本原理是物质守恒定律,即输入物料量等于输出物料量与物料流失量的和。该方法用输入物料中的含碳量减去输出物料中的含碳量后计算得到二氧化碳排放量,计算公式:CO_2 排放量=[∑(输入物料量×输入物含碳量)-∑(输出物料量×输出物含碳量)]×(44/12)×全球变暖潜势,其中 44/12 为碳质量转化为二氧化碳的转化系数,全球变暖潜势的数值可参考 IPCC 提供的数据。

物料衡算法的优点是对产生和排放的物质进行了系统和全面的研究,具有较强的科学性及实施有效性。缺点是工作量大,需要搜集详细的工业生产过程数据,而且全面了解生产工艺、化学反应、副反应和管理等情况。因此,该方法适用于数据基础较好的行业,例如将化石能源既作为燃料又作为生产原料的化工和钢铁行业。

3. 排放因子法

以政府、企业等为单位计算其在社会和生产活动中各环节直接或者间接排放的温室气体,称作编制温室气体排放清单。排放因子法是 IPCC 提出的第一种碳排放估算方法,也是目前广泛应用的方法。基本思路是依照碳排放清单列表,针对每一种排放源构造活动数据与排放因子,以投入的能源使用量和排放因子的乘积作为该排放项目的碳排放量估算值。清单通常包括能源活动、工业生产过程、农业活动、土地利用变化、林业及城市废弃物处理等。计算公式:CO_2 总排放量=∑(投入的能源使用量×排放因子),其中排放源、燃料和技术类型会导致排放因子不同,投入的能源可按标准统一折算为标准煤的量,折算因子见《中国能源统计年鉴》。

排放因子法的优点是简单明了,易于理解,有成熟的公式、活动数据和排放因子数据库,而且有大量应用实例参考;缺点是碳排放因子受到技术水平、生产状况、能源利用和工艺过程的影响,不确定性较大。该方法适用于社会经济排放源变化较为稳定、自然排放源不是很复杂的情况。

4. 生命周期法

产品生命周期是指产品生产和使用的全过程,从资源开采开始到产品废弃结束。该方法以过程分析为基本出发点,对产品生命周期内的能源需求、原材料加工和活动产生的物质排放进行详细研究,从而评价生命周期内的碳排放。计算过程如下:①建立产品的制造流程图,列出全生命周期中所涉及的物质输入输出及关键生产过程;②确定碳排放边界,包括全生命周期所有生产过程中,以及使用和使用后直接和间接产生的温室气体排放;③收集数据,包括活动数据和排放因子;④计算碳足迹,先建立质量平衡方程,确保物质的输入、累积和输出达到平衡,之后计算生命周期各阶段的碳排放量,基本公式为:产品的碳足迹=$\sum$(活动数据×排放因子)。

生命周期法的优点是可以对产品、工序或生产活动中直接或隐含的温室气体排放进行科学和系统的定量核算,有详细的计算过程而且结果比较准确,适合于微观层面的计算。缺点是生命周期阶段和边界的确定比较复杂,边界的限制使得系统完整性较差,需要大量具有时效性的基础数据作为前提条件,进而使得核算成本高且耗时长。生命周期法在碳排放量统计上的应用较少,但现有的尝试已取得了一定成果,例如生命周期法对行业或企业的碳排放现状进行诊断,可以从源头上减少碳排放并降低治理成本。

5. 投入产出法

投入产出法是宏观层面的碳排放核算方法,可以追踪产品生产的直接和间接能源使用及二氧化碳排放情况。投入产出法的计算原理是编制投入产出表来反映经济系统各个部门间的关系,通过列昂惕夫逆矩阵变换得到产品投入与产出之间的对应关系,结合各部门的平均温室气体排放强度数据,计算各部门为了向终端用户生产产品或提供服务而在整个生产链上产生的温室气体排放量。

投入产出法的优点是以整个经济系统为边界,计算经济变化对环境产生的直接和间接影响,综合性较强,而且如果模型选择合适可以节省时间和人力。局限性在于计算部门温室气体排放时,采用部门平均排放强度数据,容易产生误差;核算结果只能用于评价某个部门或产业的温室气体排放情况,不能计算单一产品的排放量;由于我国仅省级有每五年编制一次的投入产出表,因此该方法的时效性较差。该方法适用于计算工业、商业、大的产品群、家庭、政府以及社会经济组织的碳足迹,但是在计算微观个体时效果可能较差。

9.5 固体废物处理与资源化节能降碳助力双碳目标实现

9.5.1 可回收垃圾再生资源回收利用

资源循环利用和节能减排在环境经济学上,是完全一致的工业活动。完成资源循环利用的同时,节约了原材料开采和再加工所需的能源,同时还减少了其他污染物的排放。2021年2月22日,国务院发布《关于加快建立健全绿色低碳循环发展经济体系的指导意见》,意见强调要加强再生资源回收利用,推进垃圾分类回收与再生资源回收"两网融合",加快落实生产者责任延伸制度,完善废旧家电回收处理体系,特别是加快构建废旧物资循环利用体系,加强废纸、废塑料、废旧轮胎、废金属、废玻璃等再生资源回收利用,提升资源产出率和回收利用率等,确保实现碳达峰碳中和目标,推动我国绿色发展迈上新台阶。

再生资源的回收利用可以有效减少初次生产过程中的碳排放。研究表明,高耗能行业(钢铁、水泥、铝和塑料)的产品再生,废弃物(秸秆、林业废弃物、生活垃圾)的资源化、能源化利用以及动力电池回收利用三大领域的潜力最大。例如,钢铁领域,过去几十年国内钢材消费量迅速增长带动中国国内的废钢资源快速增长,根据中国废钢铁应用协会数据整理,每利用 1 t 废钢铁,可替代 1 t 多炼钢生铁,节约能源 60%,可节约 0.4 t 焦炭或者 1 t 左右原煤,废钢铁回收利用的温室气体减排效果率为 $0.15\ \text{t CO}_2/\text{t}$ 废生铁。钢铁行业的短流程趋势(电炉代替高炉)明确了废钢的利用前景。再生铝领域中的再生铝也可非常显著地有效减少初次生产的能耗与碳排放。塑料循环利用领域,根据能源转型委员会研究预测,2050年,中国的塑料需求中 52% 可由回收再利用的二次塑料提供。动力电池回收领域,预计到 2030 年磷酸铁锂电池回收利用过程可回收锂元素 0.65 万 t。再生资源行业发展助推碳减排过程,可分为行业自身通过回收利用既可助力生产行业实现碳减排,又为企业在碳交易中增加了配额收益。以下重点对废纸、废铜和废塑料回收利用节能减排的成效进行介绍。

1. 废纸造纸节能减排

废纸造纸技术是将各种回收的废纸和纸板再生产。废纸造纸可以减少森林资源的消耗,减少废品废料的产生,是一项绿色节能的环保工程。据了解,利用废纸造纸与用传统的植物纤维造纸相比较,可以节约 50% 的新鲜水,节省 60%~70% 的能源消耗。如果使用木材原料生产 1 t 纸浆需要 4~5 m^3 木材,利用废纸制浆,每 1.25 t 废纸就能生产出 1 t 的纸浆。废纸制浆,不需要添加蒸煮类化学添加剂,减少化学品的量,相比传统原料造纸可减少污水悬浮物排放 25%,生化需氧量排放减少 40%,可以减少 60%~70% 的大气污染,减少 70% 的固体废物排放。废纸回收利用的温室气体减排效率分别为 $5.42\ \text{t CO}_2/\text{t}$ 废纸。

2. 废铜回收节能减排

随着社会经济的增长,铜的消费量逐年增长,然而矿产铜的持续开采将使铜矿资源枯竭。再生铜生产的单位能耗仅为矿产铜的 20%,每利用 1 t 废铜,可少开采矿石 130 t,少产生 2 t SO_2、13.1 kg NO_x 和 100 t 多工业废渣,节能 87%,因此世界各国对废杂铜的回收再生尤为重视。废铜回收利用温室气体减排效率为 $14\ \text{t CO}_2/\text{t}$ 废铜。

3. 废塑料回收节能减排

每回收利用 1 kg 废塑料,相当于减少使用 2~3 kg 原油,相当于减少或节约进口 1 kg 塑料原料,可减少固体废弃物填埋 0.53 g,可使炼制乙烯时 CO_2 排放量减少 50%,SO_2 减少 80%。以废塑料为原料要比从原油制造塑料减少约 45% 的污水排放和 60%~70% 的能耗。

废塑料回收利用温室气体减排效率为 0.36 t CO_2/t 废塑料

随着社会经济的发展,人们生活水平的提高,城市再生资源回收量日益提高,我国再生资源回收量由 2009 年的 14 000 万 t 上升到 2020 年的 37 800 万 t,年均递增 10.20%,增长速度大于 GDP 的增长。可见,近些年来我国再生资源回收利用行业发展迅猛,为我国绿色、循环、低碳发展起到了重要的推动作用。为更好地分析再生资源回收量与经济发展之间的关系,预测未来经济发展过程中再生资源回收量,利用回归分析方法,可知再生资源回收量与 GDP 之间关系如下:

$$y = 0.035x - 524.35 \tag{9-20}$$

式中,y 为再生资源回收量;x 为我国的 GDP。

再生资源回收量与 GDP 之间的皮尔逊相关性水平为 0.965,在 0.01 级别下相关性显著。可见,我国经济发展与资源回收利用量之间高度相关。

由 IEA 可查得我国碳排放量,通过对我国近年来再生资源回收量与二氧化碳排放量进行回归分析,二者关系如下:

$$y = 1\,829.9\ln x - 9\,381.9 \tag{9-21}$$

式中,y 为碳排放量;x 为再生资源回收量。

由上式可知提高再生资源回收量,将有助于我国的碳减排,对我国碳达峰碳中和将起到助推作用。

在社会再生产过程中,再生资源回收利用同时兼具污染物减排的协同效益,是实现碳达峰碳中和的重要方式。再生资源回收利用技术的发展革新在碳中和目标实现过程中将日益发挥作用,而再生资源回收利用行业的碳减排核算标准和评价体系也需逐步建立完善。这不仅能够促进行业技术水平的提升,还有助于为各行业碳中和行动提供重要量化指标参考。

9.5.2 生活垃圾焚烧

在碳达峰碳中和和垃圾分类的双重背景下,垃圾焚烧发电不仅可以实现固体废物的无害化处理,还可以同时实现绿色发电的目标。从垃圾焚烧发电行业角度来看,生活垃圾焚烧处理方式减排效果明显,避免了填埋处置产生填埋气而形成温室气体,且通过焚烧生物质热电联产来替代化石燃料实现了资源化利用并实现垃圾减量化。

习 题

1. 分析生活垃圾产量的主要影响因素包括哪些。
2. 简述人工智能在固体废物处理与资源化应用中的方法及其发展趋势。
3. 简述环境卫生信息化基本原理和具体操作方案。
4. 什么是碳达峰碳中和?实现其目标的主要步骤有哪些?
5. 简述碳排放量的测算方法及其优缺点。
6. 结合自己的研究和工作方向,分析如何在碳减排中发挥作用。

参 考 文 献

[1] Bian R, Chen J, Li W, et al. Numerical modeling of methane oxidation and emission from landfill cover soil coupling water-heat-gas transfer: Effects of meteorological factors [J]. Process Safety and Environmental Protection, 2021, 146: 647-655.

[2] 田志鹏,田海燕,张冰如. 城市生活垃圾焚烧飞灰物化性质及重金属污染特性[J]. 环境污染与防治, 2016,38(9):80-85.

[3] 盛妤,蹇丽,李慧君,等. 海口市生活垃圾焚烧飞灰特性与重金属形态分析研究[J]. 环境科学与管理, 2014,39(12):95-98.

[4] 李娜,郝庆菊,江长胜,等. 重庆市垃圾焚烧飞灰粒径分布及重金属形态分析[J]. 环境化学,2010,29(4):659-664.

[5] 罗小勇,王艳明,龚习炜,等. 垃圾焚烧固化稳定化飞灰填埋处置面临的问题与对策[J]. 环境工程学报,2018,12(10):2717-2724.

[6] 朱节民,李梦雅,郑德聪,等. 重庆市垃圾焚烧飞灰中重金属分布特征及药剂稳定化处理[J]. 环境化学,2018,37(4):880-888.

[7] 籍晓洋,吴新,孙立,等. 基于加速碳酸化法稳固化垃圾焚烧飞灰中重金属实验研究[J]. 东南大学学报(自然科学版),2016,46(4):794-800.

[8] 金剑,李晓东,池涌,等. 水热-碳酸钠法稳定化医疗废物焚烧炉飞灰中重金属的研究[J]. 环境科学, 2010,31(4).

[9] 韩永萍,李红梅,段炫彤,等. 基于天然材料高分子复合重金属稳定剂的研制[J]. 环境工程,2019,37(10):222-226,152.

[10] 孙丽娟,段德超,彭程,等. 硫对土壤重金属形态转化及植物有效性的影响研究进展[J]. 应用生态学报,2014,25(7):2141-2148.

[11] WANG F H, ZHANG F, CHEN Y J, et al. A comparative study on the heavy metal solidification/stabilization performance of four chemical solidifying agents in municipal solid waste incineration fly ash[J]. Journal of hazardous materials, 2015, 300: 451-458.

[12] SHI C J. Steel slag — Its production, processing, characteristics, and cementitious properties [J]. Journal of Materials in Civil Engineering, 2004, 16(3): 230-236.

[13] RILEY A L, MAYES W M. Long-term evolution of highly alkaline steel slag drainage waters [J]. Environmental Monitoring and Assessment, 2015, 187(7): 463.

[14] HULL S L, OTY U V, MAYES W M. Rapid recovery of benthic invertebrates downstream of hyperalkaline steel slag discharges [J]. Hydrobiologia, 2014, 736(1): 83-97.

[15] ZAHANGIR M M, HAQUE F, MOSTAKIM G M, et al. Secondary stress responses of zebrafish to different pH: evaluation in a seasonal manner [J]. Aquaculture Reports, 2015, 2: 91-96.

[16] BLISSETT R S, ROWSON N A. A review of the multi-component utilization of coal fly ash [J]. Fuel, 2012, 97: 1-23.

[17] ZHENG L, WU H, ZHANG H, et al. Characterizing the generation and flows of construction and demolition waste in China[J]. Construction and Building Materials, 2017, 136: 405-413.

[18] JIN R, LI B, ZHOU T, et al. An empirical study of perceptions towards construction and demolition

waste recycling and reuse in China[J]. Resources, Conservation and Recycling, 2017, 126: 86-98.

[19] LI H, DONG L, JIANG Z, et al. Study on utilization of red brick waste powder in the production of cement-based red decorative plaster for walls[J]. Journal of Cleaner Production, 2016, 133: 1017-1026.

[20] KOU S C, POON C S. Enhancing the durability properties of concrete prepared with coarse recycled aggregate[J]. Construction and Building Materials, 2012, 35: 69-76.

[21] ZHU Y-G, KOU S-C, POON C-S, et al. Influence of silane-based water repellent on the durability properties of recycled aggregate concrete[J]. Cement and Concrete Composites, 2013, 35(1): 32-38.

[22] 刘俊华,张霞,刘凤利. 建筑垃圾再生混合砂砂浆性能试验研究[J]. 混凝土,2014(3): 131-134+140.

[23] SCHACKOW A, STRINGARI D, SENFF L, et al. Influence of fired clay brick waste additions on the durability of mortars[J]. Cement and Concrete Composites, 2015, 62: 82-89.

[24] BUI N K, SATOMI T, TAKAHASHI H. Improvement of mechanical properties of recycled aggregate concrete basing on a new combination method between recycled aggregate and natural aggregate[J]. Construction and Building Materials, 2017, 148: 376-385.

[25] BRU K, TOUZÉ S, BOURGEOIS F, et al. Assessment of a microwave-assisted recycling process for the recovery of high-quality aggregates from concrete waste[J]. International Journal of Mineral Processing, 2014, 126: 90-98.

[26] XU J, SHU S, HAN Q, et al. Experimental research on bond behavior of reinforced recycled aggregate concrete based on the acoustic emission technique[J]. Construction and Building Materials, 2018, 191: 1230-1241.

[27] TAHAR Z-E-A, NGO T-T, KADRI E H, et al. Effect of cement and admixture on the utilization of recycled aggregates in concrete[J]. Construction and Building Materials, 2017, 149: 91-102.

[28] DAS C S, DEY T, DANDAPAT R, et al. Performance evaluation of polypropylene fibre reinforced recycled aggregate concrete[J]. Construction and Building Materials, 2018, 189: 649-659.

[29] XIAO J, MA Z, SUI T, et al. Mechanical properties of concrete mixed with recycled powder produced from construction and demolition waste[J]. Journal of Cleaner Production, 2018, 188: 720-731.

[30] ZHU P, MAO X, QU W, et al. Investigation of using recycled powder from waste of clay bricks and cement solids in reactive powder concrete[J]. Construction and Building Materials, 2016, 113: 246-254.

[31] ZHAO Y C, LOU Z Y. Pollution Control and Resource Recovery: Municipal Solid Wastes at Landfill [M]. Oxford OX5 1GB, United Kingdom and Cambridge, MA 02139, United States: Elsevier Publisher Inc, 2017.

[32] ZHAO Y C. Pollution Control and Resource Recovery: Municipal Solid Wastes Incineration Bottom Ash and Fly Ash[M]. Oxford OX5 1GB, United Kingdom and Cambridge, MA 02139, United States: Elsevier Publisher Inc, 2017.

[33] ZHAO Y C. Pollution Control for Leachate from Municipal Solid Waste[M]. Oxford OX5 1GB, United Kingdom and Cambridge, MA 02139, United States: Elsevier Publisher Inc, 2018.

[34] ZHEN G Y, ZHAO Y C. Pollution Control and Resource Recovery: Sewage Sludge[M]. Oxford OX5 1GB, United Kingdom and Cambridge, MA 02139, United States: Elsevier Publisher Inc, 2017.

[35] ZHAO Y C, ZHANG C L. Pollution Control and Resource Reuse for Alkaline Hydrometallurgy of Amphoteric Metal Hazardous Wastes[M]. Gewerbestrasse 11 6330 Cham, Switzerland: Springer International Publishing AG, 2017.

[36] ZHAO Y C, HUANG S. Pollution Control and Resource Recovery: Industrial Construction & Demolition Wastes[M]. Oxford OX5 1GB, United Kingdom and Cambridge, MA 02139, United States: Elsevier Publisher Inc, 2017.

[37] ZHAO Y C, ZHOU T. Biohydrogen Production and Hybrid Process Development for Food Waste

[M]. Oxford OX5 1GB, United Kingdom and Cambridge, MA 02139, United States: Elsevier Publisher Inc, 2020.

[38] ZHAO Y C, WEI R. Biomethane Production from Vegetable and Water Hyacinth Waste[M]. Oxford OX5 1GB, United Kingdom and Cambridge, MA 02139, United States: Elsevier Publisher Inc, 2020.

[39] ZHOU T, ZHAO Y C, EUGENE A N. Resource Recovery for Municipal and Rural Solid Waste — classification, mechanical separation, recycling, and transfer[M]. Oxford OX5 1GB, United Kingdom and Cambridge, MA 02139, United States: Elsevier Publisher Inc, 2022.

[40] CHAO Z, HANG L, FAFA X, et al. Source-Separated Collection of Rural Solid Waste in China, in Roman Maletz Christina, Dornack and Lou Ziyang ＜Source Separation and Recycling＞[M]. Gewerbestrasse 11, 6330 Cham, Switzerland: Springer International Publishing AG, 2018.

[41] 赵由才,牛冬杰,柴晓利,等.固体废物处理与资源化[M].4版.北京:化学工业出版社,2022.

[42] 赵由才,赵天涛,宋立杰.固体废物处理与资源化实验[M].2版.化学工业出版社,2018.

[43] 赵由才,周涛.固体废物处理与资源化原理及技术[M].北京:化学工业出版社,2021.

[44] 赵由才.生活垃圾处理与资源化[M].北京:化学工业出版社,2016.

[45] 甄广印,赵由才.城市污泥强化深度脱水资源化利用及卫生填埋末端处置关键技术研究[M].上海:同济大学出版社,2017.

[46] 赵由才,余毅,徐东升,等.建筑废物处置和资源化污染控制技术[M].北京:化学工业出版社,2017.

[47] 牛冬杰,魏云梅,赵由才.城市固体废物管理[M].北京:中国城市出版社,2012.

[48] 张华,赵由才.生活垃圾卫生填埋技术[M].2版.北京:化学工业出版社,2020.